"十二五"普通高等教育本科国家级规划教材

液压传动与控制

（第5版）

沈兴全　于大国　主编

国防工业出版社

·北京·

内容简介

本书是"十二五"普通高等教育本科国家级规划教材，阐述了液压传动与控制的基础理论，全面介绍了液压元件，分析了液压基本回路和典型液压系统，讲授了液压系统的一般设计方法，概述了液压伺服控制及PLC控制。全书共十一章，第一章液压传动概论，第二章液压传动介质，第三章液压流体力学基础，第四章液压泵，第五章液压系统的执行元件，第六章液压辅助元件，第七章液压阀，第八章液压基本回路，第九章典型液压系统，第十章液压系统设计与计算，第十一章伺服控制与PLC控制。本书内容全面、取材新颖、图文并茂，并附有大量的例题和习题。

本书可作为高等院校液压传动与控制课程教材，也可供从事机械类专业的工程技术人员参考。

图书在版编目（CIP）数据

液压传动与控制/沈兴全，于大国主编 . —5 版.
—北京：国防工业出版社，2024.8. —ISBN 978-7-118
-13390-5

Ⅰ. TH137

中国国家版本馆 CIP 数据核字第 2024EP9417 号

※

国防工业出版社出版发行
（北京市海淀区紫竹院南路23号　邮政编码100048）
河北文盛印刷有限公司印刷
新华书店经售

*

开本 787×1092　1/16　印张 20　字数 462 千字
2024 年 8 月第 5 版第 1 次印刷　印数 1—1500 册　定价 55.00 元

（本书如有印装错误，我社负责调换）

国防书店：(010)88540777　　　书店传真：(010)88540776
发行业务：(010)88540717　　　发行传真：(010)88540762

第 5 版前言

液压技术利用有压液体实现传动和控制。从民用产品到国防装备，从一般传动到精度很高的控制系统，液压技术均得到了广泛的应用。工程领域中，凡是有机械设备的场合，需要时均可应用液压技术来实现一定的功能。计算机技术的发展使液压技术发挥着日益重要的作用。

本书是在"十二五"普通高等教育本科国家级规划教材《液压传动与控制（第4版）》基础上修订的，重点讲授液压传动与控制技术的基础知识，同时反映国内外最新研究成果和发展趋势。教材内容上兼顾机械各行业的需要，而不局限于某一个领域的应用，致力于培养宽口径、厚基础的高素质综合性人才。全面介绍了液压元件，分析了液压基本回路和典型液压系统，讲授了液压系统的一般设计方法，并概述了液压伺服控制及 PLC 控制。教材全体参编人员认真学习党的二十大精神，贯彻理论联系实际、学以致用的原则，编写了较多的典型系统和应用实例，不仅方便教师授课，也有利于学生加深对基本概念、基本原理、基本方法的理解，巩固所学的知识点，提高解决实际问题的能力。教材精选了较多液压传动与控制典型习题，为学生自主学习、自我评价创造了良好的条件，更为有兴趣的优秀学生提供了更多实践和自我提高的机会，激发学生的学习积极性。

本书由沈兴全、于大国两位教授主编，沈兴全具体编写第一、第二章，于大国具体编写第三、第五章。其他参编人员有赵丽琴、张煌、黄晓斌、李耀明、张栋、武涛、孙健华。中北大学李耀明编写第四章，张煌编写第六章，黄晓斌编写第七章，张栋编写第八章，赵丽琴编写第九章，武涛编写第十一章，南通理工学院孙健华编写第十章。由沈兴全对全书进行统稿。

本书在编写过程中参考了大量同仁论著中的精华，列于参考文献之中。在此谨向各位作者表示衷心的感谢。由于编者水平有限，书中难免有许多不足之处，敬请读者批评指正。

本书备有教学课件，凭学校的授课和用书证明可与于大国联系课件事宜（yudaguo12@qq.com）。

编 者
2023 年 6 月

第4版前言

液压技术是研究利用有压流体实现传动和控制的一门新兴学科，近几年发展迅速，尤其是在电子技术、计算机技术日益发展的今天，液压技术已渗透到各个学科领域。确切地说，液压技术是电子和机械技术之间的一种技术，把"传动"和"控制"结合起来是液压技术发展的必然结果。

本书是"十二五"普通高等教育本科国家级规划教材。与第3版相比，分别对各章作了充实和调整，更加注重反映该学科国内外的最新研究成果和发展趋势，如新增的液压系统的仿真与性能分析、液压泵的噪声与控制等内容都具有十分重要的现实意义。教材重点讲授液压传动与控制技术的基础知识，内容上兼顾机械各行业的需要，而不局限于某一个领域的应用，致力于培养宽口径、厚基础的高素质综合性人才。教材贯彻理论联系实际、学以致用的原则，编写了较多的典型系统和应用实例，不仅方便教师授课，也有利于加深学生对基本概念、基本原理、基本方法的理解，巩固所学的知识点，提高解决实际问题的能力。教材精选了较多液压传动与控制典型习题，为学生自主学习、自我评价创造了良好的条件，更为有学习兴趣的优秀学生提供了更多实践和自我提高的机会，激发学生的学习积极性。教材积极采用液压传动与控制最新国家标准，推广最新定义的科学术语。

本书由沈兴全教授主编。参加编写的有沈兴全、李耀明、于大国、黄晓斌、赵丽琴、庞俊忠。其中沈兴全编写第一章，李耀明编写第二、第三章，于大国编写第四、第五、第六章，黄晓斌编写第七、第八章，赵丽琴编写第九、第十章，庞俊忠编写第十一、第十二章。由沈兴全对全书进行统稿。

本书在编写过程中参考了大量同仁论著中的精华，均列于参考文献之中。在此谨向各位作者表示衷心的感谢。由于编者水平有限，书中难免有许多的缺点和错误，敬请读者批评指正。

本书备有教学课件，凭学校的授课和用书证明可与于大国联系课件事宜（yudaguo12@qq.com）。

编 者
2013 年 1 月

目 录

第一章 液压传动概论 ... 1
- 第一节 液压传动的工作原理及组成 ... 1
- 第二节 液压技术的发展与应用 ... 4
- 第三节 液压传动的特点 ... 5
- 习题 ... 6

第二章 液压传动介质 ... 7
- 第一节 液压油 ... 7
- 第二节 液压油的污染与控制 ... 13
- 例题 ... 17
- 习题 ... 20

第三章 液压流体力学基础 ... 22
- 第一节 液体静力学 ... 22
- 第二节 液体动力学 ... 25
- 第三节 管道中液流的特性 ... 32
- 第四节 孔口和缝隙的压力流量特性 ... 36
- 第五节 液压冲击与空穴现象 ... 45
- 例题 ... 48
- 习题 ... 55

第四章 液压泵 ... 58
- 第一节 概述 ... 58
- 第二节 液压泵的性能参数 ... 61
- 第三节 齿轮泵 ... 63
- 第四节 叶片泵 ... 69
- 第五节 柱塞泵 ... 74
- 第六节 液压泵的噪声与控制 ... 79
- 例题 ... 80
- 习题 ... 81

第五章　液压系统的执行元件 ········· 83

第一节　液压缸 ········· 83
第二节　液压缸的结构 ········· 89
第三节　液压缸的设计与计算 ········· 94
第四节　液压马达 ········· 101
例题 ········· 108
习题 ········· 114

第六章　液压辅助元件 ········· 117

第一节　密封件 ········· 117
第二节　蓄能器 ········· 123
第三节　滤油器 ········· 126
第四节　热交换器 ········· 131
第五节　管件 ········· 135
第六节　油箱 ········· 138
例题 ········· 141
习题 ········· 142

第七章　液压阀 ········· 144

第一节　概述 ········· 144
第二节　方向控制阀 ········· 146
第三节　压力控制阀 ········· 154
第四节　流量控制阀 ········· 161
第五节　电液比例控制阀 ········· 166
第六节　液压伺服阀 ········· 169
第七节　叠加阀和二通插装阀 ········· 174
第八节　电液数字阀 ········· 177
例题 ········· 181
习题 ········· 184

第八章　液压基本回路 ········· 189

第一节　速度控制回路 ········· 189
第二节　压力控制回路 ········· 212
第三节　方向控制回路 ········· 220
第四节　多缸工作控制回路 ········· 224
例题 ········· 227
习题 ········· 236

第九章　典型液压系统 ································· 241

　　第一节　组合机床动力滑台液压系统 ························· 242
　　第二节　汽车起重机液压系统 ····························· 245
　　第三节　振动压路机液压系统 ····························· 248
　　第四节　数控机床液压系统 ······························ 252
　　第五节　机械手液压系统 ······························· 254
　　例题 ································· 256
　　习题 ································· 258

第十章　液压系统设计与计算 ····························· 261

　　第一节　液压系统的设计步骤 ····························· 261
　　第二节　液压传动系统设计实例 ··························· 272
　　例题 ································· 278
　　习题 ································· 284

第十一章　伺服控制与 PLC 控制 ························· 287

　　第一节　液压伺服控制系统概述 ··························· 287
　　第二节　典型液压伺服控制系统 ··························· 289
　　第三节　液压的 PLC 控制系统设计步骤 ······················· 292
　　第四节　液压动力滑台控制系统设计 ························ 298
　　第五节　钻孔组合机床液压控制系统设计 ······················ 302

附录　常用液压与气动元件图形符号 ························· 307

参考文献 ································· 312

第一章 液压传动概论

传动可以通过固体、液体、气体实现。液压传动是研究以液体为能源介质,来实现各种机械传动和自动控制的学科。

第一节 液压传动的工作原理及组成

一、液压传动的工作原理

以液压千斤顶为例来说明液压传动的工作原理。

如图 1-1 所示,手柄 1 带动活塞上提,泵缸 2 容积扩大形成真空,排油单向阀 3 关闭,油箱 5 中的液体在大气压力作用下,经管 6、吸油单向阀 4 进入泵缸 2 内;手柄 1 带动活塞下压,吸油单向阀 4 关闭,泵缸 2 中的液体推开排油单向阀 3,经管 9、10 进入液压缸 11,迫使活塞克服重物 12 的重力 G 上升而做功;当需液压缸 11 的活塞停止时,使手柄 1 停止运动,液压缸 11 中的液压力使排油单向阀 3 关闭,液压缸 11 的活塞就自锁不动;工作时截止阀 8 关闭,当需要液压缸 11 的活塞放下时,打开此阀,液体在重力作用下经此阀排往油箱 5。

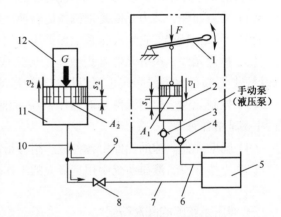

图 1-1 液压千斤顶工作原理图
1—手柄;2—泵缸;3—排油单向阀;4—吸油单向阀;5—油箱;
6、7、9、10—管;8—截止阀;11—液压缸;12—重物。

设大、小活塞的面积为 A_2、A_1,当作用在大活塞上的负载和作用在小活塞上的作用力分别为 G 和 F 时,大、小活塞下腔以及连接导管构成的密闭容积内的油液具有相等的压强,设为 p,如忽略活塞运动时的摩擦阻力,有

$$p = \frac{G}{A_2} = \frac{F}{A_1} \tag{1-1}$$

或

$$G = F \frac{A_2}{A_1} \tag{1-2}$$

如果 A_2、A_1 选择合适,作用在小活塞上一个很小的力 F,便可用大活塞举起很重的重物。

上述内容为液压千斤顶的工作原理。液压千斤顶作为简单又较完整的液压传动装

置由以下几部分组成：

（1）液压泵。液压泵是把机械能转换成液体压力能的元件。泵缸 2、吸油单向阀 4 和排油单向阀 3 组成一个阀式配流的液压泵。

（2）执行元件。执行元件是把液体压力能转换成机械能的元件。如液压缸 11 即属执行元件（当输出不是直线运动而是旋转运动时，则为液压马达）。

（3）控制元件。控制元件是通过对液体的压力、流量、方向的控制，来实现对执行元件的运动速度、方向、作用力等的控制的元件，用以实现过载保护、程序控制等。如截止阀 8 即属控制元件。

（4）辅助元件。辅助元件是除上述三个组成部分以外的其他元件，如管道、管接头、油箱、滤油器等。

二、液压系统的组成

分析液压千斤顶的原理图，可以看出液压系统是由以下 5 部分组成的：

（1）动力元件。动力元件是把机械能转换成液压能的装置，由泵和泵的其他附件组成，最常见的是液压泵，它给液压系统提供压力油。

（2）执行元件。执行元件是把液压能转换成机械能带动工作机构做功的装置。它可以是做直线运动的液压缸，也可以是做回转运动的液压马达。

（3）控制元件。控制元件是对液压系统中油液压力、流量、运动方向进行控制的装置，主要是指各种阀。

（4）辅助元件。辅助元件由各种液压附件组成，如油箱、油管、滤油器、压力表等。

（5）工作介质。液压系统中用量最大的工作介质是液压油，通常指矿物油。

三、液压系统图的图形符号

液压传动系统的图示方法有 3 种：装配结构图、结构原理图和职能符号图。

装配结构图能准确地表达系统和元件的结构形状、几何尺寸和装配关系，但绘制复杂，不能简明、直观地表达各元件的功能。它主要用于设计、制造、装配和维修等场合，而在系统性能分析和设计方案论证时不宜采用。

结构原理图可以直观地表达各种元件的工作原理及在系统中的功能，并且比较接近元件的实际结构，故易于理解接受，但图形绘制仍比较复杂，难于标准化，并且它对于元件的结构形状、几何尺寸和装配关系的表达也很不准确。这种图形不能用于设计、制造、装配和维修，对于系统分析又过于复杂，常用于液压元件的原理性解释和说明，在液压元件的理论分析和研究中也常用到。

在液压系统中，凡是功能相同的元件，尽管结构和原理不同，也均用同一种符号表示。这种仅仅表示功能的符号称为液压元件的职能符号。职能符号图是一种工程技术语言，其图形简洁标准、绘制方便、功能清晰、阅读容易，便于液压系统的性能分析和设计方案的论证。用职能符号绘制液压系统图时，它们只表示系统和各元件的功能，并不表示具体结构和参数以及具体安装位置。

我国制定的液压及气动图形符号标准，与国际标准和多数发达国家的标准十分接近,是一种通用的国际工程语言。常用职能符号见附录。

用职能符号绘制液压系统图时,如无特别说明,均指元件处于静态和零位而言。常用方向性的元件符号(如油箱等)必须按规定绘制,其他元件符号也不得任意倾斜。但必须特别说明某元件在液压系统中的动作原理或结构时,允许局部采用结构原理图(亦称半结构图)表示。

图 1-2 所示的液压系统图是一种半结构式的机床工作台液压系统工作原理图,它的直观性强,容易理解,但绘制起来比较麻烦,系统中元件数量多时更是如此。图 1-3 为同一个液压系统用液压图形符号绘制成的工作原理图。使用这些图形符号可使液压系统图简单明了,便于绘制。有些液压元件的职能如果无法用这些符号表达时,仍可采用它的结构示意形式。

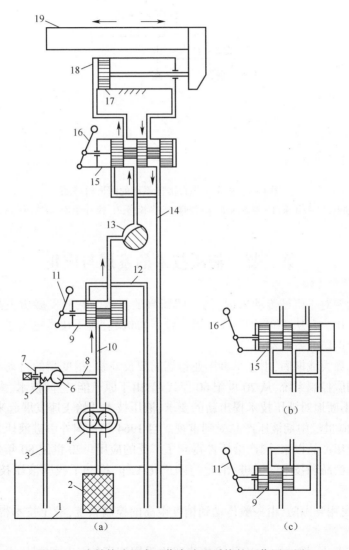

图 1-2 半结构式机床工作台液压系统的工作原理图
1—油箱;2—滤油器;3、12、14—回油管;4—液压泵;5—弹簧;6—钢球;7—溢流阀;8—压力支管;9—开停阀;
10—压力管;11—开停手柄;13—节流阀;15—换向阀;16—换向手柄;17—活塞;18—液压缸;19—工作台。

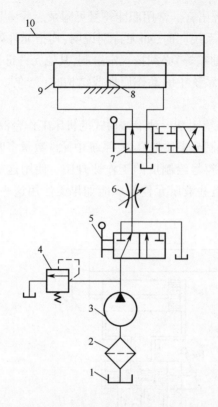

图 1-3 机床工作台液压系统的图形符号图
1—油箱;2—滤油器;3—液压泵;4—溢流阀;5—开停阀;6—节流阀;7—换向阀;8—活塞;9—液压缸;10—工作台

第二节 液压技术的发展与应用

液压传动相对于机械传动来说,是一门新兴的技术。它的发展历史虽然较短,但发展速度却非常快。自从 1795 年制成了第一台压力机起,液压技术进入了工程领域,1906 年开始应用于国防战备武器。

第二次世界大战期间,由于军事工业迫切需要反应快、精度高的自动控制系统,因而出现了液压伺服控制系统,从 20 世纪 60 年代起,由于原子能、空间技术、大型船舰及电子技术的发展,不断地对液压技术提出新的要求,液压技术开始飞速发展起来。

在我国,20 世纪中期液压产品受到重视。自 1964 年从国外引进液压元件生产技术,并自行设计液压产品以来,国产液压件得到了广泛的应用。20 世纪 80 年代起,加速了对国外先进液压产品和技术的引进、消化与国产化工作,推动了我国液压技术在各个方面的发展。

目前,从民用到国防,由一般传动到精度很高的控制系统,液压技术得到更加广泛的发展和应用。

在国防工业中,海、陆、空各种战备武器均采用液压传动与控制技术,如飞机、坦克、舰艇、雷达、火炮、导弹及火箭等。

在民用工业中,众多行业也都广泛采用液压传动与控制技术。

(1) 在机床工业中,目前传动系统中采用液压传动与控制的机床有压铸机、造型机、冲压机、锻压机、组合机床、拉床、磨床和仿形机床。

(2) 在冶金工业中,有电炉控制系统、轧钢机控制系统、平炉装料、转炉控制、高炉控制、带材跑偏及恒张力装置等。

(3) 在工程机械中,有推土机、挖掘机、联合采煤机、隧道掘进机、压路机、凿岩机及桥梁启闭等。

(4) 农业方面,有联合收割机控制系统、拖拉机的悬挂装置等。

(5) 在汽车工业中有全液压越野车、液压自卸式汽车、液压高空作业车、消防车(云梯车及消防照明)等。

(6) 在轻纺工业中有塑料注射机、橡胶硫化机、造纸机、印刷机及纺织机等。

(7) 在船舶工业中有工程船舶(全液压挖泥船、打捞船、打桩船及采油平台)、水翼船、气垫船及船舶辅机(起货机、锚机、舵机、舱盖启闭及船底启闭、船队连接装置及防摇鳍)等。

(8) 在建材工业中有水泥窑控制系统等。

另外,近几年出现的太阳跟踪系统、海浪模拟装置、飞机驾驶模拟器、船舶驾驶模拟器、地震再现装置、火箭助飞发射装置、宇航环境模拟装置、高层建筑防震系统及紧急刹车装置等,均采用了液压技术。

总之,工程领域中,凡是有机械设备的场合,均可应用液压技术来实现一定的功能与作用。

当前,液压技术在实现高速、高压、大功率、高效率、低噪声、经久耐用、高度集成化等各项要求方面都取得了重大的进展,在完善比例控制、伺服控制、数字控制等技术上也有许多新成就。此外,在液压元件和液压系统的计算机辅助设计、计算机仿真和优化以及微机控制等开发性工作方面,日益显示出显著的成绩。

如今,为了和最新技术的发展保持同步,满足日益变化的市场需求,液压技术的发展呈现如下一些比较重要的特征:

(1) 提高元件性能,创制新型元件,不断小型化和微型化;
(2) 高度的组合化、集成化和模块化;
(3) 和微电子技术相结合,走向智能化;
(4) 研发特殊传动介质,推进工作介质多元化。

第三节　液压传动的特点

液压传动具有以下几方面的优点:

(1) 在同等的体积下,液压装置可以比电气装置产生出更多的动力。由于液压系统中的压力能比电磁场中的磁力大出 30~40 倍,在同等的功率下,液压装置的体积小、重量小、结构紧凑。而液压马达的体积和重量只有同等功率电动机的 12% 左右。

(2) 液压装置工作比较平稳。由于重量小、惯性小、反应快,液压装置易于实现快速启动、制动和频繁的换向。液压装置的换向频率,在实现往复回转运动时可达 500 次/min,实现往复直线运动时可达 1000 次/min。

(3) 液压装置能在大范围内实现无级调速（调速范围可达 2000），还可以在运行的过程中进行调速。

(4) 液压传动容易实现自动化。这是因为它对液体压力、流量或流动方向易于进行调节和控制。当将液压控制和电气控制、电子控制或气动控制结合起来使用时，整个传动装置能实现很复杂的顺序动作，接受远程控制。

(5) 液压装置易于实现过载保护。液压缸和液压马达都能长期在失速状态下工作而不会过热，这是电气传动装置和机械传动装置无法做到的。

(6) 由于液压元件已实现了标准化、系列化和通用化，液压系统的设计、制造和使用都比较方便。液压元件的排列布置也具有较大的机动性。

(7) 用液压传动来实现直线运动比用机械传动简单。

(8) 液压系统一般采用矿物油为工作介质，相对运动面可自行润滑，使用寿命长。

另外，液压传动具有以下几方面的缺点：

(1) 液压传动不能保证严格的传动比，这是由液压油液的可压缩性和泄漏等原因造成的。

(2) 液压传动在工作过程中常有较多的能量损失（摩擦损失、泄漏损失等），长距离传动时更是如此。

(3) 液压传动对油温变化比较敏感，它的工作稳定性很易受到温度的影响，因此它不宜在很高或很低的温度条件下工作。

(4) 为了减少泄漏，液压元件在制造精度上的要求较高，因此它的造价较贵，而且对油液的污染比较敏感。

(5) 由于液体流动的泄漏较大，所以效率较低。如果处理不当，泄漏不仅污染场地，而且还可能引起火灾和爆炸事故。

(6) 液压传动要求有单独的能源。

(7) 液压传动出现故障时不易找出原因。

总的说来，液压传动的优点是突出的，它的一些缺点有的现已大为改善，有的将随着科学技术的发展而进一步得到克服。

习 题

1. 液压传动系统由哪些部分组成？各部分的功用分别是什么？
2. 液压传动与其他形式的传动相比，具有哪些优点？哪些缺点？
3. 液压传动系统不仅有泵、阀、执行元件、油箱、管路等元件和辅件，还得有驱动泵的电机。而电机驱动系统，似乎只需一只电机就行了。为什么说液压系统的体积小、重量小呢？
4. 液压系统中，要经过两次能量的转换，一次是电机的机械能转换成为泵输出的流动液体的压力能，另一次是输入执行元件的流动液体的压力能转换成为执行元件输出的机械能。经过能量转换是要损失能量的，那么为什么还要使用液压系统呢？
5. 结合本章机床工作台液压系统图，学习附录"液压"图形符号。尝试借助附录，利用 AutoCAD 软件独立绘制机床工作台液压系统图。

第二章 液压传动介质

液压传动工作介质的种类比较多,通常采用矿物油作为工作介质,所以一般都将液压传动工作介质称为液压油。除矿物油外,近年来又出现了以水为主要成分的高水基液压油。

由于液压油的性质及其质量将直接影响液压系统的工作,因此有必要对液压油的性质进行研究,对各种液压油的选用和污染的控制进行探讨。

第一节 液 压 油

液压油的质量直接影响液压系统的工作性能,因此必须合理地选择和使用。

一、液压油的主要物理性质

1. 密度

对于均质液体,其单位体积内液体的质量称为密度,它是一个重要的物理参数。通常用 ρ 表示,计算式为

$$\rho = \frac{m}{V} \tag{2-1}$$

式中　V——液体的体积;

　　　m——体积为 V 的液体的质量。

在国际单位制(SI)中,液体的密度单位是 kg/m^3。

液压油的密度随压力的增大而增大,随温度升高而减小。由于液压系统中工作压力变化不算太大,油液温度又是在控制范围内,所以油温和压力引起的密度变化甚微,因此可视为常数。一般液压油的密度为 $900kg/m^3$。

2. 可压缩性

在一般计算时,油的可压缩性可忽略不计。但在做液压元件或系统的动态分析时,就必须考虑油的压缩性了。液体受压力作用而发生体积变小的性质称为液体的可压缩性。通常用液体的压缩系数 k 表示液体的体积变化情况,压缩系数定义为单位压力所引起的液体单位体积的变化,即

$$k = -\frac{1}{\Delta p}\frac{\Delta V}{V} \tag{2-2}$$

式中　Δp——压力增量;

　　　ΔV——体积的增量;

　　　V——液体初始的体积。

由于压力增大时液体的体积减小,因此式(2-2)的右边须加一负号,以使 k 为正值。

液体的可压缩性很小,当 $p<1.5\mathrm{MPa}$ 时,油液的可压缩性可忽略不计。但压力很高,受压体积较大或对液压系统进行动态分析时,就要考虑液体的压缩性。通常取液压油的压缩系数 $k=(5\sim7)\times10^{-10}\mathrm{m}^2/\mathrm{N}$。

液体的压缩系数 k 的倒数为液体的体积弹性模数,用 K 表示,即

$$K=\frac{1}{k}=-\frac{\Delta p}{\Delta V}V$$

在实际应用中,常用 K 值说明液体抵抗压缩能力的大小,K 值越大,液体的压缩比越小,其抗压性能越强,反之越弱。常温下,液压油的体积弹性模数为 $(1.4\sim2)\times10^3\mathrm{MPa}$,数值很大,故一般可认为油液是不可压缩的。

应当指出,如果空气混入液体中,将导致其抵抗压缩的能力显著降低,故在液压系统中应力求减少油液中混入气体及其他易挥发物质。

3. 黏性

液体在管道中流动时,各流层的运动速度不相等,越接近管壁的流层速度越小,管子中心的流层速度最大。这是由于液体与管壁之间的附着力和液体分子间的内聚力造成的,使其流动受到牵制,阻碍流层间的相对滑动,在相邻流层之间便产生了内摩擦力。液体流动时的这种内摩擦阻力称为液体的黏性。当液体静止时,各层无相对滑动,不产生摩擦力,因而不显示黏性。如图 2-1 所示,假设两平行平板间存满液体,当上平板以 u_0 向右运动,紧贴上平板的液体黏附于上平板,也以速度 u_0 运动,而紧贴下平板的一层液体仍保持不动,其中间各层液体间在内聚力的作用下相互牵制,运动快的一层液体带动运动慢的一层液体向右运动,而运动慢的液体对运动快的液体起阻滞作用。不难看出,液体从上到下按递减的速度向右运动。当平板间的距离很小时,各流层的速度呈线性规律分布。

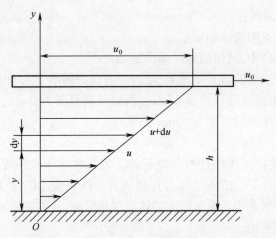

图 2-1 液体黏性示意图

根据实验得出,液体流动时两液层之间的内摩擦力 F 与液层间接触面积 A 成正比,与液层间相对速度 $\mathrm{d}u$、液层间距离 $\mathrm{d}y$ 之商成正比,即

$$F=\eta A\frac{\mathrm{d}u}{\mathrm{d}y} \quad \text{或} \quad \tau=\eta\frac{\mathrm{d}u}{\mathrm{d}y} \tag{2-3}$$

式中 η ——液体黏性的内摩擦系数,称为液体动力黏度;

$\dfrac{\mathrm{d}u}{\mathrm{d}y}$ ——速度梯度,即液层间相对速度对液层距离的变化率;

τ ——单位面积上的内摩擦力,即切应力。

式(2-3)称为牛顿液体的内摩擦定律。若 $\dfrac{\mathrm{d}u}{\mathrm{d}y}=0$,说明液体处于静止状态,根据公式计算,内摩擦力 $F=0$,因此静止液体不显示黏性。

表示黏性大小的物理量称为黏度。液压油的黏度是选择液压油的重要依据,黏度大小直接影响液压系统的正常工作、工作效率和灵敏度。

常用的黏度有3种:动力黏度、运动黏度和相对黏度(恩氏黏度)。

(1) 动力黏度(绝对黏度)是用液体流动时所产生的内摩擦力大小来表示的黏度,其计算式为

$$\eta = \tau \dfrac{\mathrm{d}y}{\mathrm{d}u} \tag{2-4}$$

物理意义:面积各为 $1\mathrm{cm}^2$、相距为 $1\mathrm{cm}$ 的两层液体,以 $1\mathrm{cm/s}$ 的速度相对运动时所产生的内摩擦力。

动力黏度 η 的单位,在法定计量单位中用"帕[斯卡]秒"表示,简称帕·秒($\mathrm{Pa \cdot s}$)或 $\mathrm{N \cdot s/m^2}$。

(2) 运动黏度是指在相同温度下,液体的动力黏度 η 与它的密度 ρ 之比,用 ν 表示,即

$$\nu = \dfrac{\eta}{\rho} \tag{2-5}$$

在工程上,ν 的法定计量单位是米^2/秒($\mathrm{m^2/s}$),或毫米^2/秒($\mathrm{mm^2/s}$)。

工程上,常用运动黏度表示油的牌号。液压油的牌号,是用它在某一温度下的运动黏度平均值来表示的,例如 N32 号液压油,就是指这种油在 40℃ 时的运动黏度平均值为 $32\mathrm{mm^2/s}$。在运动黏度前冠以"N"字符,以区别于其他温度下的运动黏度。我国液压油牌号过去是按 50℃ 运动黏度来划分的,例如,旧牌号 20 号液压油,就是指它在 50℃ 时的运动黏度平均值为 $20\mathrm{mm^2/s}$。新牌号是按 40℃ 运动黏度划分,液压油新旧牌号(40℃ 与 50℃ 运动黏度等级)对照可查阅液压传动手册,以便使用。例如,旧牌号是 10 号液压油,对应的新牌号是 N15 号液压油;旧牌号是 30 号液压油,对应的新牌号是 N46 号液压油;旧牌号是 40 号液压油,对应的新牌号是 N68 号液压油。

(3) 相对黏度(恩氏黏度)是用恩氏黏度计进行测量的黏度。

恩氏黏度的测定方法:将被测的油放在一个特制的容器里(恩氏黏度计),加热至 t℃ 后,由容器底部一个 $\phi 2.8\mathrm{mm}$ 的孔流出,测量出 $200\mathrm{cm}^3$ 体积的油液流尽所需时间 $t_{油}$,与流出同样体积的 20℃ 的蒸馏水所需时间 $t_{水}$ 相比,其比值就是该油在温度 t℃ 时的恩氏黏度,用符号 $°E_t$ 表示,即

$$°E_t = \dfrac{t_{油}}{t_{水}} \tag{2-6}$$

式中 $t_{油}$ ——$200\mathrm{cm}^3$ 被测油液流过恩氏黏度计小孔所需的时间;

$t_水$——200cm³ 蒸馏水在 20℃温度下流过恩氏黏度计小孔所需的时间。

（4）恩氏黏度与运动黏度之间的换算。工程中常采用先测出液体的恩氏黏度，再根据关系式或用查表法，换算出动力黏度或运动黏度。

经验公式为

$$\nu_t = \left(7.31°E_t - \frac{6.31}{°E_t}\right) \times 10^{-6} (\mathrm{m^2/s}) \tag{2-7}$$

式中　ν_t——温度为 t℃时，油液的运动黏度。

当油液的运动黏度不超过 76mm²/s，温度在 30～150℃范围内时，温度 t℃油液的运动黏度为

$$\nu_t = \nu_{50} \left(\frac{50}{t}\right)^n \tag{2-8}$$

式中　n——随油液黏度变化的指数，具体数值见表 2-1。

表 2-1　指数 n 随油液黏度变化的值

$\nu_{50}/(\mathrm{mm^2/s})$	2.5	6.5	9.5	12	21	30	38	45	52	60	68	76
n	1.39	1.59	1.72	1.79	1.99	2.13	2.24	2.32	2.42	2.49	2.52	2.56

恩氏黏度与运动黏度的换算也可用查表法进行。

（5）黏度和温度的关系。油液的黏度对温度的变化极为敏感，温度升高，油的黏度下降。油的黏度随温度变化的性质称为油液的黏温特性。不同种类的液压油有不同的黏温特性。黏温特性较好的液压油，黏度随温度的变化较小，因而温度变化对液压系统性能的影响较小。液压油黏度和温度的关系可用图 2-2 来查找。

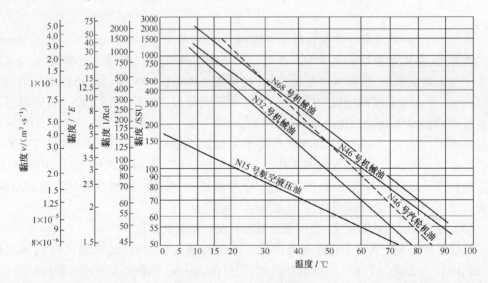

图 2-2　油液的黏温特性

（6）黏度和压力的关系。液体所受的压力增大时，其分子间的距离减小，内聚力增大，黏度亦随之增大。但对于一般的液压系统，当压力在 32MPa 以下时，压力对黏度的影响不大，可以忽略不计。当压力较高或压力变化较大时，黏度的变化则不容忽视。

4. 其他性质

液压油还有一些其他物理化学性质，如抗燃性、抗凝性、抗氧化性、抗泡沫性、抗乳化性、防锈性、润滑性、导热性、相容性以及纯净性等，都对液压系统工作性能有重要影响。对于不同品种的液压油，这些性质的指标也有所不同，具体可见油类产品手册。

二、液压油的使用要求

液压油是液压传动系统的重要组成部分，它将系统中各元件沟通起来成为一个有机整体。液压油的功用除了传递能量外，它还起着润滑运动部件和保护金属不被锈蚀以及散热等作用。液压油的质量及其各种性能将直接影响液压系统的工作。从液压系统使用油液的要求来看，有下面几点：

（1）适宜的黏度和良好的黏温性能，一般液压系统所用的液压油其黏度范围为
$$\nu = 11.5 \times 10^{-6} \sim 35.3 \times 10^{-6} \, m^2/s \quad (2° \sim 5°E_{50})$$
在使用温度范围内，油液黏度随温度的变化越小越好。

（2）润滑性能好。在液压传动机械设备中，除液压元件外，其他一些有相对滑动的零件也要用液压油来润滑，因此，液压油应具有良好的润滑性能，以免产生干摩擦。为了改善液压油的润滑性能，可加入添加剂增加其润滑性能。

（3）稳定性要好，即对热、氧化、水解和剪切都有良好的稳定性，使用寿命长。

油液抵抗其受热时发生化学变化的能力叫作热稳定性。热稳定性差的油液在温度升高时容易使油的分子裂化或聚氧，产生脂状沥青、焦油等物质。由于这种化学反应是随温度升高而加快的，所以一般液压油的工作温度控制在65℃以下。

油液与空气中的氧或其他含氧物质发生反应后生成酸性化合物，能腐蚀金属，这种化学反应的速度越慢，其氧化稳定性就越好，油液遇水发生分解变质的程度称为水解稳定性，水解变质后的油液黏度降低，腐蚀性增加。

油液在很大的压力下流过很小的缝隙或孔时，由于机械剪切作用使油的化学结构发生变化，黏度减小。要求油液具有抗剪切稳定性，不致受机械剪切作用而使黏度显著变化。

（4）消泡性好。油液中的泡沫一旦进入液压系统，就会造成振动、噪声以及增大油的压缩性等，因此需要液压油具有能够迅速而充分地放出气体而不致形成泡沫的性质，即消泡性。为了改善油的消泡性，可在油中加入消泡添加剂。

（5）凝固点低，流动性好。为了保证能够在寒冷气候情况下正常工作，需要液压油的凝固点低于工作环境的最低温度，保证低温流动性，能够正常工作。

（6）闪点高。对于高温或有明火的工作场合，为满足防火、安全的要求，需要油的闪点要高。

（7）质地纯净，杂质含量少。

（8）绿色环保，对人体以及周围环境无害，成本低。

三、液压油的选用

正确、合理地选用液压油，是保证液压设备高效率正常运转的前提，也是保证各液压元件性能、延长使用寿命的关键。

选择液压油时,可根据液压元件生产厂样本和说明书所推荐的品种号数来选用液压油,或者根据液压系统的工作压力、工作温度、液压元件种类及经济性等因素全面考虑,一般是先确定适用的黏度范围,再选择合适的液压油品种。同时还要考虑液压系统工作条件的特殊要求,如在寒冷地区工作的系统则要求油的黏度指数高、低温流动性好、凝固点低;伺服系统则要求油质纯、压缩性小;高压系统则要求油液抗磨性好。

在选用液压油时,黏度是一个重要的参数。黏度的高低将影响运动部件的润滑、缝隙的泄漏以及流动时的压力损失、系统的发热温升等。所以,在环境温度较高、工作压力高或运动速度较低时,为减少泄漏,应选用黏度较高的液压油,否则相反。

在选用油的品种时,一般要求不高的液压系统可选用机械油、汽轮机油或普通液压油。对于要求条件较高或专用液压传动设备可选用各种专用液压油,如抗磨液压油、稠化液压油、低温液压油、航空液压油等,这些油都加入了各种改善性能的添加剂而使其性能较好,部分国产液压油质量指标见表 2-2。

表 2-2 普通液压油质量指标

项 目	质 量 指 标				
代号(GB 2512)	YA-N32①	YA-N46	YA-N68	YA-N32G	YA-N68G②
牌号(GB 3141)	N32	N46	N68	N32G	N68G
相近的原牌号(按50℃时运动黏度分列)	20	30	40	20	40
运动黏度(40℃)/(mm²/s)	28.8~35.2	41.4~50.6	61.2~74.8	28.8~35.2	61.2~74.8
黏度指数(不小于)	90				
闪点(开口)/℃(不低于)	170				
凝点/℃(不高于)	-10				
水分/%	无				
机械杂质/%	无				
钢片腐蚀(T3 铜片,100℃。3h)	合格				
水溶性酸或碱(基础油)	无				
氧化安定性(酸值达到 2.0 mgKOH/g)/h(不小于)	1000				
防锈性(蒸馏水法)	无锈				
最大无卡咬负荷(p_B)/kg (不小于)	60				
抗泡沫性(93℃)/mL: 泡沫倾向(不大于) 泡沫稳定性(不大于)	50 0				
黏—滑性能(动静摩擦系数差值)(不大于)	—			0.08	

注:①YA 是液压油的类组号,表示普通液压油。类似地,分别以 YB、YC、YD 表示抗磨液压油、低温液压油和高黏度指数液压油。

②G 是液压油的尾注号,表示具有良好的黏温特性。类似地,以 H 表示由石油烃叠合或缩合等工艺制得的产品,以 D 表示具有良好的低温启动性能。

总之,应尽量选用较好的液压油,这样做虽然初始成本要高些,但由于优质油使用寿命长,对元件损害小,所以从整个使用周期看,其经济性要比选用劣质油好些。

另外,在使用液压油时,不得在受污染的油液或脏油中加兑新油液,必须清洗系统后,更换新的、经过过滤的油液。

四、高水基液压油

高水基液压油是一种以水为主要成分的抗燃液压油,它的含油量只有5%左右,目前广泛应用于采煤坑道等对防火有较高要求的液压系统中,它不仅是安全的工作介质,而且价格便宜,对周围环境污染较小。在国际石油能源紧张的情况下,高水基油受到人们普遍重视,它是一种很有应用前景的液压传动介质。

1. 高水基液压油的类型

高水基液压油包括可溶性油、合成溶液和微乳化液3种类型。可溶性油含有5%~10%的油和添加剂,它实际上是一种油的乳化液,如目前在矿山机械液压系统中使用的水包油型液压油就属于这种可溶性油;合成溶液不含有油,而是含有5%左右的化学添加剂;微乳化液则含有5%左右的添加剂和精细扩散的油。

2. 高水基液压油的优缺点

高水基液压油优点如下:

(1) 价格低;

(2) 抗燃性好;

(3) 工作温度低,因为水的传热性好,所以工作温度比用矿物油时低;

(4) 黏度变化小;

(5) 体积弹性模量大;

(6) 运输、保存方便,因为95%的水是临使用时才加进去的。

高水基液压油缺点如下:

(1) 润滑性差;

(2) 黏度低;

(3) 使用条件受局限,因为黏度低,工作温度范围窄,所以只能用于室内的性能要求不高的设备上;

(4) 对金属的腐蚀性大。

3. 高水基液压油的使用

由于高水基液压油的黏度低、润滑性差,所以对于高速、高压液压泵不适用。中、低压系统可以使用高水基液压油,但存在如下几个问题:

(1) 由于黏度低而使泄漏量加大;

(2) 齿轮泵和叶片泵使用高水基液压油后性能和寿命都比使用矿物油时低;

(3) 干式电磁阀及电液伺服阀的电气部分遇到高水基液压油时会产生误动作。

因此,今后要推广使用高水基液压油的关键是要设计出适应高水基液压油的液压元件。

第二节 液压油的污染与控制

实践证明,液压油液的污染是系统发生故障的主要原因,它严重影响着液压系统的可靠性及元件的寿命。由于液压油液被污染,液压元件的实际使用寿命往往比设计寿命低得多。因此,液压油液的正确使用、管理以及污染控制,是提高系统可靠性及延长元件使用寿命的重要手段。

一、污染物的种类及危害

液压系统中的污染物,是指包含在油液中的固体颗粒、水、空气、化学物质、微生物和污染能量等。液压油液被污染后,将对系统及元件产生如下不良后果:

(1) 固体颗粒加速元件磨损,堵塞缝隙及滤油器,使泵、阀性能下降,产生噪声。

(2) 水的浸入加速油液的氧化,并和添加剂起作用产生黏性胶质,使滤芯堵塞。

(3) 空气的混入降低油液的体积模量,引起气蚀,降低油液的润滑性。

(4) 溶剂、表面活性化合物等化学物质使金属腐蚀。

(5) 微生物的生成使油液变质,降低润滑性能,加速元件腐蚀。对高水基液压油的危害更大。

除此之外,不正当的热能、静电能、磁场能及放射能也常被认为是对油液的污染,它们有的会使油温超过规定限度,导致油液变质,有的则会招致火灾。

二、污染的原因

液压油液遭受污染的原因是很复杂的,污染物的来源如表2-3所列。表中的液压装置组装时残留下来的污染物主要是指切屑、毛刺、型砂、磨粒、焊渣、铁锈等;从周围环境混入的污染物主要是指空气、尘埃、水滴等;在工作过程中产生的污染物主要是指金属微粒、锈斑、涂料剥离片、密封材料剥离片、水分、气泡以及液压油液变质后的胶状生成物等。

表2-3 液压油液中的污染物

外界侵入的污染物			工作过程中产生的污染物	
液压油液运输过程中带来的污染物	液压装置组装时残留下来的污染物	从周围环境混入的污染物	液压装置中相对运动件磨损时产生的污染物	液压油液物理化学性能变化时产生的污染物

三、污染的测定

下面仅讨论油液中固体颗粒污染物的测定问题。油液的污染度是指单位容积油液中固体颗粒污染物的含量。含量可用重量或颗粒数表示,因而相应的污染度测定方法有称重法和颗粒计数法两种。

1. 称重法

把100mL的油液样品进行真空过滤并烘干后,在精密天平上称出颗粒的重量,然后依标准定出污染等级。这种方法只能表示油液中颗粒污染物的总量,不能反映颗粒尺寸的大小及其分布情况。这种方法设备简单,操作方便,重复精度高,适用于液压油液日常性的质量管理场合。

2. 颗粒计数法

颗粒计数法是测定液压油液样品单位容积中不同尺寸范围内颗粒污染物的颗粒数,

借以查明其区间颗粒浓度(指单位容积油液中含有某给定尺寸范围的颗粒数)或累计颗粒浓度(指单位容积油液中含有大于某给定尺寸的颗粒数)。目前,用得较普遍的有显微镜法和自动颗粒计数法。

显微镜法也是将100mL油液样品进行真空过滤,并把得到的颗粒进行溶剂处理后,放在显微镜下找出其尺寸大小及数量,然后依标准确定油液的污染度。这种方法的优点是能够直接看到颗粒的种类、大小及数量,从而可推测污染的原因,缺点是时间长、劳动强度大、精度低,且要求熟练的操作技术。

自动颗粒计数法是利用光源照射油液样品时,油液中颗粒在光电传感器上投影所发出的脉冲信号来测定油液的污染度的。由于信号的强弱和多少分别与颗粒的大小和数量有关,将测得的信号与标准颗粒产生的信号相比较,就可以算出油液样品中颗粒的大小与数量。这种方法能自动计数,测定简便、迅速、精确,可以及时从高压管道中抽样测定,因此得到了广泛的应用,但是此法不能直接观察到污染颗粒本身。

四、污染度的等级

为了描述和评定液压油液污染的程度,以便对它进行控制,有必要规定出液压油液的污染度等级。下面介绍目前仍被采用的美国NAS1638油液污染度等级和我国制定的污染度等级国家标准。

美国NAS1638污染度等级如表2-4所列。以颗粒浓度为基础,按100mL油液中在给定的5个颗粒尺寸区间内的最大允许颗粒数划分为14个等级,最清洁的为00级,污染最高的为12级。

表2-4 NAS1638污染度分级标准(100mL液压油液中颗粒数)

尺寸范围 /μm	污染等级													
	00	0	1	2	3	4	5	6	7	8	9	10	11	12
	每100mL油液中所含颗粒的数目													
5~15	125	250	500	1000	2000	4000	8000	16000	32000	64000	128000	256000	512000	102400
15~25	22	44	89	178	356	712	1425	2850	5700	11400	22800	45600	91200	182400
25~50	4	8	16	32	63	126	253	506	1012	2025	4050	8100	16200	322400
50~100	1	2	3	6	11	2	45	90	180	360	720	1440	2880	5760
>100	0	0	1	1	2	4	8	16	32	64	128	256	512	1025

我国制定的液压油液颗粒污染度等级标准采用ISO4406。国家标准代号GB/T 14039—93。

固体颗粒污染等级代号由斜线隔开的两个标号组成:第一个标号表示1mL工作介质中大于5μm的颗粒数,第二个标号表示1mL工作介质中大于15μm的颗粒数。颗粒数与其标号的关系见表2-5。

工作介质污染等级代号的确定方法如下:按显微镜颗粒计数法或自动颗粒计数法取得颗粒计数依据,针对大于5μm的颗粒数规定为第一个标号,针对大于15μm的颗粒数为第二个标号,依次写出这两个标号并用斜线隔开。例如代号18/13表示在1mL的给定工作介质中,大于5μm的颗粒有1300~2500个,大于15μm的颗粒有40~80个。

表2-5 工作液体中固体颗粒数与标号的对应关系(GB/T 14039—93)

1mL工作液中固体颗粒数/个	标号	1mL工作液中固体颗粒数/个	标号	1mL工作液中固体颗粒数/个	标号
>80000~160000	24	>160~320	15	>0.32~0.64	6
>40000~80000	23	>80~160	14	>0.16~0.32	5
>20000~40000	22	>40~80	13	>0.08~0.16	4
>10000~20000	21	>20~40	12	>0.04~0.08	3
>5000~10000	20	>10~20	11	>0.02~0.04	2
>2500~5000	19	>5~10	10	>0.01~0.02	1
>1300~2500	18	>2.5~5	9	>0.005~0.01	0
>640~1300	17	>1.3~2.5	8	>0.0025~0.005	0.9
>320~640	16	>0.64~1.3	7		

测定污染度的方法很多,主要有人工计数法、计算机辅助计数法、自动颗粒计数法、光谱分析法、X射线能谱或波谱分析法、铁谱分析法、颗粒浓度分析法等。

表2-6是典型液压系统的清洁度等级。

表2-6 典型液压系统清洁度等级

系统类型	级别① 4	5	6	7	8	9	10	11	12	13	14
清洁度等级②	12/9	13/10	14/11	15/12	16/13	17/14	18/15	19/16	20/17	21/18	22/19
污染极敏感的系统	■	■	■	■	■						
伺服系统		■	■	■	■	■					
高压系统			■	■	■	■	■				
中压系统						■	■	■	■		
低压系统							■	■	■	■	
低敏感系统								■	■	■	■
数控机床液压系统			■	■	■	■	■				
机床液压系统					■	■	■	■			
一般机器液压系统						■	■	■	■		
行走机械液压系统				■	■	■	■	■	■		
重型设备液压系统					■	■	■	■	■		
重型和行走设备传动系统					■	■	■	■	■	■	
冶金轧钢设备液压系统				■	■	■	■				

注:①这里的级别指NAS1638;
②相当于ISO4406。

五、液压油液的污染控制

液压油液污染的原因很复杂,液压油液自身又在不断产生脏物,因此要彻底解决液压油液的污染问题是困难的。为了延长液压元件的寿命,保证液压系统可靠地工作,将液压油液的污染度控制在某一限度以内是较为切实可行的办法。

为了减少液压油液的污染,常采取如下一些措施:

(1) 对元件和系统进行清洗,清除在加工和组装过程中残留的污染物。液压元件在加工的每道工序后都应净化,装配后经严格的清洗。

系统在组装前,油箱和管道必须清洗。用机械方法除去残渣和表面氧化物,然后进行酸洗。系统在组装后进行全面的清洗,最好用系统工作时使用的油液清洗,不可用煤油。清洗时除油箱的通气孔(加防尘罩)外须全部密封。清洗时应尽可能加大流量,有可能时采用热油冲洗。机械油在80℃时的黏度为其25℃时的1/8,因此80℃的热机械油能冲掉许多25℃的机械油冲不掉的污物。系统在冲洗时须装设高效滤油器,同时使元件动作,并用铜锤敲打焊口和连接部位。

(2) 防止污染物从外界侵入。液压油液在工作过程中会受到环境污染,因此可在油箱呼吸孔上装设高效的空气滤清器或采用密封油箱,防止尘土、磨料和冷却物的侵入。液压油液在运输和保管过程中会受到污染,买来的油液必须静放数天,然后通过滤油器注入系统。另外,对活塞杆端应装防尘密封,经常检查并定期更换。

(3) 采用合适的过滤器。这是控制液压油液污染度的重要手段,应根据系统的不同情况选用不同过滤精度、不同结构的过滤器,并定期检查和清洗。

(4) 控制液压油液的温度。液压油液工作温度过高对液压装置不利,液压油液本身也会加速氧化变质,产生各种生成物,缩短它的使用寿命。一般液压系统的工作温度应当控制在65℃以下,机床液压系统还应更低些。

(5) 定期检查和更换液压油液。每隔一定时间,对系统中的油液进行抽样检查,分析其污染度是否还在该系统容许的使用范围之内。如已不合要求,必须立即更换,不应在油液脏到使系统工作出现故障时才更换。在更换新油液前,整个系统必须先清洗一次。

例 题

例 2-1 某液压油体积为200cm³,密度$\rho=900$kg/m³,在50℃时流过恩氏黏度计所需时间$t_1=153$s,而20℃时200cm³的蒸馏水流过恩氏黏度计所需时间$t_2=51$s,问该油的恩氏黏度$°E_{50}$、运动黏度ν及动力黏度η各为多少?

解:根据恩氏黏度定义:$°E_t = \dfrac{t_1}{t_2}$

故该油的
$$°E_{50} = \frac{153}{51} = 3$$

又
$$\nu = 7.31°E_{50} - \frac{6.31}{°E_{50}}(\text{mm}^2/\text{s})$$

则有 $\nu = (7.31 \times 3 - \frac{6.31}{3})(\text{mm}^2/\text{s}) = 19.83 \text{mm}^2/\text{s} = 19.83 \times 10^{-6} \text{m}^2/\text{s}$

又 $\nu = \frac{\eta}{\rho}$

所以 $\eta = \nu \cdot \rho = 19.83 \times 10^{-6} \times 900 (\text{Pa} \cdot \text{s}) = 178.5 \times 10^{-4} \text{Pa} \cdot \text{s}$

例 2-2 某液压系统的油液中混入占体积 1%的空气,求压力分别为 $35 \times 10^5 \text{Pa}$ 和 $70 \times 10^5 \text{Pa}$ 时该油的等效体积模量。若油中混入 5%的空气,压力为 $35 \times 10^5 \text{Pa}$ 时油的等效体积模量等于多少(设气体做等温变化,钢管的弹性忽略不计)?

解: 气体状态方程为 $pV/T =$ 常数,因气体做等温变化,则 $pV =$ 常数,微分得 $\mathrm{d}pV + p\mathrm{d}V = 0$,气体的压缩系数为 $k = -\frac{\mathrm{d}V}{V\mathrm{d}p}$,不难得出 $k = \frac{1}{p}$,因而气体的体积弹性模量 $K = p$。

设本题中压缩前油、气总体积为 V_Σ,气体体积为 V_g,油的体积 $V_o = V_\Sigma - V_g$;因压缩总体积、气体体积和油体积的增量分别为 $-\Delta V_\Sigma$、$-\Delta V_g$ 和 $-\Delta V_o$;压力增量为 Δp;混合物、气体和纯油的体积弹性模量分别为 K'、K_g 和 K;压缩系数分别为 k'、k_g 和 k。由题意得 $-\Delta V_\Sigma = -\Delta V_o - \Delta V_g$,将上式两端分别除以 $\Delta p V_\Sigma$ 得

$$-\frac{\Delta V_\Sigma}{\Delta p V_\Sigma} = -\frac{\Delta V_o}{\Delta p V_\Sigma} - \frac{\Delta V_g}{\Delta p V_\Sigma}$$

变形得

$$-\frac{\Delta V_\Sigma}{\Delta p V_\Sigma} = -\frac{\Delta V_o}{\Delta p V_o}\frac{V_o}{V_\Sigma} - \frac{\Delta V_g}{\Delta p V_g}\frac{V_g}{V_\Sigma}$$

上式即

$$k' = k\frac{V_o}{V_\Sigma} + k_g\frac{V_g}{V_\Sigma}$$

容易得到

$$\frac{1}{K'} = \frac{1}{K}\frac{V_o}{V_\Sigma} + \frac{1}{K_g}\frac{V_g}{V_\Sigma}$$

式中,K 取 $2.0 \times 10^9 \text{N/m}^2$。由前文知 K_g 等于压力,于是,混入空气体积比为 1%,压力为 $35 \times 10^5 \text{Pa}$ 和 $70 \times 10^5 \text{Pa}$ 时液体的等效体积模量分别是

$$\frac{1}{K'} = \left(\frac{1}{2.0 \times 10^9} \times \frac{99}{100} + \frac{1}{35 \times 10^5} \times \frac{1}{100}\right)(\text{m}^2/\text{N})$$

$K' = 0.298 \times 10^9 \text{N/m}^2 (p = 35 \times 10^5 \text{Pa}$ 时$)$

$$\frac{1}{K'} = \left(\frac{1}{2.0 \times 10^9} \times \frac{99}{100} + \frac{1}{70 \times 10^5} \times \frac{1}{100}\right)(\text{m}^2/\text{N})$$

$K' = 0.520 \times 10^9 \text{N/m}^2 (p = 70 \times 10^5 \text{Pa}$ 时$)$

而当混入空气 5%,压力为 $35 \times 10^5 \text{Pa}$ 时,有

$$\frac{1}{K'} = \left(\frac{1}{2.0 \times 10^9} \times \frac{95}{100} + \frac{1}{35 \times 10^5} \times \frac{5}{100}\right)(\text{m}^2/\text{N})$$

$K' = 0.068 \times 10^9 \text{N/m}^2$

例 2-3 图示为充满油液的柱塞缸,已知 $d = 5 \text{cm}$,$D = 8 \text{cm}$,$H = 12 \text{cm}$,柱塞在缸内的

长度 $l=6\text{cm}$,油液的体积弹性模量 $K=1.5\times10^9\text{N/m}^2$。现加重物 $W=5\times10^4\text{N}$,若加重物前缸内压力 $p_0=10\times10^5\text{Pa}$,忽略摩擦及缸壁变形,求加重物后柱塞下降距离是多少?

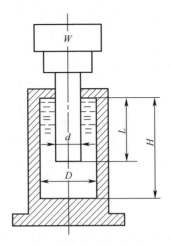

例题 2-3 图

解:根据油液可压缩性公式 $K=\dfrac{1}{k}=-\dfrac{\Delta p}{1}\cdot\dfrac{V}{\Delta V}$

依题意,式中 $\Delta p=\dfrac{W}{\dfrac{\pi}{4}d^2}-p_0=\left(\dfrac{5\times10^4}{\dfrac{\pi}{4}\times0.05^2}-10\times10^5\right)(\text{Pa})=245\times10^5\text{Pa}$

$$V=\frac{\pi}{4}D^2\cdot H-\frac{\pi}{4}d^2L=\frac{\pi}{4}(0.08^2\times0.12-0.05^2\times0.06)\,(\text{m}^3)$$
$$=4.85\times10^{-4}\text{m}^3$$

设加重物后,柱塞下降距离为 h,则有

$$\Delta V=-\frac{\pi}{4}d^2h$$

代入前式,则得 $h=\dfrac{\Delta p\cdot V}{K\dfrac{\pi}{4}d^2}=\dfrac{245\times10^5\times4.85\times10^{-4}}{1.5\times10^9\times\dfrac{\pi}{4}\times0.05^2}(\text{m})=4.04\times10^{-3}\text{m}$

例 2-4 已知 N32 号机械油的密度 $\rho=900\text{kg/m}^3$,求它在 50℃的运动黏度、动力黏度和恩氏黏度各为多少?

解:

(1) 运动黏度 ν。查图 2-2 油液的黏温特性,N32 号机械油在 50℃的运动黏度 $\nu=19\times10^{-6}\text{ m}^2/\text{s}$。

(2) 动力黏度 η。$\eta=\nu\cdot\rho$

式中 $\nu=19\times10^{-6}\text{ m}^2/\text{s}$;$\rho=900\text{kg/m}^3$。

于是 $\eta=19\times10^{-6}\times900\text{N}\cdot\text{s/m}^2=0.017\text{N}\cdot\text{s/m}^2=0.017\text{Pa}\cdot\text{s}$

(3) 恩氏黏度 $°E_{50}$。

① 由图 2-2 油液的黏温特性,可直接查出 N32 号机械油的恩氏黏度 $°E_{50} = 2.8$。

② 用公式计算 $°E_{50}$。查图 2-2 油液的黏温特性,N32 号机械油 50℃时的运动黏度

$$\nu_{50} = 19 \times 10^{-6} \text{ m}^2/\text{s}$$

$$\nu_t = \left(7.31°E_t - \frac{6.31}{°E_t}\right) \times 10^{-6} \text{m}^2/\text{s}$$

$$19 \times 10^{-6} = \left(7.31°E_{50} - \frac{6.31}{°E_{50}}\right) \times 10^{-6}$$

$$°E_{50} = 2.897 \quad 或 \quad °E_{50} = -0.298 \quad (负值无意义)$$

从计算得到的恩氏黏度($°E_{50} = 2.897$)与从黏温图上查得的 $°E_{50} = 2.8$ 比较,结果接近。

习 题

1. 液压油为什么会污染?如何防止?液压油使用时间长了,用什么方法确定是否应当更换?

2. 在液压系统中,什么是泄漏?有什么危害?是否完全可以杜绝泄漏?

3. 已知某液压油在 20℃时为 $10°E$,在 80℃时为 $3.5°E$,试求温度为 60℃时的运动黏度。

4. 图示一黏度计,若 $D = 100$mm,$d = 98$mm,$l = 200$mm,外筒转速 $n = 8$r/s 时,测得的转矩 $T = 40$N·cm,试求油液的黏度。

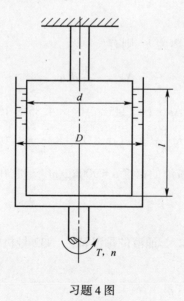

习题 4 图

5. 20℃时水的动力黏度 $\eta = 1.008 \times 10^{-3}$Pa·s,密度 $\rho = 1000$kg/m³,求在该温度下水

的运动黏度 ν，20℃时机械油的运动黏度 $\nu=20\text{mm}^2/\text{s}$，密度 $\rho=900\text{kg/m}^3$，求在该温度下机械油的动力黏度 η。

6. 图示一直径为 200mm 的圆盘，与固定圆盘端面间的间隙为 0.02mm，其间充满润滑油，油的黏度 $\nu=3\times10^{-5}\text{m}^2/\text{s}$，密度为 900kg/m^3，转盘以 1500r/min 转速旋转时，求驱动转盘所需的转矩。

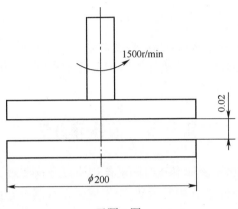

习题 6 图

7. 图示一液压缸，内径 $D=12\text{cm}$，活塞直径 $d=11.96\text{cm}$。活塞宽度 $l=14\text{cm}$，油液黏度 $\eta=0.065\text{Pa}\cdot\text{s}$，活塞回程要求的稳定速度为 $v=0.5\text{m/s}$，试求不计油液压力时拉回活塞所需的力 F 等于多少？

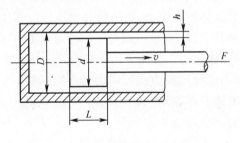

习题 7 图

8. 轴和轴承的直径分别为 76mm 和 76.5mm，轴承长 300mm，若轴和轴承间充满润滑油，润滑油的动力黏度 $\eta=1.0\times10^{-2}\text{N}\cdot\text{s/m}^2$，若同心状态下该轴以等角速度 600r/min 旋转，求需用多少功率方能克服黏滞阻力？

第三章 液压流体力学基础

液压传动是以液体为工作介质进行能量传递的。液压油的力学性能对液压系统工作影响很大,所以在研究液压系统之前,必须对系统中所用液体的运动与平衡的力学规律进行较深入的了解,以便进一步理解液压传动的基本原理,为更好地进行液压系统的分析与设计打下基础。

第一节 液体静力学

液体静力学主要是讨论液体静止时的平衡规律以及这些规律的应用。所谓"液体静止"指的是液体内部质点间没有相对运动,至于盛装在容器中心的液体,不论它是静止的还是匀速、匀加速运动的都没有关系。

一、静压力及其性质

作用在液体上的力有两种类型:一种是质量力,另一种是表面力。

质量力作用在液体所有质点上,它的大小与质量成正比,属于这种力的有重力、惯性力等。

表面力作用于所研究液体的表面上,如法向力、切向力。表面力可以是其他物体(例如活塞、大气层)作用在液体上的力,也可以是一部分液体作用在另一部分液体上的力。对于液体整体来说,其他物体作用在液体上的力属于外力,而液体间作用力属于内力。

应该指出,静止液体不能抵抗拉力或切向力,即使是微小的拉力或切向力都会使液体发生流动。因为静止液体不存在质点间的相对运动,也就不存在拉力或切向力,所以静止液体只能承受压缩力。

所谓静压力是指静止液体单位面积上所受的法向力,用 p 表示

$$p = \frac{F_N}{A} \tag{3-1}$$

式中 F_N——液体面积 A 上所受的法向力;

A——法向力 F_N 作用的液体面积。

静压力有如下两个重要性质:

(1) 液体静压力垂直于作用面,其方向与该面的内法线方向一致。

(2) 静止液体中,任何一点受到的各方向的压力都相等。如果液体中某点受到的压力不等,那么必然产生运动,破坏了静止的条件。

二、静力学基本方程

在重力作用下的静止液体,其受力情况如图 3-1(a)所示,除了液体重力、液面上的压力外,还有容器壁面作用在液体上的压力。如要求出液体内点 1(离液面深度为 h)处

的压力,可以从液体内取出一个底面积通过该点的垂直小液柱。设液柱的底面积为 ΔA,高为 h,如图 3-1(b)所示,由于液柱处于平衡状态,于是有 $p\Delta A = p_0 \Delta A + F_G$,这里 F_G 是液柱的重力,$F_G = \rho g h \Delta A$,因此有

$$p = p_0 + \rho g h \tag{3-2}$$

由式(3-2)可知:

(1) 静止液体内任一点处的压力由两部分组成,一部分是液面上的压力 p_0,另一部分是 ρg 与该点离液面深度 h 的乘积。当液面上只受大气压力 p_a 作用时,点 1 处静压力为

$$p = p_a + \rho g h \tag{3-3}$$

(2) 静止液体内的压力随液体深度增加而增加,并呈直线规律分布,斜率由液体密度决定。

(3) 离液面深度相同处各点的压力都相等。压力相等的所有点组成的面叫作等压面。重力作用下静止液体中的等压面是一个水平面。

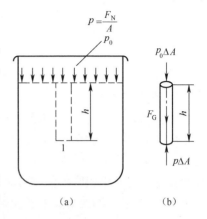

图 3-1 重力作用下的静止液体

三、压力的表示方法及单位

1. 压力的表示方法

液压系统中的压力就是指压强,由于作用于物体上的大气压一般自成平衡,所以在进行各种分析时往往只考虑外力而不再考虑大气压。在绝大多数测压仪表中,所测得的压力只是高于大气压力的那部分压力,所以在实际压力测试中有两种不同基准:一种是以绝对真空为基准测得的压力,称为绝对压力;另一种是以当地大气压为标准,测得的是高于大气压的那一部分压力,称为相对压力。由此可见:

绝对压力=大气压力+相对压力

当静止液体液面上作用的是大气压力 p_a,那么深 h 处绝对压力为

$$p = p_a + \rho g h$$

当绝对压力低于大气压时,习惯上称为出现真空。因此真空度的定义为某点的绝对压力比大气压小的那部分数值,叫作该点的真空度。

真空度=大气压力−绝对压力

一般压力表测得的压力均为相对压力,即表测压力=相对压力=绝对压力−大气压力。

绝对压力、相对压力与真空度的关系见图 3-2。

2. 压力单位

目前多数国家压力单位采用 SI 制(国际单位制),我国早已推广使用。在 SI 制中压力单位为 Pa(帕)和暂时允许使用的单位 bar(巴)。

$$1\text{Pa} = 1\text{N/m}^2$$

$$1\text{bar} = 1 \times 10^5 \text{Pa}$$

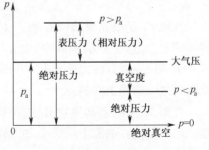

图 3-2 绝对压力、相对压力、真空度间的相互关系

由于 Pa 单位太小，工程上常采用 kPa（千帕）、MPa（兆帕）。

$$1kPa = 1 \times 10^3 Pa \quad 1MPa = 1 \times 10^6 Pa$$

我国过去采用的压力单位为工程大气压（at）、米水柱（mH$_2$O）、毫米汞柱（mmHg）等，其换算关系如下：

$$1at = 1kgf/cm^2 = 98kPa$$
$$1mH_2O = 9806.65Pa$$
$$1mmHg = 133.322Pa$$

四、帕斯卡原理

在密闭的容器内，施加于静止液体上的压力将等值、同时地传到液体内所有各点，这就是帕斯卡定律。如在式（3-2）中，p_0 是外界施加于液体表面的压力，ρgh 是由液体本身自重产生的压力。如果 p_0 发生了变化，例如变成了 p_a（大气压），则液体内所有各点的压力都将同时发生相同变化，即式（3-2）将变成式（3-3）。这就是说，在密闭容器内的静止液体中，若某点的压力发生了变化，则该变化将等值同时地传到液体内所有各点。

在液压系统中，由液体自重引起的压力 ρgh 往往比外界施加于液体的压力 p_0 小得多，因此常忽略不计，所以式（3-2）变成 $p = p_0$，即静止液体中的压力处处相等，都等于外界所施加的压力。

现以液压千斤顶的工作原理来说明帕斯卡原理的应用。图 3-3 为一密闭容器——连通器，在两个相互连通的液压缸中装有油液。在液压缸上部装有活塞，小活塞和大活塞的面积分别为 A_1 和 A_2，在大活塞上放有重物 G。如果在小活塞上加力 F_1，则在小液压缸中产生的油液压力为

$$p = \frac{F_1}{A_1} \quad (3-4)$$

根据帕斯卡原理，这一压力 p 将传到液体中所有各点，所以也传到大液压缸中去。故大活塞所受向上推力 F_2 为

$$F_2 = pA_2 \quad (3-5)$$

将式（3-5）代入式（3-4）得

$$F_2 = \frac{A_2}{A_1} F_1 \quad (3-6)$$

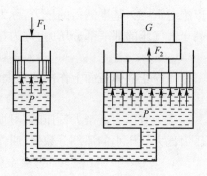

图 3-3 帕斯卡原理应用实例

如果 F_2 足以克服重物 G 所产生的外力，重物就将被顶起。由式（3-6）可知，只要 A_2 足够大，A_1 足够小，则比值 A_2/A_1 就会足够大，此时就是 F_1 很小，也会在大活塞上产生较大的推力 F_2，克服重物（负载）做功。液压千斤顶就是利用这一原理工作的。

在图 3-3 中，若将重物 G 去掉，则当不计大活塞的重量和其他阻力时，不论怎样推动小活塞也不能在油液中形成压力。若重物（负载）G 不但存在且较大时，将重物 G 抬起所需的力 F_1 也较大（在比值 A_2/A_1 一定时），则油液压力 p 不仅存在且也较大。反之，若重物 G 较小，则压力 p 也较小。可见，液压系统中的压力是由外界负载决定的。负载大，压力大；负载小，压力小；外界负载为零，压力为零。这是液压传动中的一个基本概念。

五、液体静压力作用在固体壁面上的力

1. 作用于平面上的力

当固体表面为一平面时,平面上各点处的静压力(不计重力作用)不但大小相等,而且方向相同,作用于该平面上的力即等于液体静压力 p 与承压面积的乘积。例如,图3-3中的大活塞直径若为 D_2,则液体压力作用于活塞上的推力 F_2 为

$$F_2 = pA_2 = \frac{\pi D_2^2}{4} p$$

2. 作用于曲面上的力

图3-4所示为一液压缸筒图。在液压缸内充满了压力为 p 的油液,现在要求出在 x 方向上液体压力作用在液压缸筒右半壁上的力。

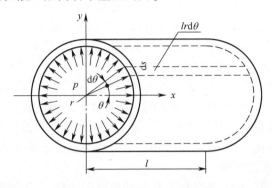

图 3-4 液压缸筒图

设液压缸筒半径为 r,长度为 l。在缸筒内壁上取一长条微小面积 $dA = l \cdot ds = l \cdot rd\theta$,则液体压力作用于这微小面积上的力 dF 为

$$dF = p \cdot dA = p \cdot l \cdot rd\theta$$

dF 在 x 方向上的分力 dF_x 为

$$dF_x = dF \cdot \cos\theta = p \cdot l \cdot rd\theta \cdot \cos\theta$$

液体压力在 x 方向上作用在液压缸筒右半壁上的总作用力 F_x,可以从上式积分求得:

$$F_x = \int dF_x = \int_{-\frac{\pi}{2}}^{\frac{\pi}{2}} p \cdot lr\cos\theta d\theta = p \cdot 2rl \tag{3-7}$$

由式(3-7)可以看出,液体压力在 x 方向上的作用力 F_x 等于压力 p 与 $2rl$ 的乘积,而 $2rl$ 刚好是缸筒内右半圆曲面在 x 方向投影(即在与 x 方向相垂直的那个面上的投影)的面积。这一关系对其他曲面也是适用的。因此可以得出结论:液体压力作用在曲面某一方向上的力等于液体压力与曲面在该方向投影面积的乘积。

第二节 液体动力学

流体动力学是流体力学的核心问题,它主要研究液体运动与力的关系,并以数学模型为基础,推导出液体运动的连续性方程、能量方程以及动量方程等流体运动力学的基

本定律。能量方程加上连续性方程,可以解决压力、流速或流量及能量损失之间的关系问题;动量方程可解决流动液体与固体边界之间的相互作用问题。

一、基本概念

在推导液体流动的四个基本方程之前,必须弄清有关液体流动时的一些基本概念。这些基本概念主要包括以下几种。

1. 理想液体、恒定流动和一维流动

研究液体流动时必须考虑黏性的影响,但由于这个问题非常复杂,所以开始分析时可以假设液体没有黏性,然后再考虑黏性的作用并通过实验验证的办法对理想结论进行补充或修正。这种方法同样可以用来处理液体的可压缩性问题。一般把既无黏性又不可压缩的假想液体称为理想液体。

液体流动时,如液体中任何点处的压力、速度和密度都不随时间而变化,液体就是在做恒定流动(定常流动或非时变流动);反之,只要压力、速度或密度中有一个随时间变化,液体就是在做非恒定流动(非定常流动或时变流动)。研究液压系统静态性能时,可以认为液体做恒定流动;但在研究其动态性能时,则必须按非恒定流动来考虑。

当液体整个做线形流动时,称为一维流动;当做平面或空间流动时,称为二维或三维流动。一维流动最简单,但是严格意义上的一维流动要求液流截面上各点处的速度矢量完全相同,这种情况在现实中极为少见。一般常把封闭容器内液体的流动按一维流动处理,再用实验数据来修正其结果,液压传动中对油液流动的分析讨论就是这样进行的。

2. 流线、流束和通流截面

流线是某一瞬时液流中一条条标志其各处质点运动状态的曲线,在流线上各点处的瞬时液流方向与该点的切线方向重合,见图3-5。对于非恒定流动来说,由于液流通过空间点的速度随时间而变化,因而流线形状也随时间而变化,只有在恒定流动下流线形状才不随时间而变化。由于液流中每一点在每一瞬时只能有一个速度,因此流线不能相交,也不能转折,它是一条条光滑的曲线。

如果通过某截面A上所有各点画出流线,这些流线的集合就构成流束,见图3-6。根据流线不能相交的性质,流束内外的流线均不能穿越流束表面。当面积A无限小时,这个流束称为微小流束。微小流束截面上各点处的运动速度可以认为是相等的。

流束中与所有流线正交的截面为通流截面,如图3-6中的A面和B面,截面上每点处的流动速度都垂直于这个面。

流线彼此平行的流动称为平行流动;流线间夹角很小,或流线曲率半径很大的流动称为缓变流动;相反的情况便是急变流动。平行流动和缓变流动都可算是一维流动。

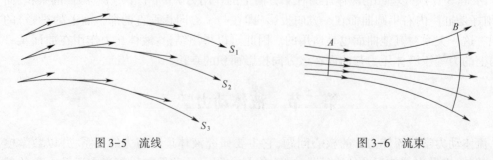

图3-5 流线　　　　　　　　　图3-6 流束

3. 流量和平均流速

单位时间内流过流束通流截面的液体体积称为流量。

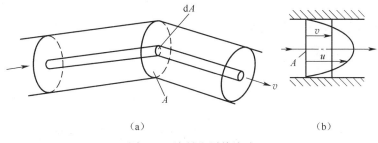

图 3-7 流量和平均流速

设液流中某一微小流束通流截面 dA 上的流速为 u,如图 3-7(a)所示,则通过 dA 的微小流量为 $dq = udA$,对此式进行积分,可得流经通流截面 A 的流量为 $q = \int_A udA$。要求得 q 的值,必须先知道流速 u 在整个通流截面上的分布规律,如图 3-7(b)中的液流流速呈抛物面形状的分布规律)。在液压传动中,常采用一个假想的平均流速 v 来求流量,因为这样做更为方便,只要使按平均流速流动通过截面的流量等于实际通过的流量就可以了,即 $q = \int_A udA = vA$,由此得通流截面上的平均流速为

$$v = \frac{\int_A udA}{A} = \frac{q}{A} \tag{3-8}$$

流量也可以用流过其截面的液体质量来表示,即 $dq_m = \rho udA$ 及 $q_m = \int_A \rho udA$,q_m 称为质量流量。

4. 流动液体的压力

静止液体内任意点处的压力在各个方向上都是相等的,可是在流动液体内,由于惯性力和黏性力的影响,任意点处在各个方向上的压力并不相等,但在数值上相差甚微。当惯性力很小,且把液体当作理想液体时,流动液体内任意点处的压力在各个方向上的数值仍可以看作是相等的。

二、流动液体的连续性方程

与自然界的其他物质一样,液体在流动中也是遵循质量守恒定律的,即其质量不会自行产生和消失。

当理想液体在管中做稳定流动时,由于假定液体是不可压缩的,即密度 ρ 是常数,液体是连续的,不可能有空隙存在,因此在稳定流动时,根据质量守恒定律,液体在管内既不能增多,也不能减少,因此在单位时间内流过管子每一个截面的液体质量一定是相等的。这就是液流的连续性原理,如图 3-8 所示。

设截面 1 和 2 的面积为 A_1 和 A_2,两截面

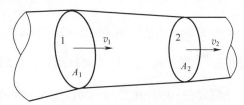

图 3-8 流体的连续性简图

中液体的平均流速为 v_1 和 v_2，根据液流的连续性原理，在同一单位时间内，流经截面 1 和 2 的液体质量应相同，即

$$\rho v_1 A_1 = \rho v_2 A_2 = 常量 \quad (3-9)$$

式(3-9)即为流动液体的连续性方程。

将式(3-9)两边除以 ρ，得

$$v_1 A_1 = v_2 A_2 \quad (3-10)$$

$$\frac{v_1}{v_2} = \frac{A_2}{A_1} \quad (3-11)$$

式(3-11)说明，液体在管中流速与其截面积成反比，即管子细的地方流速大，管子粗的地方流速小。自来水从龙头中流出后，其横截面面积从上到下常常逐渐减小，这是因为自来水流出后，做落体运动，速度越来越大，但流量是不变的。

式(3-10)中流速 v 与截面积 A 的乘积表示单位时间内流过管道的液体体积，即流量

$$Q = vA = 常量 \quad (3-12)$$

液流连续性方程用处很广，在进行管道计算时要经常用到它。

三、伯努利方程

伯努利方程是以液体流动过程中的流动参数来表示能量守恒的一种数学表达式，即能量方程。

1. 理想液体一维恒定流的运动微分方程

设在微小流管中取一圆柱形液体，其轴向长度为 dl，断面面积为 dA。液柱所受表面力为 pdA 和 $(p+dp)dA$，其质量力为 $dF = \rho g dA dl$。设运动加速度为 a_l，方向如图 3-9 所示。

根据牛顿第二运动定律，有

$$pdA - (p+dp)dA - \rho g dA dl \cos\theta = \rho dA dl a_l \quad (3-13)$$

由图 3-9 可知

$$\cos\theta = \frac{dz}{dl} \quad (3-13a)$$

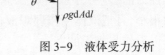

图 3-9 液体受力分析

液体沿 l 方向的流速 u 是位置和时间的参数，即 $u = f(l,t)$，故

$$du = \frac{\partial u}{\partial l}dl + \frac{\partial u}{\partial t}dt$$

$$a_l = \frac{du}{dt} = u\frac{\partial u}{\partial l} + \frac{\partial u}{\partial t} \quad (3-13b)$$

可见液体运动的加速度由两部分组成：在同一瞬间由于空间位置的变化而产生变加速度 $u\frac{\partial u}{\partial l}$ 和在固定点上 dt 时间内而产生局部加速度 $\frac{\partial u}{\partial t}$。

将式(3-13a)和式(3-13b)代入力平衡方程(3-13)，并用质量 $\rho dA dl$ 除各项，整理后得

$$g\frac{dz}{dl} + \frac{1}{\rho} \cdot \frac{dp}{dl} + \frac{\partial u}{\partial t} + u\frac{\partial u}{\partial l} = 0 \qquad (3\text{-}13c)$$

若液体做恒定流动，$\frac{\partial u}{\partial t} = 0, p = f_1(l), u = f_2(l)$，$\frac{\partial u}{\partial l} = \frac{du}{dl}$，有

$$gdz + \frac{1}{\rho}dp + udu = 0 \qquad (3\text{-}14)$$

式(3-14)为理想液体一维恒定流的运动微分方程。因为上述所取微元流管的极限为一条流线，所以式(3-14)适用于同一条流线。

2. 伯努利方程

将式(3-14)沿流线积分，即得恒定流动液体的能量方程

$$gz + \int\frac{dp}{\rho} + \frac{u^2}{2} = c$$

对不可压缩液体，有

$$gz + \frac{p}{\rho} + \frac{u^2}{2} = c \qquad (3\text{-}15)$$

式(3-15)是伯努利在1738年首先提出的，故被命名为伯努利方程，它适用于理想不可压缩液体恒定流动的某条流线。

用重力加速度 g 去除式(3-15)中的各项得到伯努利方程的另一个表达式：

$$z + \frac{p}{\rho g} + \frac{u^2}{2g} = \frac{c}{g} \qquad (3\text{-}16)$$

式(3-15)和式(3-16)分别为单位质量和单位重量液体的伯努利方程。式中各项均为具有能量的量纲，故为能量方程。如 z、$\frac{p}{\rho g}$、$\frac{u^2}{2g}$ 分别为单位重量液体的位能、压力能和动能，它们之和称为机械能。

式(3-15)和式(3-16)表示液体运动时，不同性质的能量可以互相转换，但总的机械能是守恒的。

3. 实际液体的伯努利方程

对具有黏性的液体，由于黏性引起液体层间产生内摩擦，运动过程中必定消耗机械能，沿流动方向液体的总机械能将逐渐减少。若在同一条流线上沿流动方向取1、2两点，必有

$$gz_1 + \frac{p_1}{\rho} + \frac{u_1^2}{2} > gz_2 + \frac{p_2}{\rho} + \frac{u_2^2}{2}$$

或

$$gz_1 + \frac{p_1}{\rho} + \frac{u_1^2}{2} = gz_2 + \frac{p_2}{\rho} + \frac{u_2^2}{2} + gh_\xi \qquad (3\text{-}17)$$

式中，gh_ξ 表示单位质量液体自1点流至2点时所消耗的机械能。

式(3-17)对了解液体的流动规律具有一定意义，但对解决工程实际问题还很不够。实际液体是在有限大小的体积中流动，即要流过有限大小的过流断面，也就是要包括所有流线，即沿总流的流动。

将式(3-17)各项乘以 $\rho \mathrm{d}q$ 便得到单位时间内沿一条流线上整个质量的能量方程,然后再对整个总流断面积分,就得到总流的能量方程:

$$\int_q \left(gz_1 + \frac{p_1}{\rho} + \frac{u_1^2}{2} \right) \rho \mathrm{d}q = \int_q \left(gz_2 + \frac{p_2}{\rho} + \frac{u_2^2}{2} \right) \rho \mathrm{d}q + \int_q gh_\xi \rho \mathrm{d}q \tag{3-18}$$

对各项积分,如下所述:

(1) $\quad \int_q \left(gz + \frac{p}{\rho} \right) \rho \mathrm{d}q$

此项直接积分很困难,如果通过某过流断面的流线近似为平行直线,则在此断面上各点的流速方向基本相同,此断面必然近似为平面,称这种过流断面为缓变流断面。在缓变流断面上液体遵循静力学的基本规律,即满足下式:

$$gz + \frac{p}{\rho} = c$$

所以

$$\int_q \left(gz + \frac{p}{\rho} \right) \rho \mathrm{d}q = \left(gz + \frac{p}{\rho} \right) \rho q \tag{3-19}$$

(2) $\quad \int_q \frac{u^2}{2} \rho \mathrm{d}q$

如前述图 3-7(b)所示,u 为断面上某点流速,用平均速度 v 表示:

$$u = v + \Delta u$$

Δu 为实际流速与平均速度的差值。故

$$\int_q \frac{u^2}{2} \rho \mathrm{d}q = \int_A \frac{(v + \Delta u)^2}{2} \rho v \mathrm{d}A = \frac{\rho}{2} \left[\int_A v^3 \mathrm{d}A + \int_A (v \Delta u^2 + 2v^2 \Delta u) \mathrm{d}A \right]$$

$$= \frac{\rho}{2} v^2 q \left[1 + \frac{\int_A (\Delta u^2 + 2v \Delta u) \mathrm{d}A}{v^2 A} \right] = \frac{\alpha v^2}{2} \rho q \tag{3-20}$$

其中

$$\alpha = 1 + \frac{\int_A (\Delta u^2 + 2v \Delta u) \mathrm{d}A}{v^2 A}$$

α 称为动能修正系数。

动能修正系数可用断面上实际动能与以平均流速计算的动能之比值来描述:

$$\alpha = \frac{\int_q \left(\frac{u^2}{2} \rho \mathrm{d}q \right)}{\left(\frac{v^2}{2} \right) \rho q} = \frac{\int_q u^2 \mathrm{d}q}{v^2 q}$$

α 值与流速分布有关,流速分布越均匀,其值越接近1。对工业管道,$\alpha = 1.01 \sim 1.1$。

(3) $\quad \int gh'_\xi \rho \mathrm{d}q = \rho gh_\xi \int_q \mathrm{d}q = \rho gh_\xi q \tag{3-21}$

式中 h'_ξ——单位重量液体沿流线的机械能损失;

h_ξ——单位重量液体沿总流机械能损失的平均值。

将式(3-19)、式(3-20)、式(3-21)代入式(3-18)得

$$\frac{p_1}{\rho} + gz_1 + \frac{\alpha_1 v_1^2}{2} = \frac{p_2}{\rho} + gz_2 + \frac{\alpha_2 v_2^2}{2} + h_\xi g \quad (3-22)$$

式(3-22)即为重力场中实际不可压缩液体恒定流动的总流动伯努利方程。

四、动量方程

流动液体的动量方程是流体力学基本方程之一。它研究液体运动时动量的变化与作用在液体上的外力之间的关系。在液压传动中，经常要计算液流作用在固体壁面上的力，应用动量方程解决比较方便。

理论力学的动量定理同样适用于液体。即在单位时间内，液体沿某方向动量的增量等于该液体在同一方向上所受外力。或者说，作用在液体上力的大小等于液体在力作用方向上的动量变化率，即

$$F = \frac{\mathrm{d}I}{\mathrm{d}t} = \frac{\mathrm{d}(mv)}{\mathrm{d}t} \quad (3-23)$$

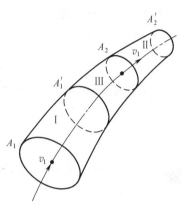

图 3-10 液体动量定理推导简图

把动量定理应用在流动液体上时，须在任意时刻 t 处从流束中取出一个如图 3-10 所示由实线围起来的控制体积来加以考察。

假定液体经过 $\mathrm{d}t$ 时间由 $A_1 A_2$ 位置运动到 $A'_1 A'_2$ 位置，则在 $\mathrm{d}t$ 时间内控制体积中液体质量的动量变化为

$$\mathrm{d}(\sum u \mathrm{d}m) = [(I_{\mathrm{III}\,t+\mathrm{d}t} + I_{\mathrm{II}\,t+\mathrm{d}t}) - (I_{\mathrm{I}\,t} + I_{\mathrm{III}\,t})] = [(I_{\mathrm{III}\,t+\mathrm{d}t} - I_{\mathrm{III}\,t}) + (I_{\mathrm{II}\,t+\mathrm{d}t} - I_{\mathrm{I}\,t})] \quad (3-24)$$

体积 II 中液体的动量为

$$I_{\mathrm{II}\,t+\mathrm{d}t} = \int_{V_{\mathrm{II}}} \rho u \mathrm{d}V = \int_{A_2} \rho u \mathrm{d}A u_n \mathrm{d}t$$

式中　A_2——体积 II 和 III 交界处的控制表面面积；

$\mathrm{d}A$——控制表面 A_2 上的微元面积；

u_n——流速 u 在面积 $\mathrm{d}A$ 法线方向上的投影。同样可推得体积 I 中的液体动量为

$$I_{\mathrm{I}\,t} = \int_{V_{\mathrm{I}}} \rho u \mathrm{d}V = -\int_{A_1} \rho u \mathrm{d}A u_n \mathrm{d}t$$

这个等式的右端须带负号，因为面积 A_1 的外法线方向与流速向量 u_n 之间的夹角是钝角。由此可得

$$I_{\mathrm{II}\,t+\mathrm{d}t} - I_{\mathrm{I}\,t} = \int_{A_2} \rho u \mathrm{d}A u_n \mathrm{d}t + \int_{A_1} \rho u \mathrm{d}A u_n \mathrm{d}t = \int_A \rho u u_n \mathrm{d}A \mathrm{d}t$$

式中　A——控制体积的表面面积(亦称控制面积)。

另外，式(3-24)中

$$I_{\mathrm{III}\,t+\mathrm{d}t} - I_{\mathrm{III}\,t} = \frac{\mathrm{d}}{\mathrm{d}t}\left[\int_{V_{\mathrm{III}}} \rho u \mathrm{d}V\right] \mathrm{d}t$$

当 $\mathrm{d}t \to 0$ 时，体积 V_{III} 近似等于 V，将这些关系式代入(3-24)和式(3-23)，得

$$F = \frac{\mathrm{d}}{\mathrm{d}t}\left[\int_V \rho u \mathrm{d}V\right] + \int_A \rho u u_n \mathrm{d}A \tag{3-25}$$

这就是流体力学中的欧拉动量定理,式中 F 是作用在控制体积 V 液体上外力的向量和。

式(3-25)中右边的第一项是使控制体积内的液体加速(或减速)所需的力,称为瞬态液动力;第二项是由于液体在不同位置上具有不同速度所引起的力,称为稳态液动力。

F 在某坐标轴(例如 x 轴)方向上的分力是上式在 x 轴方向上的分量,即

$$F_x = \frac{\mathrm{d}}{\mathrm{d}t}\left[\int_V \rho u_x \mathrm{d}V\right] + \int_A \rho u_x u_n \mathrm{d}A \tag{3-26}$$

如果控制体积的位置没有变化,而仅是液体流进和流出控制体积时,则可使通流截面为控制体积表面面积的一部分,于是 $u_n = u$;而且如果不考虑液体的压缩性,则从控制表面 A_1 处流入的流量 q_1 应等于由控制表面 A_2 处流出的流量 q_2,即 $q_1 = A_1 v_1 = A_2 v_2 = q_2$。如令单位时间内流过截面 A 的液体的实际动量 $\int_A u \mathrm{d}m$ 与其平均动量(即按平均流速 v 计算出来的动量)mv 之比为动量修正系数 β,则

$$\beta = \frac{\int_A u \mathrm{d}m}{mv} = \frac{\int_A u(\rho u \mathrm{d}A)}{(\rho v A) v} = \frac{\int_A u^2 \mathrm{d}A}{v^2 A} \tag{3-27}$$

将这些关系代入式(3-26),整理后得

$$F_x = \frac{\mathrm{d}}{\mathrm{d}t}\left[\int_V \rho u_x \mathrm{d}V\right] + \rho q(\beta_2 v_{2x} - \beta_1 v_{1x}) \tag{3-28}$$

式中 v_{1x}、v_{2x}——平均流速在 x 轴方向上的投影。

对于做恒定流动的液体来说,式(3-28)右边第一项等于零,于是有

$$F_x = \rho q(\beta_2 v_{2x} - \beta_1 v_{1x})$$

必须注意,液体对壁面作用力的大小与 F 相同,方向则与 F 相反。

第三节 管道中液流的特性

由于流动液体具有黏性,以及液体流动时突然转弯和通过阀口会产生相互撞击和出现漩涡等,液体流动时必然会产生阻力。为了克服阻力,液体流动时需要损耗一部分能量。这种能量损失可用液体的压力损失来表示。它由沿程压力损失和局部压力损失两部分组成。

液体在管路中流动时的压力损失和液流的运动状态有关,下面先分析液流的流态,然后分析两类压力损失。

一、流态、雷诺数

英国物理学家雷诺通过大量实验,发现了液体在管道中流动时存在两种流动状态,即层流和紊流。两种流动状态可通过实验来观察,即雷诺实验。

实验装置如图3-11(a)所示。容器6和3中分别装满了水和密度与水相同的红色液体,容器6由水管2供水,并由溢流管1保持液面高度不变。打开阀8让水从玻璃管7中流出,这时打开阀4,红色液体也经细导管5流入水平玻璃管7中。调节阀8使管7中的

流速较小时,红色液体在管7中呈一条明显的直线,将小管5的出口上下移动,则红色直线也上下移动,而且这条红线和清水层次分明不相混杂,如图3-11(b)所示。液体的这种流动状态称为层流。当调整阀门8使玻璃管中的流速逐渐增大至某一值时,可以看到红线开始出现抖动而呈波纹状,如图3-11(c)所示,这表明层流状态被破坏,液流开始出现紊乱。若管7中流速继续增大,红线消失,红色液体便和清水完全混杂在一起,如图3-11(d)所示,表明管中液流完全紊乱,这时的流动状态称为紊流。如果将阀门8逐渐关小,当流速减小至一定值时,水流又重新恢复为层流。

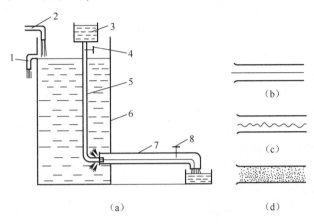

图3-11 雷诺实验装置

层流与紊流是两种不同性质的流动状态。层流时黏性力起主导作用,液体质点受黏性的约束,不能随意运动;紊流时惯性力起主导作用,液体高速流动时液体质点间的黏性不能再约束质点。液体的流动状态,可用雷诺数来判别。

实验结果证明,液体在圆管中的流动状态不仅与管内的平均流速有关,还和管道内径d、液体的运动黏度ν有关。而决定流动状态的,是这三个参数所组成的一个称为雷诺数Re的无量纲数,即

$$Re = \frac{vd}{\nu} \tag{3-29}$$

这就是说,如果液流的雷诺数相同,它的流动状态亦相同。

液流由层流转变为紊流时的雷诺数和由紊流转变为层流时的雷诺数是不相同的,后者的数值小,所以一般都用后者作为判别液流状态的依据,称为临界雷诺数,记为Re_{cr}。当液流的实际雷诺数Re小于临界雷诺数Re_{cr}时,为层流;反之,为紊流。常见液流管道的临界雷诺数由实验求得,如表3-1所列。

表3-1 常见液流管道的临界雷诺数

管 道	Re_{cr}	管 道	Re_{cr}
光滑金属圆管	2320	带环槽的同心环状缝隙	700
橡胶软管	1600~2000	带环槽的偏心环状缝隙	400
光滑的同心环状缝隙	1100	圆柱形滑阀阀口	260
光滑的偏心环状缝隙	1000	锥阀阀口	20~100

对于非圆截面的管道来说，Re 可由下式计算：

$$Re = \frac{4vR}{\nu} \tag{3-30}$$

式(3-30)中的 R 是通流截面的水力半径，它等于液流的有效面积 A 和它的湿周(有效截面的周界长度)χ 之比，即

$$R = \frac{A}{\chi} \tag{3-31}$$

水力半径的大小对管道的通流能力的影响很大，水力半径大，意味着液流和管壁的接触周长短，管壁对液流的阻力小，通流能力大。在面积相等但形状不同的所有通流截面中，圆形管道的水力半径最大。

二、沿程压力损失

液体在等直径管中流动时因黏性摩擦而产生的损失，称为沿程压力损失。液体的沿程压力损失也因流体的流动状态的不同而有所区别。

1. 层流时的沿程压力损失

液流在层流流动时，液体质点是做有规则的运动，因此可以方便地用数学工具来分析液流的速度、流量和压力损失。

1) 通流截面上的流速分布规律

图 3-12 所示为液体在等径水平圆管中做层流运动。在液流中取一段与管轴相重合的微小圆柱体作为研究对象，设其半径为 r，长度为 l，作用在两端面的压力为 p_1 和 p_2，作用在侧面的内摩擦力为 F_f。液流在做匀速运动时受力平衡，故有

$$(p_1 - p_2)\pi r^2 = F_f$$

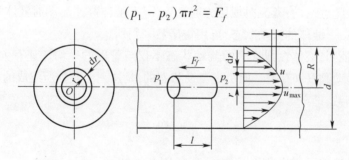

图 3-12 圆管层液流动

由式 $F_f = \eta A \dfrac{du}{dy}$ 可知内摩擦力 $F_f = -2\pi r l \eta du/dr$（因流速 u 随 r 的增大而减小，故 du/dr 为负值，所以加一负号）。令 $\Delta p = p_1 - p_2$，并将 F_f 代入上式并整理可得

$$du = -\frac{\Delta p}{2\eta l} r dr$$

对上式积分，并应用边界条件，当 $r = R$ 时，$u = 0$，得

$$u = \frac{\Delta p}{4\eta l}(R^2 - r^2) \tag{3-32}$$

可见管内液体质点的流速在半径方向上按抛物线规律分布。最小流速在管壁 $r = R$ 处，$u_{min} = 0$；最大流速发生在轴线 $r = 0$ 处，$u_{max} = \Delta p R^2/4\eta l$。

2) 通过管道的流量

对于微小环形通流截面面积 $dA = 2\pi r dr$，所通过的流量为

$dq = udA = 2\pi urdr = 2\pi \dfrac{\Delta p}{4\eta \, l}(R^2 - r^2)rdr$，于是积分得

$$q = \int_0^R 2\pi \dfrac{\Delta p}{4\eta \, l}(R^2 - r^2)rdr = \dfrac{\pi R^4}{8\eta \, l}\Delta p = \dfrac{\pi d^4}{128\eta \, l}\Delta p \tag{3-33}$$

3) 管道内的平均流速

根据平均流速的定义，可得

$$v = \dfrac{q}{A} = \dfrac{1}{\pi R^2} \dfrac{\pi R^4}{8\eta \, l}\Delta p = \dfrac{R^2}{8\eta \, l}\Delta p = \dfrac{d^2}{32\eta \, l}\Delta p \tag{3-34}$$

将式(3-34)与 $u_{\max}$ 值比较可知，平均流速 v 为最大流速的 1/2。

4) 沿程压力损失

从式(3-34)中求出 Δp 的表达式即为沿程压力损失：

$$\Delta p = \dfrac{32\eta \, lv}{d^2} \tag{3-35}$$

由式(3-35)可知，液流在直管中做层流流动时，其沿程压力损失与管长、流速、黏度成正比，而与管径的平方成反比。适当变换式(3-35)可写成如下形式：

$$\Delta p_\lambda = \dfrac{64}{Re} \dfrac{l}{d} \dfrac{\rho v^2}{2} = \lambda \dfrac{l}{d} \dfrac{\rho v^2}{2} \tag{3-36}$$

式中，λ 为沿程阻力系数，理论值 $\lambda = \dfrac{64}{Re}$，考虑实际流动中的油温变化不匀等问题，因而在实际计算时，对金属管取 $\lambda = \dfrac{75}{Re}$，橡胶软管取 $\lambda = \dfrac{80}{Re}$。

在液压传动中，因为液体自重和位置变化对压力的影响很小，可以忽略，所以在水平管的条件下推导的公式(3-36)同样适用于非水平管。

2. 紊流时的沿程压力损失

紊流时计算沿程压力损失的公式与层流时的相同，即

$$\Delta p_\lambda = \lambda \dfrac{l}{d} \dfrac{\rho v^2}{2}$$

但式中的沿程阻力系数 λ 除与雷诺数有关外，还与管壁的粗糙度有关，即 $\lambda = f(Re, \Delta/d)$，这里 Δ 为管壁的绝对粗糙度，Δ/d 称为相对粗糙度。

紊流时圆管的沿程阻力系数值 λ 可以根据不同的 Re 和 Δ/d 值从表 3-2 中选择公式进行计算。

表 3-2　圆管紊流流动时的沿程阻力系数 λ 的计算公式（ lg 为对数符号）

Re 范 围	λ 的计算公式
$4000 < Re < 10^5$	$\lambda = 0.3164 Re^{-0.25}$
$10^5 < Re < 3 \times 10^6$	$\lambda = 0.032 + 0.221 Re^{-0.237}$
$Re > 900 \dfrac{d}{\Delta}$	$\lambda = \left(2\lg \dfrac{d}{2\Delta} + 1.74\right)^{-2}$

管壁表面粗糙度 Δ 的值和管道的材料有关,计算时可参考下列数值:钢管取 0.04mm,铜管取 0.0015~0.01mm,铝管取 0.0015~0.06mm,橡胶软管取 0.03mm。另外紊流中的流速分布是比较均匀的,其最大流速为 $u_{max} \approx (1-1.3)v$。

三、局部压力损失

液体流经管道的弯头、接头、突然变化的截面以及阀口等处时,液体流速的大小和方向将急剧发生变化,因而会产生旋涡,并发生强烈的紊动现象,于是产生流动阻力,由此造成的压力损失称为局部压力损失。液流流过上述局部装置时的流动状态很复杂,影响的因素也很多,局部压力损失值除少数情况能从理论上分析和计算外,一般都依靠实验测得各类局部障碍的阻力系数,然后进行计算。局部压力损失 Δp_ξ 的计算一般按如下算式:

$$\Delta p_\xi = \xi \frac{\rho v^2}{2} \tag{3-37}$$

式中 ξ——局部阻力系数(具体数值可查阅有关手册);
ρ——液体密度(kg/m^3);
v——液体的平均流速(m/s)。

液体流过各种阀的局部压力损失,因阀芯结构较复杂,故按式(3-37)计算较困难,这时可从产品目录中查出阀在额定流量 q_s 下的压力损失 Δp_s。当流经阀的实际流量不等于额定流量时,通过该阀的压力损失 Δp_ξ 可用下式计算:

$$\Delta p_\xi = \Delta p_s \left(\frac{q}{q_s}\right)^2 \tag{3-38}$$

式中 q——通过阀的实际流量。

在求出液压系统中各段管路的沿程压力损失和各局部压力损失后,整个液压系统的总压力损失应为所有沿程压力损失和所有局部压力损失之和,即

$$\sum \Delta p = \sum \Delta p_\lambda + \sum \Delta p_\xi$$

或

$$\sum \Delta p = \sum \lambda \frac{l}{d} \frac{v^2}{2} + \sum \xi \rho \frac{v^2}{2} \tag{3-39}$$

式(3-39)适用于两相邻局部障碍之间的距离大于管道内径 10~20 倍的场合,否则计算出来的压力损失值比实际数值小。这是因为如果局部障碍距离太小,通过第一个局部障碍后的流体尚未稳定就进入第二个局部障碍,这时的液流扰动更强烈,阻力系数要高于正常值的 2~3 倍。

第四节　孔口和缝隙的压力流量特性

液压系统中,经常遇到液体流经小孔或配合间隙的情况。例如,液压元件中相对运动的表面配合间隙,在压差作用下会造成泄漏;通过改变节流阀孔的流通面积,可调节液压缸的运动速度。了解与控制液流通过小孔与间隙的流动,可以提高液压元件与液压系统的效率,改善工作性能。

一、薄壁小孔

当小孔的通流长度 l 与孔径 d 之比 ≤ 0.5 时,称为薄壁小孔,如图 3-13 所示。一般薄壁小孔的孔口边缘都做成刃口形式。

当液流经过管道由小孔流出时,由于液体的惯性作用,使通过小孔后的液流形成一个收缩断面 C-C,然后再扩散,这一收缩和扩散过程产生很大的能量损失。当孔前通道直径与小孔直径之比 $\Delta/d \geq 7$ 时,液流的收缩作用不受孔前通道内壁的影响,这时的收缩称为完全收缩;当 $\Delta/d < 7$ 时,孔前通道对液流进入小孔起导向作用,这时的收缩称为不完全收缩。

现对孔前、孔后通道断面 1-1 和 2-2 列伯努利方程,并设动能修正系数 $\alpha = 1$。则有

$$\frac{p_1}{\rho g} + \frac{v_1^2}{2g} = \frac{p_2}{\rho g} + \frac{v_2^2}{2g} + \sum h_\xi$$

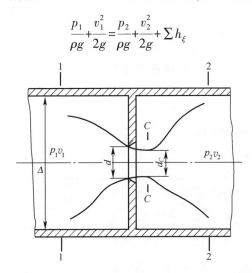

图 3-13 通过薄壁小孔的液流

式中,$\sum h_\xi$ 为液流流经小孔的局部能量损失。它包括两部分:液流经截面突然缩小时的 $h_{\xi 1}$ 和突然扩大时的 $h_{\xi 2}$,$h_{\xi 1} = \xi v_C^2/(2g)$,经查手册,$h_{\xi 2} = (1 - A_C/A_2)v_C^2/(2g)$。因为 $A_C \ll A_2$,所以 $\sum h_\xi = h_{\xi 1} + h_{\xi 2} = (\xi + 1)v_C^2/(2g)$。又因为 $A_1 = A_2$ 时,$v_1 = v_2$,将这些关系代入伯努利方程,得出

$$v_C = \frac{1}{\sqrt{\xi + 1}} \sqrt{\frac{2}{\rho}(p_1 - p_2)} = C_v \sqrt{\frac{2\Delta p}{\rho}} \tag{3-40}$$

式中,$C_v = \dfrac{1}{\sqrt{\xi + 1}}$ 称为速度系数,它反映了局部阻力对速度的影响。

经过薄壁小孔的流量为

$$q = A_C v_C = C_C A_0 v_C = C_C C_v A_0 \sqrt{\frac{2\Delta p}{\rho}} = C_d A_0 \sqrt{\frac{2\Delta p}{\rho}} \tag{3-41}$$

式中　A_0——小孔截面积;
　　　C_C——截面收缩系数,$C_C = A_C/A_0$;

C_d——流量系数，$C_d = C_v C_c$。

流量系数 C_d 的大小一般由实验确定，在液流完全收缩的情况下，$Re \leq 10^5$ 时，C_d 可由下式计算：

$$C_d = 0.964 Re^{-0.05} \tag{3-42}$$

当 $Re > 10^5$ 时，C_d 可以认为是不变的常数，计算时按 $C_d = 0.60 \sim 0.61$ 选取。液流不完全收缩时，C_d 可按表 3-3 来选择。这是由于管壁对液流进入小孔起导向作用，C_d 可增至 $0.7 \sim 0.8$。

表 3-3　不完全收缩时流量系数 C_d 值

$\dfrac{A_0}{A}$	0.1	0.2	0.3	0.4	0.5	0.6	0.7
C_d	0.602	0.615	0.634	0.661	0.696	0.742	0.804

薄壁小孔因其沿程阻力损失非常小，通过小孔的流量对油温的变化不敏感，因此薄壁小孔多被用作调节流量的节流器使用。

锥阀阀口和滑阀阀口，因为比较接近于薄壁小孔，所以常用做液压阀的可调节孔口。它们的流量计算满足式(3-41)，但流量系数 C_d 和孔口的截面积 A_0 随着孔口的不同而有区别。

图 3-14 所示为圆柱滑阀阀口，图中 A 为阀套，B 为阀芯，设阀芯直径为 d，阀芯与阀套间半径间隙为 C_r，当阀芯相对于阀套向左移动一个距离 x_v，阀口的有效宽度为 $\sqrt{x_v^2 + C_r^2}$，令 w 为阀口的周向长度，$w = \pi d$，则阀口的通流截面面积 $A_0 = w\sqrt{x_v^2 + C_r^2}$，由式(3-41)可求出阀口的流量为

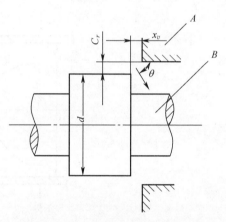

图 3-14　圆柱滑阀阀口示意图

$$q = C_d w \sqrt{x_v^2 + C_r^2} \sqrt{\dfrac{2\Delta p}{\rho}} \tag{3-43}$$

当 $x_v \gg C_r$ 时，略去 C_r 不计，有

$$q = C_d w x_v \sqrt{\dfrac{2\Delta p}{\rho}} \tag{3-44}$$

以上两式中的流量系数由图 3-15 查出，图中雷诺数按下式计算：

$$Re = \dfrac{4vR}{\nu} = \dfrac{4v\dfrac{A}{\chi}}{\nu} = \dfrac{4v\dfrac{w\sqrt{x_v^2 + C_r^2}}{2\pi d}}{\nu} = \dfrac{2v\sqrt{x_v^2 + C_r^2}}{\nu}$$

在图 3-15 中，虚线 1 表示 $x_v = C_r$ 时的理论曲线，虚线 2 表示 $x_v \gg C_r$ 时的理论曲线，实线则表示实验测定的结果。当 $Re \geq 10^3$ 时，C_d 一般为常数，其值在 $0.67 \sim 0.74$ 之间。阀口棱边圆滑或有很小的倒角时 C_d 比锐边时大，一般在 $0.8 \sim 0.9$ 之间。

液流流经阀口时，不论是流入还是流出，其流速与滑阀轴间总保持一个角度 θ，称为速度方向角，一般 $\theta = 69°$。

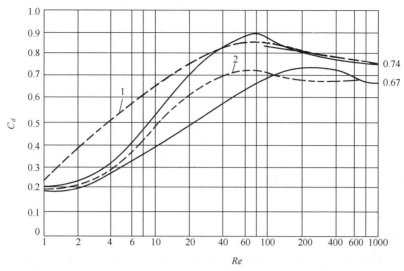

图 3-15 滑阀阀口的流量系数

图 3-16 为锥阀阀口,图中 1 为阀座,2 为阀芯,当锥阀阀芯向上移动 x_v 距离时,阀座平均直径 $d_m = (d_1 + d_2)/2$ 处的通流截面 $A_0 = \pi d_m x_v \sin\alpha$,这时如果锥阀前后的压差为 Δp,则通过的流量为

$$q = C_d A_0 \sqrt{\frac{2\Delta p}{\rho}} = C_d \pi d_m x_v \sin\alpha \sqrt{\frac{2\Delta p}{\rho}} \tag{3-45}$$

流量系数 C_d 由图 3-17 中查出,由图可知,当雷诺数较大时,C_d 变化很小,其值在 0.77~0.82 之间。

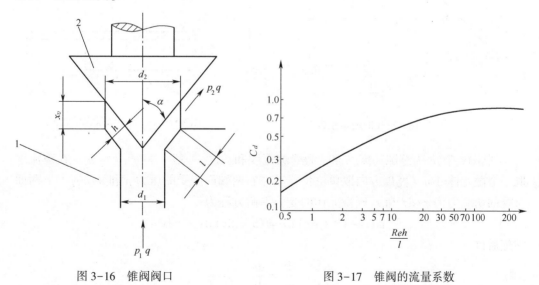

图 3-16 锥阀阀口　　　　　　图 3-17 锥阀的流量系数

二、短孔和细长孔

当长径比为 $0.5 < \dfrac{l}{d} \leqslant 4$ 时,称为短孔;当 $\dfrac{l}{d} > 4$ 时,称为细长孔。

短孔的流量表达式同公式(3-41)，但流量系数 C_d 应按照图3-18中的曲线来查。由图3-18可知，雷诺数较大时，C_d 基本稳定在0.8左右。由于短孔加工比薄壁孔容易得多，因此短管常用于固定节流器。

流经细长孔的液流，由于黏性的影响，流动状态一般为层流，所以细长孔的流量可用液流流经圆管的流量公式，即

$$q = \frac{\pi d^4}{128\eta\, l}\Delta p$$

从上式可看出，液流经过细长孔的流量和孔前后压差 Δp 成正比，而和液体黏度 η 成反比，因此流量受液体温度影响较大，这和薄壁小孔是不同的。

三、平板缝隙

当两平行平板缝隙间充满液体时，如果液体受到压差 $\Delta p = p_1 - p_2$ 的作用，液体会产生流动。如果没有压差 Δp 的作用，而两平行平板之间有相对运动，即一平板固定，另一平板以速度 u_0 运动时，由于液体存在黏性，液体亦会被带着移动，这就是剪切作用所引起的流动。液体通过平行平板缝隙时的最一般的流动情况，是既受压差 Δp 的作用，又受平行平板相对运动的作用，其计算图如图3-19所示。

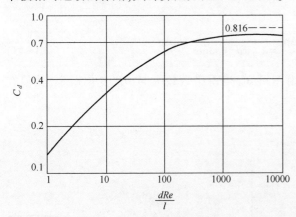

图3-18 短孔的流量系数

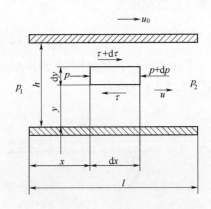

图3-19 平行平板缝隙间的液流

图3-19中，h 为缝隙高度，b 和 l 为缝隙宽度和长度，一般 $b \gg h$，$l \gg h$。在液流中取一个微元体 $dxdy$（宽度方向取单位长），其左右两端面所受的压力 p 和 $p+dp$，上下两面所受的切应力为 $\tau+d\tau$ 和 τ，则微元体的受力平衡方程为

$$p\,dy + (\tau + d\tau)\,dx = (p + dp)\,dy + \tau\,dx$$

整理后得

$$\frac{d\tau}{dy} = \frac{dp}{dx}$$

由于 $\tau = \eta\dfrac{du}{dy}$，上式可变为

$$\frac{d^2 u}{dy^2} = \frac{1}{\eta}\frac{dp}{dx}$$

将上式对 y 积分两次得

$$u = \frac{1}{2\eta}\frac{\mathrm{d}p}{\mathrm{d}x}y^2 + C_1 y + C_2$$

上式 C_1、C_2 为积分常数。当平行平板间的相对运动速度为 u_0 时,则在 $y=0$ 处,$u=0$;$y=h$ 处,$u=u_0$。此外,液流做层流运动时 p 只是 x 的线性函数,即 $\mathrm{d}p/\mathrm{d}x = (p_2 - p_1)/l = -\Delta p/l$,将这些关系式代入上式并整理后得

$$u = \frac{y(h-y)}{2\eta l}\Delta p + \frac{u_0}{h}y \tag{3-46}$$

由此得出通过平行平板缝隙的流量为

$$q = \int_0^h ub\mathrm{d}y = \int_0^h \left[\frac{y(h-y)}{2\eta l}\Delta p + \frac{u_0}{h}y\right]b\mathrm{d}y = \frac{bh^3\Delta p}{12\eta l} + \frac{u_0}{2}bh \tag{3-47}$$

当平行平板间没有相对运动,$u_0=0$ 时,通过的液流完全由压差引起,称为压差流动,其流量为

$$q = \frac{bh^3\Delta p}{12\eta l} \tag{3-48}$$

当平行平板两端不存在压差时,通过的液流完全由平板运动引起,称为剪切流动,其流量值为

$$q = \frac{u_0}{2}bh \tag{3-49}$$

从式(3-47)、式(3-48)可以看到,在压差作用下,流过固定平行平板缝隙的流量与缝隙值的三次方成正比,这说明液压元件内缝隙的大小对其泄漏量的影响是非常大的。

四、环形缝隙

在液压元件中,某些相对运动零件,如柱塞与柱塞孔,圆柱滑阀阀芯与阀体孔之间的间隙为圆柱环形缝隙。根据二者是否同心又可分为同心圆柱环形缝隙和偏心圆柱环形缝隙。如二者中任一零件具有锥度,则形成圆锥环形缝隙。

1. 通过同心圆柱环形缝隙的流量

图 3-20 所示为同心环形缝隙的流动。设圆柱体直径为 d,缝隙值为 h,缝隙长度为 l。如果将环形缝隙沿圆周方向展开,就相当于一个平行平板缝隙。因此只要使 $b=\pi d$ 代入式(3-47),就可得同心环形缝隙的流量公式,即

$$q = \frac{\pi d h^3 \Delta p}{12\eta l} \pm \frac{u_0}{2}\pi d h \tag{3-50}$$

当圆柱体移动方向和压差方向相同时取正号,方向相反时取负号。若无相对运动,$u_0=0$,则同心环形缝隙流量公式为

$$q = \frac{\pi d h^3 \Delta p}{12\eta l} \tag{3-51}$$

2. 流经偏心圆柱环形缝隙的流量

图 3-21 所示为偏心环形缝隙,设内外圆的偏心量为 e,在任意角度 θ 处的缝隙为 h,

因缝隙很小，$r_1 \approx r_2 = r$，可把微小圆弧 db 所对应的环形缝隙间的流动近似地看成是平行平板缝隙的流动。将 $b = rd\theta$ 代入式(3-47)得

$$dq = \frac{rd\theta h^3}{12\eta} \frac{\Delta p}{l} \pm \frac{rd\theta}{2} h u_0$$

由图中几何关系可知

$$h \approx h_0 - e\cos\theta \approx h_0(1 - \varepsilon\cos\theta)$$

式中　h_0——内外圆同心时半径方向的缝隙值；

　　　ε——相对偏心率，$\varepsilon = e/h_0$。

将 h 值代入上式并积分，可得流量公式为

$$q = \frac{\pi d h_0^3 \Delta p}{12\eta \, l}(1 + 1.5\varepsilon^2) \pm \frac{u_0}{2}\pi d h_0 \tag{3-52}$$

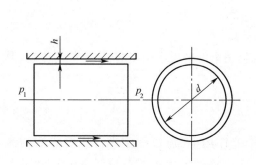

图 3-20　同心环缝隙流动

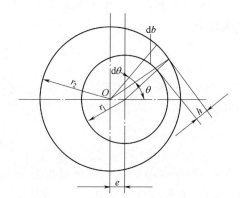

图 3-21　偏心环形缝隙

正负号意义同前。

当内外圆之间没有轴向相对移动时，即 $u_0 = 0$ 时，其流量为

$$q = \frac{\pi d h_0^3 \Delta p}{12\eta \, l}(1 + 1.5\varepsilon^2) \tag{3-53}$$

由式(3-53)可以看出，当偏心量 $e = h_0$，即 $\varepsilon = 1$ 时(最大偏心状态)，其通过的流量是同心环形缝隙流量的 2.5 倍。因此在液压元件中，有配合的零件应尽量使其同心，以减少缝隙泄漏量。

3. 流经圆锥环形间隙的流量及液压卡紧现象

当柱塞或柱塞孔、阀芯或阀体孔因加工误差带有一定锥度时，两相对运动零件之间的间隙为圆锥环形间隙其间隙大小沿轴线方向变化。如图3-22所示，其中图3-22(a)的阀芯大端为高压，液流由大端流向小端，称为倒锥；图3-22(b)的阀芯小端为高压，液流由小端流向大端，称为顺锥。阀芯存在锥度不仅影响流经间隙的流量，而且影响缝隙中的压力分布。

设圆锥半角为 θ，阀芯以速度 u_0 向右移动，进出口处的缝隙和压力分别为 h_1、p_1 和 h_2、p_2，并设距左端面 x 距离处的缝隙为 h，压力为 p，则在微小单元 dx 处的流动，由于 dx 值很小而认为 dx 段内缝隙宽度不变。

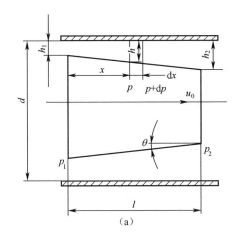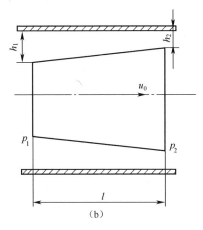

图 3-22 环形圆锥缝隙的液流

对于图 3-22(a) 的流动情况，由于 $-\dfrac{\Delta p}{l} = \dfrac{dp}{dx}$，将其代入同心环形缝隙流量公式(3-50)得

$$q = -\frac{\pi d h^3}{12\eta} \frac{dp}{dx} + \frac{u_0}{2}\pi d h$$

由于 $h = h_1 + x\tan\theta, dx = \dfrac{dh}{\tan\theta}$，代入式并整理后得

$$dp = -\frac{12\eta q}{\pi d \tan\theta}\frac{dh}{h^3} + \frac{6\eta u_0}{\tan\theta}\frac{dh}{h^2} \tag{3-54}$$

对式(3-54)进行积分，并将 $\tan\theta = (h_2 - h_1)/l$ 代入得

$$\Delta p = p_1 - p_2 = \frac{6\eta l}{\pi d}\frac{(h_1 + h_2)}{(h_1 h_2)^2}q - \frac{6\eta l}{h_1 h_2}u_0$$

将式移项可求出环形圆锥缝隙的流量公式

$$q = \frac{\pi d (h_1 h_2)^2 \Delta p}{6\eta\, l(h_1 + h_2)} + \frac{u_0}{(h_1 + h_2)}\pi d h_1 h_2 \tag{3-55}$$

当阀芯没有运动时，$u_0 = 0$，流量公式为

$$q = \frac{\pi d (h_1 h_2)^2 \Delta p}{6\eta\, l(h_1 + h_2)} \tag{3-56}$$

环形圆锥缝隙中压力的分布可通过对式(3-54)积分，并将边界条件 $h = h_1, p = p_1$ 代入得

$$p = p_1 - \frac{6\eta q}{\pi d \tan\theta}\left(\frac{1}{h_1^2} - \frac{1}{h^2}\right) - \frac{6\eta u_0}{\tan\theta}\left(\frac{1}{h_1} - \frac{1}{h}\right) \tag{3-57}$$

将式(3-55)代入式(3-57)，并将 $\tan\theta = (h - h_1)/x$ 代入得

$$p = p_1 - \frac{1 - \left(\frac{h_1}{h}\right)^2}{1 - \left(\frac{h_1}{h_2}\right)^2}\Delta p - \frac{6\eta u_0}{h^2}\frac{(h_2 - h)}{(h_1 + h_2)}x \qquad (3-58)$$

当 $u_0 = 0$ 时,则有

$$p = p_1 - \frac{1 - \left(\frac{h_1}{h}\right)^2}{1 - \left(\frac{h_1}{h_2}\right)^2}\Delta p \qquad (3-59)$$

对于图 3-22(b)所示的顺锥情况,其流量计算公式和倒锥安装时流量计算公式相同,但其压力分布在 $u_0 = 0$ 时则为

$$p = p_1 - \frac{\left(\frac{h_1}{h}\right)^2 - 1}{\left(\frac{h_1}{h_2}\right)^2 - 1}\Delta p \qquad (3-60)$$

如果阀芯在阀体孔内出现偏心,如图 3-23 所示,由式(3-59)和式(3-60)可知,作用在阀芯一侧的压力将大于另一侧的压力,使阀芯受到一个液压侧向力的作用图3-23(a)所示的倒锥的液压侧向力使偏心距加大,当液压侧向力足够大时,阀芯将紧贴在孔的壁面上,产生所谓的液压卡紧现象。图 3-23(b)所示的顺锥的液压侧向力使偏心距减小,阀芯自动定心,不会出现液压卡紧现象,即出现顺锥是有利的。

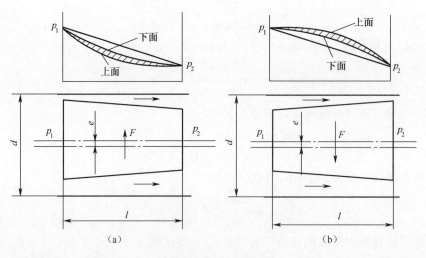

图 3-23 液压卡紧力

为减少液压侧向力,一般在阀芯或柱塞的圆柱面开径向均压槽,使槽内液体压力在圆周方向处处相等。均压槽的深度和宽度一般为 0.3~1.0mm。实验表明,当均压槽数达到 7 个时,液压侧向力可减少到原来的 2.7%。

第五节 液压冲击与空穴现象

一、液压冲击

在液压系统中,当快速换向或关闭油路时,会引起液体压力剧烈上升,出现瞬时高压现象,这种现象称为液压冲击。当液压系统中某些元件反应不灵敏时,也会使压力升高。这些现象的压力峰值称为冲击压力。

液压冲击会引起设备振动,影响正常工作,导致元件损坏,因此要考虑防止或减少液压冲击现象。

1. 液压冲击

图 3-24 所示管中液流流速为 v_0,压力为 p,当突然关闭阀门时,紧挨阀门 B 处一层液体 dl 首先停止流动,油液动能转变为压力能。使油压突然升高 Δp,此即冲击压力,接着其他各层油液也依次停止流动,相应压力也突然升高,这样就形成高压区与低压区分界面,即增压波以速度 c 向输入端 A 正传递。c 为冲击波传播速度,等于液体中声速。

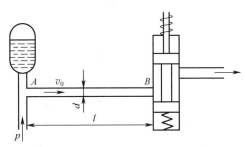

图 3-24 液压冲击

设管长为 l,阀门关闭后 $t_1 = \dfrac{l}{c}$ 时,此升高压力传至管道入口 A 处,由于蓄能器压力比管道低,油液以流速 v_0 流向蓄能器,使 A 处液压力恢复到 p,这样管中高压区与低压区分界面即减压波,以声速 c 由 A 向 B 传播,至 $t_2 = \dfrac{2l}{c}$ 时刻,管全长 l 内压力与体积恢复至原状。但液体因惯性继续以 v_0 向蓄能器流去,因而使紧挨阀门 B 边上一层油液松弛开,压力突然下降了 Δp,其他各层也逐渐松弛,减压波以声速 c 向蓄能器传播,至 $t_3 = \dfrac{3l}{c}$ 时刻,减压波到达蓄能器入口处 A。因蓄能器内液体压力高于管内液体压力,在压差作用下,油液又由蓄能器以流速 v_0 流向管道,使 A 处压力上升至 p。增压波以声速 c 向阀门 B 流去,至 $t_4 = \dfrac{4l}{c}$ 时刻,全管长内压力为 p,流速为 v_0,完全恢复到原来状态。由于液流以流速 v_0 流向阀门,动能转换为压力能,又开始上述循环,如图 3-25 中曲线 1 所示,压力以 $T = \dfrac{4l}{c}$ 为周期循环变化,使管内压力持续振荡不止,在液压中称压力冲击。

实际上由于管壁弹性变形及液压阻力,使振荡过程逐渐衰减而趋向稳定,如图 3-25 中曲线 2 所示。

图 3-26 为油缸进口实测压力曲线,图示冲击压力为工作压力两倍多,因此必须采取措施,防止与降低压力冲击。

2. 冲击压力

液压冲击是一个衰减过程,故冲击压力 Δp 可按图 3-25 曲线 2 第一波计算。设

图 3-24 管道面积为 A，管长 l，第一波从阀门 B 传到 A 的时间为 t，液体密度为 ρ，管中液体初始流速 v_0，由动量方程得

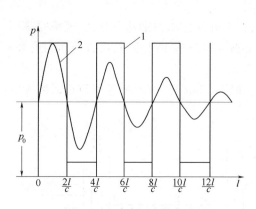

图 3-25 冲击压力的衰减

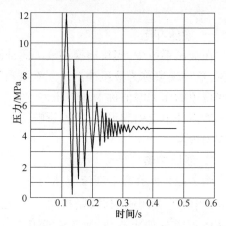

图 3-26 油缸进口实测压力曲线

$$[p - (p + \Delta p)] \cdot A = \frac{\rho A(0 - v_0) l}{t}$$

整理得

$$\Delta p = \rho \frac{l}{t} v_0 = \rho c v_0 \tag{3-61}$$

式中，$c = \dfrac{l}{t}$ 为压力波传递速度。

若流速由 v_0 不是突然降到零，而是降到 v_1，则上式变为

$$\Delta p = \rho c (v_0 - v_1) = \rho c \Delta v \tag{3-62}$$

当阀门关闭时间 $t' < T = \dfrac{2l}{c}$ 时，称为完全冲击，按式(3-62)计算。

当阀门关闭时间 $t' > T$ 时为不完全冲击。此时液流由于速度改变引起的能量变化，仅有相当于 $\dfrac{T}{t'}$ 的部分转化为液压能，冲击压力 Δp 可近似地按照下式计算：

$$\Delta p = \rho c \frac{T}{t'} (v_0 - v_1) \tag{3-63}$$

3. 液体冲击波的传递速度

分析图 3-24 中管道 AB 受冲击压力 Δp 的作用情况。设管道 AB 在初始压力 p 时液体体积为 $V = Al$。由于 Δp 的作用，油液受到压缩，体积减小了 $\Delta V = \beta \Delta p V$。同时管子膨胀，体积又增大了 $\Delta V' = \Delta A l$。管子 AB 段空出体积为 $\Delta V + \Delta V'$，在同一时间 t 内有 $A v_0 t$ 油液补充到 AB 管段，因此，有

$$A v_0 t = \beta \Delta p V + \Delta A \cdot l ,$$

$$v_0 = \frac{\beta \cdot \Delta p \cdot V}{A \cdot t} + \frac{\Delta A}{A} \cdot \frac{1}{t} = \beta \cdot \Delta p \cdot \frac{1}{t} + \frac{\Delta A}{A}$$

$$= c\left(\beta\Delta p + \frac{\Delta A}{A}\right) = c\left(\frac{\Delta p}{E_0} + \frac{\Delta A}{A}\right) \tag{3-64}$$

式中 $c = \dfrac{l}{t}$ ——冲击波传递速度；

$E_0 = \dfrac{1}{\beta}$ ——油液体积弹性模量。

由材料力学薄壁筒应力公式可知：

$$\frac{\Delta A}{A} = \frac{2\pi r \cdot dr}{\pi r^2} = 2\frac{dr}{r} = 2\frac{\sigma}{E} = \frac{D\Delta p}{\delta E} \tag{3-65}$$

式中 D——管道内径，$D = 2r$；

δ——管壁厚；

σ——液体压力增加 Δp 时，管壁的附加应力；

E——管子材料的弹性模量。

将式(3-65)代入式(3-64)得

$$v_0 = c\Delta p\left(\frac{1}{E_0} + \frac{D}{\delta E}\right) = c\Delta p\frac{1}{E'} \tag{3-66}$$

式中 E_0——油液体积弹性模量；

E'——系统弹性模量。

将式(3-66)代入式(3-61)得

$$c = \sqrt{\frac{E'}{\rho}} = \frac{\sqrt{\dfrac{E_0}{\rho}}}{\sqrt{1 + \dfrac{DE_0}{\delta E}}} \tag{3-67}$$

二、空穴现象

一般液体中溶解有空气，水中溶解有约2%体积的空气，液压油中溶解有6%~12%体积的空气。成溶解状态的气体对油液体积弹性模量没有影响，成游离状态的小气泡则对油液体积弹性模量产生显著的影响。空气的溶解度与压力成正比。当压力降低时，原先压力较高时溶解于油液中的气体成为过饱和状态，于是就要分解出游离状态微小气泡，其速率是较低的。但当压力低于空气分离压 p_g 时，溶解的气体就要以很高的速度分解出来，成为游离微小气泡，并聚合长大，使原来充满油液的管道变为混有许多气泡的不连续状态，这种现象称为空穴现象。油液的空气分离压随油温及空气溶解度而变化，当油温 $t = 50$℃ 时，$p_g < 0.4$bar(绝对压力)。

管道中发生空穴现象时，气泡随着液流进入高压区时，体积急剧缩小，气泡又凝结成液体，形成局部真空，周围液体质点以极大速度来填补这一空间，使气泡凝结处瞬间局部压力可高达数百巴，温度可达近千摄氏度。在气泡凝结附近壁面，因反复受到液压冲击与高温作用，以及油液中逸出气体具有较强的酸化作用，使金属表面产生腐蚀。因空穴产生的腐蚀，一般称为气蚀。

泵吸入管路连接、密封不严使空气进入管道，回油管高出油面使空气冲入油中而被泵吸油管吸入油路,以及泵吸油管道阻力过大、流速过高,均是造成空穴的原因。

此外,当油液流经节流部位,流速增高,压力降低,在节流部位前后压差 $\frac{p_1}{p_2} \geq 3.5$ 时,将产生节流空穴。

空穴现象引起系统的振动,产生冲击、噪声、气蚀使工作状态恶化,应采取如下预防措施:

(1) 限制泵吸油口离油面高度,泵吸口要有足够的管径,滤油器压力损失要小,自吸能力差的泵用辅助供油。

(2) 管路密封要好,防止空气渗入。

(3) 节流口压力降要小,一般控制节流口前后压差比 $\frac{p_1}{p_2} < 3.5$。

例 题

例 3-1 计算 $d=12\text{mm}$ 圆管,$d=12\text{mm}$、$D=20\text{mm}$ 以及 $d=12\text{mm}$、$D=24\text{mm}$ 同心环状管道的水力半径。

解: $d=12\text{mm}$ 圆管的水力半径

$$R = \frac{A}{x} = \frac{\frac{\pi}{4}d^2}{\pi d} = \frac{d}{4} = 3(\text{mm})$$

$d=12\text{mm}$、$D=20\text{mm}$ 同心环状管道的水力半径

$$R = \frac{\frac{\pi}{4}(D^2-d^2)}{\pi(D+d)} = \frac{D-d}{4} = \frac{20-12}{4}(\text{mm}) = 2\text{mm}$$

$d=12\text{mm}$、$D=20\text{mm}$ 同心环状管道的水力半径

$$R = \frac{D-d}{4} = \frac{24-12}{4}(\text{mm}) = 3\text{mm}$$

例 3-2 图示为一容器内充满油液,如用在活塞上的力为 $F=1000\text{N}$,活塞的面积 $A=1\times10^{-3}\text{m}^2$,问活塞下方深度为 $h=0.5\text{m}$ 处的压力等于多少?油液的密度 $\rho=900\text{kg/m}^3$。

解: $p = p_0 + \rho g h$,活塞和液面接触处的压力为

$p_0 = F/A = 1000/(1\times10^{-3})\text{N/m}^2 = 10^6\text{N/m}^2$,因此,深度为 $h=0.5\text{m}$ 处的液体压力为

$$\begin{aligned} p &= p_0 + \rho g h \\ &= (10^6 + 900\times9.8\times0.5)(\text{N/m}^2) \\ &= 1.0044\times10^6\text{N/m}^2 \\ &\approx 10^6\text{N/m}^2 \approx 1\text{MPa} \end{aligned}$$

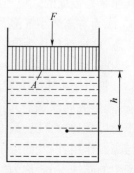

例题 3-2 图

例 3-3 某液压系统压力计的读数为 0.49MPa,这是什么压力?它的绝对压力又是多少?若用油柱高度表示应是多少(油的密度 $\rho=900\text{kg/m}^3$)?

解:液压系统压力计的读数为 0.49MPa,这是相对压力。

因为绝对压力=大气压力+相对压力,于是绝对压力

$$p_j = p_a + p_x = (9.8 \times 10^4 + 0.49 \times 10^6)\text{Pa} = 5.88 \times 10^5 \text{Pa} = 588 \text{kPa}$$

相对压力 $p_x = 0.49$ MPa 时的油柱高度 h

$$h = \frac{p_x}{\rho g} = \frac{0.49 \times 10^6}{900 \times 9.81}(\text{m}) = 55.5 \text{m}$$

例 3-4 图示为一圆锥阀。阀口直径为 d,在锥阀的部分圆锥面上有油液作用,各处压力均为 p。试求油液对锥阀阀芯的总作用力。

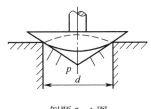

例题 3-4 图

解:由于阀芯左、右对称,油液作用在阀芯上的总力在水平方向的分力 $F_x = 0$;垂直方向的分力即总作用力,部分圆锥面在 y 方向垂直平面内的投影面积为 $\frac{\pi}{4}d^2$,则油液对锥阀阀芯的总作用力为

$$F = F_y = p\left(\frac{\pi}{4}d^2\right)$$

例 3-5 图示为冷轧机的支承辊平衡系统,它由平衡缸和蓄能器组成。设支承辊质量 $m_1 = 11000$kg,工作辊质量 $m_2 = 3000$kg,支承辊平衡缸柱塞直径 $d_1 = 19$cm,工作辊平衡缸柱塞直径 $d_2 = 15$cm,蓄能器柱塞直径 $d_3 = 20$cm。试确定包括柱塞在内的蓄能器最小配重的质量为多少才能保证支承辊和工作辊浮起。

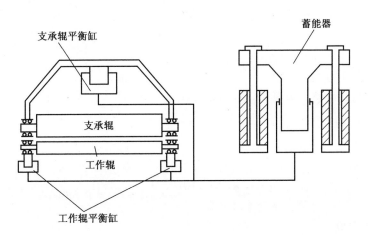

例题 3-5 图

解:欲使支承辊和工作辊浮起,平衡缸所需支承力应克服支承辊和工作辊的重力。设平衡缸内压力为 p,有

$$p \cdot \frac{\pi}{4}(d_1^2 + d_2^2) = (m_1 + m_2)g$$

$$p = \frac{(m_1 + m_2)g}{\pi/4(d_1^2 + d_2^2)} = \frac{(11 + 3) \times 10^3 \times 9.8}{\pi/4(19^2 + 2 \times 15^2) \times 10^{-4}}(\text{Pa}) = 2.15 \text{MPa}$$

根据帕斯卡原理,在蓄能器处的压力应与平衡缸内的压力相等。设蓄能器配重质量为 m ,则有

$$mg = p \cdot \frac{\pi}{4}d_3^2$$

即要求的配重质量

$$m = \frac{p \cdot \frac{\pi}{4}d_3^2}{g} = \frac{2.15 \times 10^6 \times \left(\frac{\pi}{4}\right)(20 \times 10^{-2})^2}{9.8}(\text{kg}) = 6900\text{kg}$$

例 3-6 连通器中,存在两种液体,已知水的密度 $\rho_1 = 1000\text{kg/m}^3$, $h_1 = 60\text{cm}$, $h_2 = 75\text{cm}$,求另一种液体的密度 ρ_2 。

解:取 1-1 为基准面,由于在同一液体里,所以 1-1 是等压面,于是

$$\rho_1 h_1 = \rho_2 h_2$$

将数据代入,得

$$\rho_2 = \frac{1000 \times 0.6}{0.75}(\text{kg/m}^3) = 800\text{kg/m}^3$$

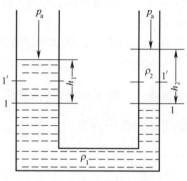

例题 3-6 图

例 3-7 图示为泵从油箱吸油,泵的流量为 25L/min ,吸油管直径 $d = 30\text{mm}$,设滤网及管道内总的压降为 0.03MPa ,油液的密度 $\rho = 880\text{kg/m}^3$ 。要保证泵的进口真空度不大于 0.0336MPa ,试求泵的安装高度 h 。

解: 由油箱液面 0-0 至泵进口 1-1 建立伯努利方程:

$$\frac{p_a}{\rho} + \frac{\alpha_0 v_0^2}{2} = \frac{p_1}{\rho} + \frac{\alpha_1 v_1^2}{2} + gh + \frac{\Delta p}{\rho}$$

式中, p_a 为大气压力; p_1 为泵进口处绝对压力。

因为油箱截面远大于管道过流断面,所以 $v_0 \approx 0$ 。取 $\alpha_1 \approx 1$ 。

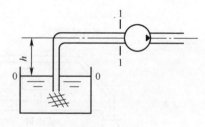

例题 3-7 图

吸油管流速

$$v = \frac{4q}{\pi d^2} = \frac{4 \times 25 \times 10^{-3}}{\pi \times (30 \times 10^{-3})^2 \times 60}(\text{m/s}) = 0.589\text{m/s}$$

泵的安装高度

$$h = \frac{p_a - p_1}{\rho g} - \frac{v_1^2}{2g} - \frac{\Delta p}{\rho g}$$

$$= \left(\frac{0.0336 \times 10^6}{880 \times 9.8} - \frac{0.589^2}{2 \times 9.8} - \frac{0.03 \times 10^6}{880 \times 9.8}\right)(\text{m}) = 0.4\text{m}$$

例 3-8 当油在管道内流动时,用测压计测得 A 、B 两点间的压力损失 $h_\xi = 1.91\text{m}$ 。 A 、B 两点间距离 $l = 3\text{m}$, $d = 20\text{mm}$,油在管中流速 $v = 1\text{m/s}$, $\rho = 920\text{kg/m}^3$ 。水银的密度 $\rho_{\text{Hg}} = 13600\text{kg/m}^3$ 。求在管中油流方向不同时,压差计读数值 Δh 为多少?

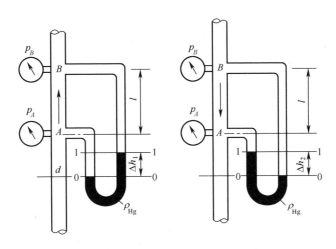

例题 3-8 图

解： 设油流方向从 $A \to B$，列出伯努利方程

$$\frac{p_A}{\rho g} + 0 + \frac{av_A^2}{2g} = \frac{p_B}{\rho g} + l + \frac{av_B^2}{2g} + h_\xi$$

得

$$p_A - p_B = \rho g l + \rho g h_\xi$$

以水银差压计的 0-0 为等压面

$$p_A + \rho g \Delta h_1 = p_B + \rho g l + \rho_{Hg} g \Delta h_1$$

将上式代入前式，得

$$g \Delta h_1 (\rho_{Hg} - \rho) = (\rho g l + \rho g h_\xi) - \rho g l = \rho g h_\xi$$

所以

$$\Delta h_1 = \frac{\rho h_\xi}{\rho_{Hg} - \rho} = \frac{1.91 \times 920}{13600 - 920}(\text{m}) = 0.139\text{m}$$

油流方向从 $B \to A$ 时

$$\frac{p_B}{\rho g} + l = \frac{p_A}{\rho g} + h_\xi$$

$$p_B - p_A = \rho g (h_\xi - l)$$

以水银差压计的 0-0 为等压面

$$p_A + \rho_{Hg} g \Delta h_2 = p_B + \rho g l + \rho g \Delta h_2$$

将前式代入上式，得

$$\Delta h_2 = \frac{h_\xi \rho}{\rho_{Hg} - \rho} = 0.139(\text{m})$$

例 3-9 如图所示，液压泵的流量 $q = 32\text{L/min}$，吸油管通径 $d = 20\text{mm}$，液压泵吸油口距离液面高度 $h = 500\text{mm}$，液压油的运动黏度 $\nu = 20 \times 10^{-6}\text{m}^2/\text{s}$，密度 $\rho = 0.9\text{g/cm}^3$，不计压力损失，求液压泵吸油口的真空度？

解： 吸油管的油流速度

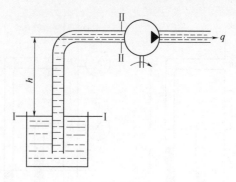

例题 3-9 图

$$v_2 = \frac{q}{A} = \frac{q}{\frac{\pi}{4}d^2} = \frac{32 \times 10^3}{\frac{\pi}{4} \times 2^2 \times 60}(\text{cm/s}) = 170\text{cm/s}$$

液压油黏度 $\nu = 20 \times 10^{-6}\text{m}^2/\text{s} = 0.2\text{cm}^2/\text{s}$

液压油在吸油管中的流动状态 $Re = \dfrac{vd}{\nu} = \dfrac{2 \times 170}{0.2} = 1700$

查表知：光滑金属圆管临界雷诺数 $Re_{\text{cr}} = 2300$，故 $Re < Re_{\text{cr}}$，说明液压油在吸油管中的运动为层流运动状态，因此可用伯努利方程求出液压泵吸油口的真空度。

选取自由面Ⅰ-Ⅰ，靠近吸油口的Ⅱ-Ⅱ截面，以Ⅰ-Ⅰ截面为基准面，因此 $h_1 = 0$（基准面），$v_1 = 0$（因为截面大，流速不明显），$p_1 = p_a$（液面受大气压力作用）。

列出伯努利方程

$$\frac{p_a}{\rho g} = \frac{p_2}{\rho g} + h_2 + \frac{v_2^2}{2g}$$

泵吸油口（Ⅱ-Ⅱ截面）的真空度为

$$p_a - p_2 = \rho g h_2 + \frac{\rho v_2^2}{2}$$

又因为 $h_2 = h$

所以

$$p_a - p_2 = \rho g h + \frac{\rho v_2^2}{2} = 0.9 \times 981 \times 50 + \frac{1}{2} \times 0.9 \times 170^2 = 5.7(\text{kPa})$$

例 3-10 图示为一针尖锥阀，锥阀的锥角为 2ϕ，当液体在压力 p 下以流量 q 流经锥阀时，如通过阀口处的流速为 v_2，求作用在锥阀上的力。

解： 运用动量定理的关键在于正确选取控制体。在图示情况下，液流出口压力 $p_2 = 0$，所以应该取点划线内影部分的液体为控制体积。设锥阀作用于控制体上的力为 F，沿液流方向对控制体列出动量方程，在图（a）的情况下为

$$p\frac{\pi}{4}d^2 - F = \rho q(\beta_2 v_2 \cos\theta_2 - \beta_1 v_1 \cos\theta_1)$$

取 $\beta_1 = \beta_2 \approx 1$，因 $\theta_2 = \phi$，$\theta_1 = 0°$，且 v_1 比 v_2 小得多，可以忽略，故得

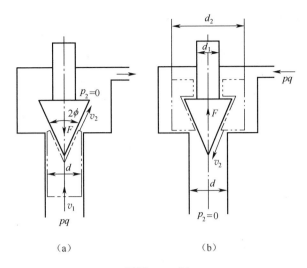

(a)　　　　　　　　(b)

例题 3-10 图

$$F = p\frac{\pi}{4}d^2 - \rho q v_2 \cos\phi$$

在图(b)情况下,有

$$p\frac{\pi}{4}(d_2^2 - d_1^2) - p\frac{\pi}{4}(d_2^2 - d^2) - F = \rho q(\beta_2 v_2 \cos\theta_2 - \beta_1 v_1 \cos\theta_1)$$

同样取 $\beta_1 = \beta_2 \approx 1$,$\theta_2 = \phi$,而 $\theta_1 = 90°$,于是得

$$F = p\frac{\pi}{4}(d^2 - d_1^2) - \rho q v_2 \cos\phi$$

在上述两种情况下,液流对锥阀作用力大小等于 F,作用方向与图示方向相反。

由上述计算可知道,在锥阀上的液动力为 $\rho q v_2 \cos\phi$,在图(a)情况下,此力使锥阀关闭,可是在图(b)情况下,却使它打开。因此,不能笼统地认为,在阀上液动力的作用方向是固定不变的,必须对具体情况具体分析。

例 3-11　分析如图所示两种情况下液体对阀芯的轴向作用力 F'。

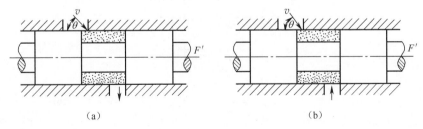

(a)　　　　　　　　(b)

例题 3-11 图

解：图中,液流在阀体与阀芯所形成容积中的动量变化,引起了在阀芯轴向方向作用力的变化,取该容积为控制体积。

在图(a)中控制体积内液流初速在轴向方向分量 $v_1 = v \cdot \cos\theta$,液流末速在轴向方向分量 $v_2 = 0$,因此阀芯受到轴向方向作用力 F' 为

$$F' = -F = -\rho Q(v_2 - v_1) = -\rho Q(0 - v\cos\theta) = \rho Q v \cos\theta$$

F'方向与$v\cos\theta$方向相同,使阀芯趋于关闭方向。

在图(b)中控制体积内液流初速在轴向方向分量$v_1=0$,液流末速在轴向方向分量$v_2=v\cos\theta$,因此阀芯受到轴向方向作用力F'为

$$F'=-F=-\rho Q(v_2-v_1)=-\rho Qv\cos\theta$$

F'方向与$v\cos\theta$方向相反,同样也使阀芯趋于关闭方向。

例3-12 已知管子直径$d=24$mm,壁厚$\delta=2$mm,钢管弹性模量$E=2.2\times10^{11}$N/m²,油液体积弹性模量$E_0=1.33\times10^9$N/m²,密度$\rho=9\times10^2$kg/m³,管中流速$v_0=5$m/s,由阀门到蓄能器管道长$l=4$m,求:

(1) 完全冲击时,冲击压力值。

(2) 当阀门关闭时间$t=2\times10^{-2}$s时,冲击压力值。

解: $c=\sqrt{\dfrac{E'}{\rho}}=\dfrac{\sqrt{\dfrac{E_0}{\rho}}}{\sqrt{1+\dfrac{DE_0}{\delta E}}}=\dfrac{\sqrt{1.33\times10^9/9\times10^2}}{\sqrt{1+\dfrac{2.4\times10^{-2}\times1.33\times10^9}{2\times10^{-3}\times2.2\times10^{11}}}}$(m/s) $=1174$m/s

(1) 完全冲击时冲击压力

$$\Delta p=\rho cv_0=9\times10^2\times1.17\times10^3\times5(\text{MPa})=5.265\text{MPa}$$

(2) $T=\dfrac{2l}{c}=\dfrac{2\times4}{1174}$(s) $=6.8\times10^{-3}$s,$t>T$时为不完全冲击。

$$\Delta p=\rho cv_0\dfrac{T}{t}=5.265\times10^6\times\dfrac{6.8\times10^{-3}}{2\times10^{-2}}(\text{MPa})=1.79\text{MPa}$$

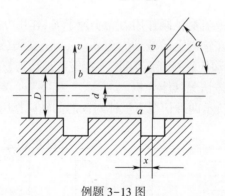

例题3-13图

例3-13 图示圆柱形阀芯,$D=2$cm,$d=1$cm,阀口开度$x=2$mm。压力油在阀口处的压力降为$\Delta p_1=3\times10^5$Pa,在阀腔a点到b点的压力降$\Delta p_2=0.5\times10^5$Pa,油的密度$\rho=900$kg/m³,通过阀口时的角度$\alpha=69°$,流量系数$c_d=0.65$,求油液对阀芯的作用力。

解: 阀口的通流截面

$$A_v=\pi Dx\sin69°=\pi\times0.02\times0.002\sin69°(\text{m}^2)$$
$$=1.173\times10^{-4}\text{m}^2$$

阀腔的通流截面

$$A = \frac{\pi}{4}(D^2 - d^2) = \frac{\pi}{4} \times (0.02^2 - 0.01^2)(m^2) = 0.75\pi \times 10^{-4} m^2$$

通过阀口的流量

$$q = c_d A_v \sqrt{\frac{2}{\rho} \Delta p_1} = 0.65 \times 1.173 \times 10^{-4} \times \sqrt{\frac{2}{900} \times 3 \times 10^5} (m^3/s)$$
$$= 19.69 \times 10^{-4} m^3/s$$

阀芯受到的轴向液动力(方向向左)

$$F_1 = \rho q v \cos\alpha = 900 \times 19.69 \times 10^{-4} \times \sqrt{\frac{2}{900} \times 3 \times 10^5} \times \cos 69°(N) = 16.40 N$$

阀腔内压力降对阀芯的作用力(方向向右)
$$F_2 = (p_a - p_b)A = 0.5 \times 10^5 \times 0.75\pi \times 10^{-4}(N) = 11.78 N$$
因此,液流作用在阀芯上的力(方向向左)
$$F = F_1 - F_2 = (16.40 - 11.78)(N) = 4.62 N$$

习 题

1. 什么是流动液体的能量方程(伯努利方程)？它的物理意义是什么？在液压传动中为什么只考虑油液的压力能？

2. 液体在管道中的流速为 4m/s, 管道内径为 60mm, 油的黏度为 $30 \times 10^{-6} m^2/s$, 试确定流态。如要为层流, 其流速应为多大？

3. 液压装置导管全长 25m, 管径 20mm, 液流速度 3m/s, 油黏度 $30 \times 10^{-6} m^2/s$, 密度 $\rho = 900 kg/m^3$, 求压力损失等于多少？

4. 图示容器内装有水, 容器上半部充满压力为 p 的气体, 液面高度 $h = 40 cm$, 小管内液柱高度 $H = 1 m$, 其上端和大气相通, 问容器内气体的绝对压力、表压力各是多少？

5. 如图示, 一管道输送 $\rho = 900 kg/m^3$ 的液体, 已知 $h = 15 m$, 1 处的压力为 $5 \times 10^5 Pa$, 2 处的压力为 $4.5 \times 10^5 Pa$, 求油液的流动方向。

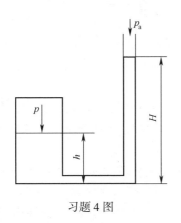

习题 4 图　　　　　　　　习题 5 图

6. 液压油在内径为20mm的圆管中流动,设临界雷诺数为2000,油的运动黏度为 $3 \times 10^{-5} \text{m}^2/\text{s}$,试求当流量大于每分钟多少升时,油的流动成为紊流?

7. 有油从垂直安放的圆管中流出,如管内径 $d_1 = 10\text{cm}$,管口处平均流速 $v_1 = 1.4\text{m/s}$,求管垂直下方 $H = 1.5\text{m}$ 处的流速和油柱直径 d_2。

8. 水箱保持液位 h 不变,水箱中液体经水箱底部直径为 d、长为 l 的垂直管通入大气。设管中的沿程阻力系数为 λ,水的密度为 ρ,不计局部损失,求流量和管长的关系。

9. 图示虹吸管自水池中吸水,如不计管中流动的能量损失和动能的修正,求3点处的真空度。如要使3点处的真空度最大不超过 $7\text{mH}_2\text{O}$,问 h_1 和 h_2 值有何限制?

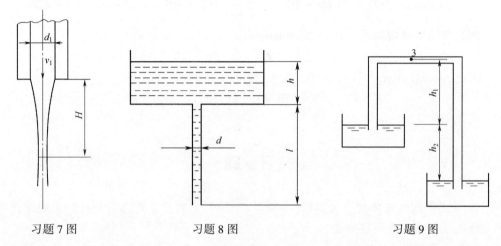

习题7图 习题8图 习题9图

10. 30号机械油在内径 $d = 20\text{mm}$ 的光滑钢管内流动,$v = 3\text{m/s}$,判断其流态。若流经管长 $l = 10\text{m}$,求沿程损失 Δp 为多少?当 $v = 4\text{m/s}$ 时,判断其流态,并计算其沿程损失 Δp 为多少?

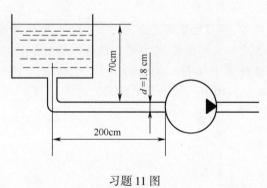

习题11图

11. 流量 $q = 16\text{L/min}$ 的液压泵,安装在油面以下,油液的黏度 $\nu = 20 \times 10^{-6} \text{m}^2/\text{s}$,密度 $\rho = 900 \text{kg/m}^3$,其他尺寸如图所示,仅考虑吸油管沿程损失,试求泵入口处绝对压力的大小。

12. 某系统从蓄能器 A 到电磁阀 B 的距离 $l = 4\text{m}$,管径 $d = 20\text{mm}$,壁厚 $\delta = 1\text{mm}$,钢的 $E = 2.2 \times 10^{11}\text{Pa}$,油的体积模量 $K = 1.33 \times 10^9 \text{Pa}$,管路中油液原先以 $v = 5\text{m/s}$,$p_0 = 20 \times 10^5 \text{Pa}$ 流经电磁阀,当阀突闭,以 0.02s 和 0.5s 关闭时,求在管路中达到的最大压力为多少?

13. 图示为文氏流量计，$D_1 = 200\text{mm}$，$D_2 = 100\text{mm}$，当水银柱压力计读数 $h = 45\text{mmHg}$ 时，$a = 1$，不计黏性损失，求通过流量计水的流量。

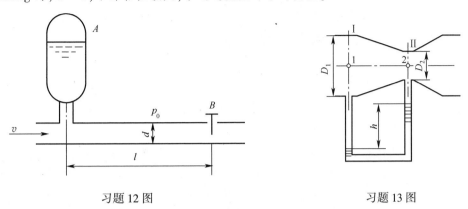

习题 12 图　　　　　　　　习题 13 图

第四章 液压泵

第一节 概述

液压泵是一种能量转换装置,它将原动机(电动机或内燃机)输出的机械能转换为液体压力能,为系统提供具有一定压力和流量的液压油,是液压传动系统中的动力元件。液压泵性能的好坏直接影响液压系统工作的可靠性和稳定性。

一、液压泵的工作原理

液压传动中所用的液压泵是靠密封的工作容积发生变化而进行工作的,所以都属于容积式泵。现以图4-1为例来说明其工作原理。

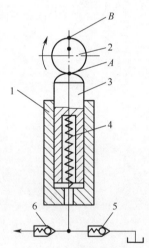

图4-1 液压泵的工作原理
1—缸体;2—偏心轮;3—柱塞;
4—弹簧;5—吸油阀;6—排油阀;
A—偏心轮下死点;B—偏心轮上死点。

该泵由缸体1、偏心轮2、柱塞3、弹簧4、吸油阀5和排油阀6等组成。缸体1固定不动;柱塞3和柱塞孔之间有良好的密封,并且可以在柱塞孔中做轴向运动;弹簧4总是使柱塞顶在偏心轮2上。吸油阀5的右端(即液压泵的进口)与油箱相通,左端与缸体内的柱塞孔相通。排油阀6的右端也与缸体内的柱塞孔相通,左端(即液压泵的出口)与液压系统相连。当柱塞处于偏心轮的下死点A时(图4-1),柱塞底部的密封容积最小;当偏心轮按图示方向旋转时,柱塞不断外伸,密封容积不断扩大,形成真空,油箱中的油液在大气压力作用下,推开吸油阀内的钢球而进入密封容积,这就是泵的吸油过程,此时排油阀内的钢球在弹簧的作用下将出口关闭;当偏心轮转至上死点B与柱塞接触时,柱塞伸出缸体最长,柱塞底部的密封容积最大,吸油过程结束。偏心轮继续旋转,柱塞不断内缩,密封容积不断缩小,其内油液受压,吸油阀关闭,并打开排油阀,将油液排到液压泵出口,输入液压系统;当偏心轮转至下死点A与柱塞接触时,柱塞底部密封容积最小,排油过程结束。若偏心轮连续不断地旋转,柱塞不断地往复运动,密封容积的大小交替变化,泵就不断地完成吸油和排油过程。

通过上述工作过程的分析,可以得出液压泵工作的必要条件:

(1)吸油腔和压油腔要互相隔开,并且有良好的密封性。当柱塞上移时,排油阀6以右为吸油腔,以左为压油腔,两腔由排油阀6隔开;当柱塞下移时,吸油阀5以左为压油腔,以右为吸油腔,两腔由吸油阀5隔开。

(2) 由吸油腔容积扩大吸入液体;靠压油腔容积缩小排出(相同体积的)液体。即靠"容积变化"进行工作。

(3) 吸油腔容积扩大到极限位置后,先要与吸油腔切断,然后再转移到压油腔中来;压油腔容积缩小到极限位置后,先要与压油腔切断,然后再转移到吸油腔中来。

二、液压泵的分类和选用

液压泵是一种能量转换装置,是液压系统中的能源,是组成液压系统的"心脏",它通过向液压系统输送足够流量的压力油,来推动执行元件对外做功。

按结构的不同,液压泵可分为齿轮泵、叶片泵、柱塞泵和螺杆泵等;按压力的不同可分为低压泵、中压泵、中高压泵、高压泵和超高压泵;按液压泵在单位时间内所能输出的油液的体积能否调节,又可分为定量泵和变量泵。液压泵的类型如下:

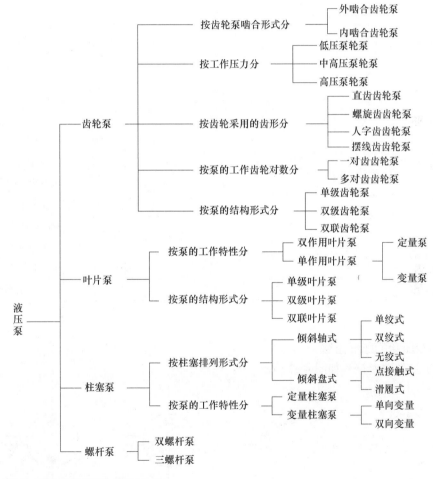

选用液压泵的原则和依据如下:

(1) 是否要求变量。要求变量选用变量泵,其中单作用叶片泵的工作压力较低,仅适用于机床系统。

(2) 工作压力。目前各类液压泵的额定压力都有所提高,但相对而言,柱塞泵的额定压力最高。

(3) 工作环境。齿轮泵的抗污染能力最好,因此特别适于工作环境较差的场合。

(4) 噪声指标。属于低噪声的液压泵有内啮合齿轮泵、双作用叶片泵和螺杆泵,后两种泵的瞬时理论流量均匀。

(5) 效率。按结构形式分,轴向柱塞泵的总效率最高;而同一种结构的液压泵,排量大的总效率高;同一排量的液压泵,在额定工况(额定压力、额定转速、最大排量)时总效率最高,若工作压力低于额定压力或转速低于额定转速、排量小于最大排量,泵的总效率将下降,甚至下降很多。因此,液压泵应在额定工况(额定压力和额定转速)或接近额定工况的条件下工作。

常用液压泵的特点如表4-1所列。

表4-1 常用液压泵的特点

类型		性能特征				价格	变量	其他
		吸入性能	流量脉动	噪声	最高转速			
齿轮泵	外啮合	较好	最大	较大	很高	最低	不能	齿轮通常用渐开线齿形
	内啮合	较好	小	较小	高	低	不能	齿轮通常用渐开线或摆线齿形
叶片泵	双作用	一般	很小	很小	低	中	不能	常用于要求噪声比较低的场合
	单作用	一般	小	小	低	中	能	
螺杆泵		最好	最小	最小	最高	高	不能	用于低噪声场合,抗污染性能好
轴向柱塞泵	斜盘式	差	大	最大	中	高	能	缸体轴线与传动轴轴线重合
	斜轴式	差	大	最大	中	高	能	流量及功率最大,多用于大功率场合
径向柱塞泵		差	大	很大	低	高	能	使用较少

三、液压泵的图形符号

液压泵的图形符号如图4-2所示。

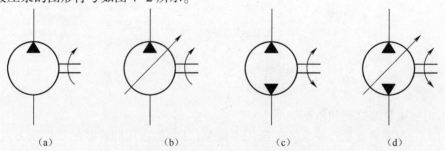

(a)   (b)   (c)   (d)

图4-2 液压泵的图形符号

(a)单向定量液压泵;(b)单向变量液压泵;(c)双向定量液压泵;(d)双向变量液压泵。

第二节 液压泵的性能参数

液压泵的性能参数主要包括流量、压力、转速、功率和效率等。

一、排量、流量和压力

1. 排量和流量

排量 V 是液压泵在不考虑泄漏的情况下,泵轴每转一转所排出的液体体积,其值仅取决于密封工作腔的数目和结构尺寸的大小。如图 4-1 所示的单柱塞泵,设柱塞的直径为 d,行程为 L,则其排量为

$$V = (\pi d^2 / 4) L \tag{4-1}$$

理论流量 q_t 是液压泵在不考虑泄漏的情况下,单位时间内输出的液体体积。它等于泵的排量 V 与泵轴转速 n 的乘积,即

$$q_t = Vn \tag{4-2}$$

实际流量 q 是液压泵工作时的实际输出流量。它等于理论流量减去泄漏、压缩等损失的流量 Δq,即:$q = q_t - \Delta q$,q 随着泵的工作压力升高而下降,如图 4-3 所示。

额定流量 q_s 是液压泵在额定压力和额定转速下工作输出的实际流量。

2. 压力

工作压力 p 是液压泵工作时输出液体的实际压力,其值取决于负载(包括管路阻力)。

额定压力 p_s 是由液压泵的密封能力和结构强度所决定的、保证正常工作所允许的最高工作压力。

最高压力 p_{max} 是液压泵在短时间内超载运转时所允许的极限压力。

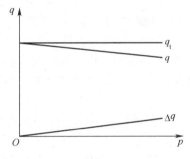

图 4-3 液压泵流量和压力的关系

二、转速

额定转速 n_s 是在额定输出功率下,能连续长时间正常运转的最高转速。

最高转速 n_{max} 是在额定压力下,允许超过额定转速短暂运行的极限转速。超过最高转速就将产生气蚀现象。

最低转速 n_{min} 是正常运转所允许的最低转速。低于最低转速就不能实现有效的自吸。

三、功率和效率

容积效率与机械效率是液压泵的重要参数。液压泵容积效率与其容积损失有关。容积损失是指液压泵在流量上的损失,液压泵的实际输出流量总是小于其理论流量,主要原因是液压泵内部高低压腔之间的泄漏、油液的压缩以及在吸油过程中由于吸油阻力大、油液黏度大等原因导致油液不能全部充满密封工作腔。

液压泵的容积损失用容积效率来表示,它等于液压泵的实际输出流量 q 与其理论流量 q_t 之比,即

$$\eta_V = \frac{q}{q_t} = \frac{q_t - \Delta q}{q_t} = 1 - \frac{\Delta q}{q_t} \tag{4-3}$$

因此液压泵的实际输出流量 q 为

$$q = q_t \eta_V = V n \eta_V \tag{4-4}$$

液压泵的容积效率随着液压泵工作压力的增大而减小,且随着液压泵的结构类型不同而异。

摩擦的大小影响液压泵的机械效率。液压泵实际需要输入的转矩 T 总是大于理论上所需要输入的转矩 T_t,其主要原因是液压泵泵体内相对运动部件之间因机械摩擦而引起的摩擦转矩损失以及液体的黏性而引起的摩擦损失。

液压泵的摩擦损失用机械效率表示,它等于液压泵理论上需要输入的转矩 T_t 与实际需要输入的转矩 T 之比,设转矩损失为 ΔT,则液压泵的机械效率为

$$\eta_m = \frac{T_t}{T} = \frac{1}{1 + \frac{\Delta T}{T_t}} \tag{4-5}$$

输入功率 P_{sr} 是液压泵实际上需要的输入功率,等于原动机的输出功率,用其输出转矩 T 和角速度 ω 来表示,即 $P_{sr} = T\omega$。

理论功率 P_t 是液压泵理论上需要的输入功率。它等于实际输入功率减去机械功率损失,包括油液黏性产生的液压损失和相对运动零件之间、运动件与密封件之间的机械摩擦损失。它也可用液压功率来表示,即

$$P_t = p q_t \tag{4-6}$$

输出功率 P_{sc} 是液压泵实际输出的液压功率。它等于理论功率减去由于泄漏所损失的功率,即

$$P_{sc} = p q_t - p \Delta q = p(q_t - \Delta q) = pq \tag{4-7}$$

在工程实际中,若液压泵吸、压油口的压力差为 Δp (N/m^2);液压泵的输出流量 q 以 L/min 为单位,则液压泵的输出功率 P_{sc} (kW) 可表示为

$$P_{sc} = \frac{\Delta p q}{60} \tag{4-8}$$

在实际的计算中,若油箱通大气,液压泵吸、压油口的压力差 Δp 往往用液压泵出口压力 p 代替。

机械效率 η_m 是理论功率与输入功率之比,即

$$\eta_m = \frac{P_t}{P_{sr}} \tag{4-9}$$

容积效率 η_V 是液压泵实际输出功率与理论功率之比,即

$$\eta_V = \frac{P_{sc}}{P_t} = \frac{pq}{pq_t} = \frac{q}{q_t} \tag{4-10}$$

总效率 η_t 是泵的输出功率与输入功率之比,即

$$\eta_t = \frac{P_{sc}}{P_{sr}} = \frac{P_{sc}}{T\omega} = \eta_V \eta_m \tag{4-11}$$

第三节 齿轮泵

通过密闭在壳体内的两个或两个以上的齿轮啮合而工作的液压泵称为齿轮泵。在各种类型的容积式油泵中,齿轮油泵具有结构简单、制造容易、成本低、体积小、重量小、工作可靠,以及对油液污染不太敏感等优点,但容积效率较低,流量脉动和压力脉动较大,噪声也大。一般齿轮泵的工作压力为 $(25\sim175)\times10^5 Pa$,流量为 $2.5\sim200 L/min$。低压齿轮泵国内已普遍生产,广泛应用于机床(磨床、珩磨机)的传动系统和各种补油、润滑及冷却装置的液压系统中的控制油源等。中高压齿轮泵主要用于工程机械、农业机械、轧钢设备和航空技术中。

一、齿轮泵的工作原理

齿轮泵的工作原理如图 4-4 所示,当泵的主动齿轮按图示方向旋转时,右侧轮齿逐渐脱开啮合,密封工作容积增大,形成局部真空,油箱中油液在外界大气压的作用下,经吸油管进入吸油腔(右侧)。随着齿轮的旋转,吸入齿间的油液被带到左侧。此时,由于左侧的轮齿逐渐进入啮合,密封工作容积逐渐减小,齿间中的油液被挤出,从压油腔输送到系统中去。电动机带动齿轮泵连续旋转时,齿轮泵就实现了连续吸油和压油过程。

综合齿轮泵的结构,对齿轮泵的工作原理归纳如下:

(1) 由齿轮泵的前后盖、泵体和两个齿轮组成若干个齿间密封工作腔。

(2) 当两齿轮脱离啮合时,齿间密封容积由小变大,形成局部真空,油箱中的油被吸入齿间,为吸油过程;当进入啮合时,齿间密封容积由大变小,齿间油液被挤出,为压油过程。

(3) 两轮齿的啮合线,把吸油、压油腔严格分开,起配油作用。

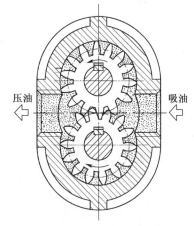

图 4-4 齿轮泵工作原理图

二、齿轮泵的排量和流量

齿轮泵的几何排量等于两齿轮轮齿容积之和,如图 4-4 所示。假定齿间容积等于轮齿体积且齿顶和齿根高系数均等于1,则几何排量近似等于外径为 $D+2m$、内径为 $D-2m$,宽度为 B 的几何环形体的体积。故有

$$V_B = \pi DhB = 2\pi m^2 ZB \tag{4-12}$$

式中 D——齿轮分度圆直径(cm), $D=mZ$;

h——齿全高(cm), $h=2m$;

B——齿轮宽度(cm);

m——模数;

Z——齿数;

V_B——齿轮泵的排量(mL/r)。

齿轮泵的瞬时流量呈脉动性,原因是轮齿啮合点不同。泵的平均流量为

$$q = 2\pi m^2 ZBn\eta_V \times 10^{-3} \tag{4-13}$$

式中　n——泵转速(r/min);

　　　η_V——齿轮泵的容积效率;

　　　q——齿轮泵的平均流量(L/min)。

实际上轮齿间槽的容积比轮齿的体积稍大,因此对式(4-13)应稍作修正,即以 3.33 代替 π 值,由此可得

$$q = 6.66 Zm^2 Bn\eta_V \times 10^{-3} \tag{4-14}$$

三、低压齿轮泵的结构

图 4-5 为 CB-B 型低压齿轮泵结构图。泵体采用由后端盖 1、泵体 3 和前端盖 4 组成的三片分离式结构(靠两个定位销定位,用六个螺钉紧固),便于加工,也便于控制齿轮与壳体的轴向间隙。两个齿轮装在泵体中,主动轮套在长轴 5 上,被动轮套在短轴上,滚针轴承分别装在两侧端盖 1 和 4 中。小孔 a 为泄油孔,使泄漏出的油液经从动齿轮的中心小孔 c 及通道 d 流回吸油腔。在泵体的两端面上各铣有卸荷槽 b,由侧面泄漏的油液经卸荷槽流回吸油腔,这样可以减小泵体与端盖接合面间泄漏油压的作用,以减小连接螺钉的紧固力。泵的吸、排油口开在后端盖 1 上,如 A—A 所示,通径大者为吸油口,小者为排油口。

这种泵的结构简单、零件少、制造工艺性好,但齿轮端面处的轴向间隙在零件磨损后不能自动补偿,所以泵的压力较低,一般为 25×10^5 Pa。

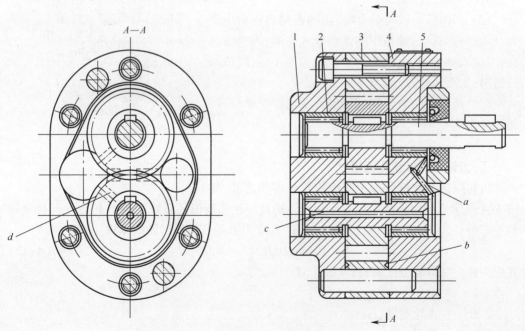

图 4-5　CB-B 型低压齿轮泵结构图

1—后端盖;2—滚针轴承;3—泵体;4—前端盖;5—长轴。

四、高压齿轮泵

CB-B 型齿轮泵的最大工作压力不超过 25×10^5Pa,属于低压泵,由于泄漏,特别是轴向间隙泄漏,占泵总泄漏量的 75%~80%,使容积效率降低。若将间隙做得很小,会因间隙磨损后不能补偿。若提高泵的压力,不平衡径向力也随之增大,致使轴承受力恶化而不能正常工作。针对上述问题,中、高压齿轮泵一般都采用轴向间隙自动补偿。例如,提高轴和轴承刚度,采用弹性侧板或浮动轴套等。

图 4-6 所示为 CB 型高压齿轮泵的结构图。该泵采用浮动轴套来实现轴向间隙自动补偿。当泵工作时,压力油经过腔 b 进入腔 a,浮动轴套 2 在油压作用下向右移动,使轴套 2 与 4 紧紧贴于齿轮两端面。浮动轴套的压紧力随泵的工作压力而变化。当齿轮端面和轴套有一定磨损时,在压紧力的作用下,可实现轴向间隙自动补偿。但浮动轴套受翻转力矩作用,易发生倾斜,出现不均匀磨损。为此,在腔 a 靠近吸油腔一边装有弓形板 9,橡胶密封圈 10 套住弓形板。由于弓形板的厚度比密封圈直径略小,在弓形板的面积内形成一个密封空间腔,并通过弓形板上的小孔与吸油腔相通。橡胶密封圈 10 将高、低压油互相隔开。这样,弓形板减小 a 腔高压油的作用面积,使浮动轴套内外端面的液压力近似平衡,就不会造成轴套在翻转力矩作用下发生歪斜而加剧磨损,甚至发生卡住的现象。

除了采用浮动轴套等自动补偿装置外,还可以采用加大吸油口、减小齿宽、将齿轮和轴做成一体,并以青铜轴套作滑动轴承等措施,来减小径向不平衡及其影响。

CB 型高压齿轮泵的最大工作压力分别为 80×10^5Pa、100×10^5Pa、140×10^5Pa,排量为 $10\sim100$L/min。

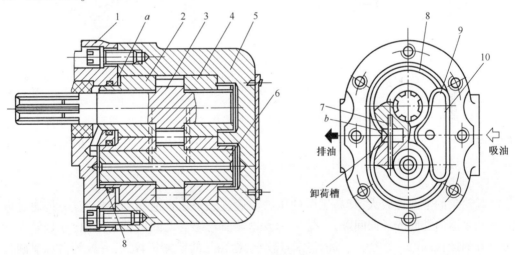

图 4-6 CB 型高压齿轮泵结构图
1—泵盖;2、4—轴套;3—齿轮;5—泵体;6—齿轮轴;
7—弹性导向钢丝;8、10—橡胶密封圈;9—弓形板。

五、齿轮泵存在的几个问题

1. 困油现象

为使传动平稳,啮合齿轮的重叠(啮合)系数必须大于 1,也就是说存在着两对轮齿同时啮合的情况。这样,就有一部分油液被困在两对轮齿啮合点之间的密封腔内,如图4-7(a)所示。该腔刚形成时容积较大,在继续旋转过程中,其容积变小,当转到如图4-7(b)所示的某个位置时,容积最小,随后随着泵的旋转其容积再次增大,直到前一对轮齿即将脱离啮合时其容积最大,如图4-7(c)所示。由于该密封腔既不和泵的吸油腔相通,也不和压油腔相通,所以在该腔容积缩小阶段,由于油液的压缩性很小,因而使腔内油液受挤压、产生很高的压力,使机件(如轴承等)受到很大的额外负载;而在密封腔容积增大的阶段又会造成局部真空,形成气穴。无论是前者或后者,都会产生强烈的噪声,这就是齿轮泵的困油现象。

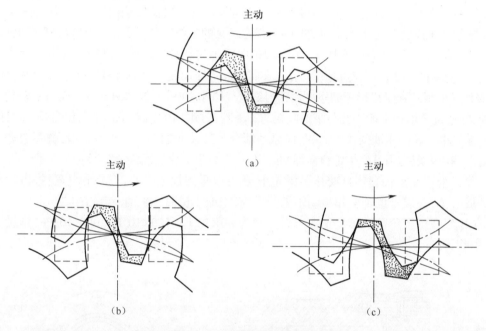

图 4-7 齿轮泵的困油现象

清除齿轮泵上述困油现象的办法,通常是在齿轮泵端盖上开出卸荷槽,如图4-7中的虚线所示,使密封腔在其容积由大变小时,通过左边的卸荷槽和压油腔相通;容积由小变大时通过右边的卸荷槽和吸油腔相通。

2. 泄漏问题

齿轮泵的泄漏比较大,其高压腔的压力油通过三条途径泄漏到低压腔:一是通过齿顶圆和泵体内孔间的径向间隙;二是通过齿轮端面与端盖之间的轴向间隙;三是轮齿啮合线处的接触间隙。途径一、三的泄漏量较小,途径二的泄漏量较大,一般约占总泄漏量的75%~80%。因此,普通齿轮泵的容积效率比较低,输出压力也不易提高。在高压齿轮泵中,一般都使用轴向间隙补偿装置来减少轴向泄漏,提高容积效率。

3. 径向受力不平衡问题

如图4-4所示,齿轮泵的左侧是压油腔,右侧是吸油腔,这两腔的压力是不平衡的,因此齿轮受到了来自压油腔高压油的油压力作用;另一方面,压油腔的油液沿泵体内孔和齿顶圆之间的径向间隙向吸油腔泄漏时,其油压力是递减的,这部分不平衡的油压力也作用于齿轮上。上面两个力联合作用的结果,使齿轮泵的上、下两个齿轮及其轴承都受到一个径向不平衡力的作用。油压力越高,这个径向不平衡力越大。其结果不仅加速了轴承的磨损,降低了轴承的寿命,甚至使轴弯曲变形,造成齿顶与泵体内孔的摩擦。为了解决这个问题,有的泵采用开压力平衡槽的办法,有的则采用缩小压油腔的办法来减小径向不平衡力。

六、提高压力的措施

要提高齿轮泵工作压力,首要的问题是解决轴向泄漏。而造成轴向泄漏的原因是齿轮端面和端盖侧面的间隙。解决这个问题的关键是要在齿轮泵长期工作时,如何控制齿轮端面和端盖侧面之间保持一个合适的间隙。在高、中压齿轮泵中,一般采用轴向间隙自动补偿的办法。其原理是把与齿轮端面相接触的部件制作成轴向可移动的,并将压油腔的压力油经专门的通道引入到这个可动部件背面一定形状的油腔中,使该部件始终受到一个与工作压力成比例的轴向力压向齿轮端面,从而保证泵的轴向间隙能与工作压力自动适应且长期稳定。这个可动部件可以是能整体移动的,也可以是能产生一定挠度的弹性侧板。

齿轮泵的不平衡径向力也是影响其压力提高的另一个重要原因。目前应用广泛的一种解决办法是,通过结构设计保证将齿顶圆压紧在泵体的吸油腔壁面上,不仅结构简单,而且能使轴承的受力有所减轻。

七、齿轮泵的优缺点及使用

齿轮泵被广泛地应用于机床行业的低压系统中和农业、冶金、矿山等机械中。由于流量脉动较大,故多用于精度要求不高的传动系统。齿轮泵的优点如下:

(1) 结构简单,工艺性较好,成本较低。
(2) 与同样流量的各类泵相比,结构紧凑,体积小。工作可靠,价格便宜。
(3) 具有良好的自吸能力。泵的吸入口可安装在高于液面 500mm 的位置上。
(4) 对油液污染不敏感,而且能耐冲击性负荷。
(5) 具有较大的转速范围。通常齿轮泵的额定转速为 1500r/min。

齿轮泵的缺点如下:

(1) 工作压力较低。
(2) 因泄漏严重,所以容积效率低。
(3) 流量脉动大。流量脉动会引起压力脉动,因而使管道、阀等元件产生振动和噪声。
(4) 齿轮泵的零件磨损后不易修复。零件互换性差,常常因个别零件磨损而不得不更换新泵。

在使用和安装齿轮泵时应注意以下几点:

(1) 为减小径向力不平衡现象,将排油口的口径做得比吸油口的口径小,所以安装时排油口必须与系统连接,吸油口(大口)必须连油箱。
(2) 由于吸油、排油口的口径不同,因此泵的转向视结构而定,以保证大口能吸油,小口能排油。如果吸油、排油口口径相同允许齿轮反转。
(3) 为保证泵的传动轴与电机驱动轴的同轴度,一般采用挠性联轴节连接。

八、齿轮泵的主要性能

(1)压力。齿轮泵一般用于低压(<2.5 MPa)大流量的系统,具有良好轴向、径向补偿措施的中、小排量齿轮泵的工作压力可达 25MPa,大排量齿轮泵的许用压力也可达 16~20MPa。

(2)排量。工程上使用的齿轮泵的排量范围很宽,可为 0.05~800mL/r,但常用者为 2.5~250mL/r。

(3)转速。微型齿轮泵的最高转速可达 20000r/min 以上,常用的为 1000~3000r/min。必须指出,齿轮泵的工作转速也有下限,一般为 300~500r/min。

(4)寿命。低压齿轮泵的寿命为 3000~5000h,高压外啮合齿轮泵的额定压力下的寿命一般却只有几百小时,高压内啮合齿轮泵的寿命可达 2000~3000h。

九、其他形式的齿轮油泵

1. 螺杆泵

螺杆泵具有结构紧凑、体积小、重量小,流量压力无脉动、噪声低,自吸能力强、允许较高转速,对油液污染不敏感、使用寿命长等优点,故在工业和国防的许多部门得到广泛应用。螺杆泵的缺点是加工工艺复杂、加工精度高,所以其应用受到一定的限制。

螺杆泵按其具有的螺杆根数来分,有单螺杆泵、双螺杆泵、三螺杆泵、四螺杆泵和五螺杆泵;按螺杆的横截面齿形来分,有摆线齿形、摆线-渐开线齿形和圆形齿形的螺杆泵。

液压系统中的螺杆泵一般都采用摆线三螺杆泵,其工作原理如图 4-8 所示。在壳体(或衬套)2 中平行地放置三根双头螺杆,中间为凸螺杆 3(即主动螺杆),两边为两根凹螺杆 4(即从动螺杆)。互相啮合的三根螺杆与壳体之间形成密封空间。壳体左端为吸液口,右端为排液口。当凸螺杆按顺时针方向(面对轴端观察)旋转时,螺杆泵便由吸液口吸入液体,经排液口排出液体。

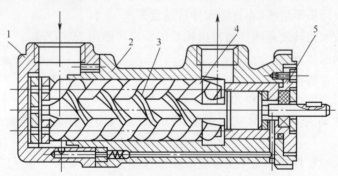

图 4-8 LB 型三螺杆泵
1—后盖;2—壳体(或衬套);3—主动螺杆(凸螺杆);
4—从动螺杆(凹螺杆);5—前盖。

2. 内啮合齿轮泵

图 4-9 所示为内啮合齿轮泵的工作原理,一对相互啮合的小齿轮和内齿轮与侧板所围成的密闭容积被齿啮合线和月牙板分隔成两部分。当传动轴带动小齿轮按图示方向

旋转时,内齿轮同向旋转,图中上半部轮齿脱开啮合,所在的密闭容积增大,为吸油腔;下半部轮齿进入啮合,所在的密闭容积减小,为压油腔。

内啮合齿轮泵的最大优点是无困油现象,流量脉动较外啮合齿轮泵小,噪声低。另外还具有结构紧凑、尺寸小、相对滑动速度小、磨损小、使用寿命长等优点。当采用轴向和径向间隙补偿措施后,泵的额定压力可达 30MPa,容积效率和总效率均较高。其缺点是齿形复杂,加工精度要求高,需要专门的制造设备,造价较贵。随着工业技术的发展,它的应用将会越来越广泛。

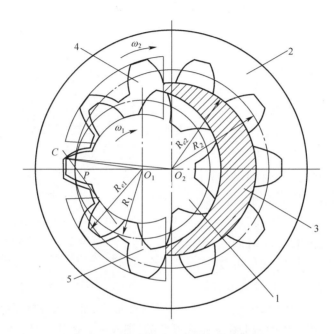

图 4-9 内啮合齿轮泵工作原理
1—小齿轮(主动齿轮);2—内齿轮(从动齿轮);3—月牙板;4—吸油腔;5—压油腔。

第四节　叶片泵

叶片泵具有结构紧凑、体积小、流量均匀、运动平稳、噪声小、使用寿命较长、容积效率较高等优点。一般叶片泵的工作压力为 $70×10^5$Pa,流量为 4~200L/min。叶片泵广泛应用于完成各种中等负荷的工作,由于它流量脉动小,故在金属切削机床液压传动中,尤其是在各种需调速的系统中,更有优越性。但它也存在着结构复杂、吸油能力差、对油液污染较敏感等缺点。

在锻压机械中,常采用大流量的叶片泵与柱塞式高压泵并联,以增加系统的中低压压力级的流量,提高油压机的空程及回程速度。

叶片泵根据工作原理可分为单作用式及双作用式两类。单作用式的可做成各种变量型,但主要零件在工作时要受径向不平衡力的作用,工作条件较差。双作用式的不能变量,但径向力是平衡的,工作情况较好,应用较广。

一、单作用叶片泵

1. 单作用叶片泵的结构和工作原理

如图4-10所示,单作用叶片泵主要由转子3、定子4、叶片5、配油盘1、传动轴2和壳体6等零件组成。转子具有圆柱形的外表面,其上有均布槽,矩形叶片安放在转子槽内,并可在槽内自由滑动。定子具有圆柱形的内表面。转子中心相对定子中心有个偏心距e。当转子回转时,叶片靠自身的离心力紧贴定子的内表面,并在转子槽内往复运动。当叶片泵建立压力后,处于高压区的叶片底部还通有压力油,以平衡叶片顶部的压力。

从图4-10中可以看出,转子、定子、叶片、配油盘形成了若干个密封工作容积。当转子按图示方向旋转时,泵的右侧叶片逐渐向外伸,相邻两叶片间的密封工作容积逐渐增大,形成局部真空,油液被吸入,为吸油过程;左边的叶片被定子的内表面逐渐压进槽内,两相邻叶片间的密封工作容积逐渐减小,将工作油液从压油口压出,形成压油过程。在吸油腔和压油腔之间有一段封油区,由配油盘把吸、压油腔隔开,这是过渡区。当转子不断旋转时,泵就不断吸油和压

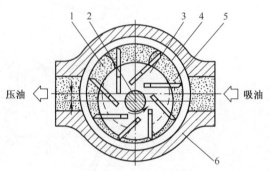

图4-10 单作用叶片泵的工作原理
1—配油盘;2—传动轴;3—转子;
4—定子;5—叶片;6—壳体。

油。这种叶片泵,当转子每转一周,每个叶片实现吸油、压油一次,因此叫单作用叶片泵。若在结构上把转子和定子的偏心距e做成可变的,则成为变量叶片泵。偏心距e增大,流量就增大,反之就减小。在实际应用中,单作用叶片泵往往做成变量泵。

综上所述,其工作原理可归纳如下:

(1)由转子、定子、配油盘和叶片组成若干个密封工作腔。

(2)由于转子与定子间存在偏心距e,当转子旋转时,叶片向外伸,密封容积由小变大,形成局部真空,为吸油过程;叶片向里缩,密封容积由大变小,为压油过程。

(3)配油盘把吸、压油腔严格分开,起到配油装置的作用。

单作用叶片泵的优点是结构简单,还易于实现变量控制。它的缺点是作用在转子上的液压力不平衡,从而使轴和轴承上承受很大的径向负载,使轴承磨损大,泵寿命短,单作用叶片泵也称为单作用非卸荷式叶片泵,一般其使用压力不大于7MPa。

2. 单作用叶片泵的排量和流量计算

单作用叶片泵的排量为

$$V = 2\pi beD \tag{4-15}$$

单作用叶片泵的理论流量和实际流量分别为

$$q_t = 2\pi Debn \tag{4-16}$$

$$q_p = 2\pi Debn\eta_V \tag{4-17}$$

式中　D——定子内径;
　　　e——转子与定子的偏心距;
　　　b——叶片宽度;
　　　n——泵的转速;
　　　η_V——泵的容积效率。

3. 单作用叶片泵的特点

(1) 改变定子和转子之间的偏心距,便可调节泵的输出流量。偏心反向时,吸油、压油方向也相反。

(2) 泵的瞬时流量是脉动的,泵内叶片数越多,流量脉动率越小。此外,叶片数为奇数的叶片泵的脉动率比叶片数为偶数的叶片泵的脉动率小,所以单作用叶片泵的叶片数一般为 13 片或 15 片。

(3) 为了减少叶片与定子间的磨损,叶片底部油槽采取在压油区通压力油,在吸油区与吸油腔相通的结构形式,因此叶片的底部和顶部所受的液压力是平衡的。这样,叶片的向外运动主要靠旋转时所受到的惯性力。根据力学分析,叶片后倾一个角度更利于叶片在惯性力作用下向外伸出。通常后倾角为 24°。

二、变量叶片泵

变量叶片泵是可以调节流量的单作用式叶片泵。它是靠改变定子与转子间偏心距 e 来调节泵的流量的。变量叶片泵有单向调节和双向调节两种,单向调节只能改变流量的大小,双向调节除能改变流量大小外,还能改变液流的方向。

单向变量泵根据偏心距 e 改变的方法不同,分手动调节和自动调节两种。根据自动调节后泵的压力、流量特性的不同,又可分为限压式、恒流量式(其输油量基本上不随压力的高低而变化)和恒压式(其调定压力基本上不随泵的流量变化而变化)三类。本书只介绍常用的限压式变量泵。

1. 结构组成

图 4-11 为外反馈限压式变量叶片泵工作原理及结构简图。该泵主要由压力弹簧 1、定子 2(可以左右移动,其中心为 O_1)、转子 3(与定子偏心,在图示情况下,转子相对定子向左偏心,其中心为 O)、叶片 4、反馈柱塞 5、滚针支承 6 等零件组成。

2. 工作原理

如图 4-11 所示,定子在压力弹簧预紧力 F_s 的作用下移向右端,紧靠在反馈柱塞的端面上并由反馈柱塞定位。此时,定子和转子的偏心距为 e_0,称为初始偏心距。当转子按图示方向旋转时,转子的下半部分为吸油区,上半部分为压油区,压力油的合力把定子向上压在滑块滚针支承上。由于泵的压油腔与反馈柱塞的油腔相通,所以二者油压力相等。若泵的出口(压油腔)压力为 p_p,反馈柱塞的承压面积为 A_x,则作用于定子右端的反馈力为 $p_p A_x$,当 $p_p A_x < F_s$ 时,定子不动,此时偏心距为初始值 e_0,亦是偏心距最大值即 $e_0 = e_{max}$,泵的输出流量亦是最大值。当泵的出口压力升高到使 $p_p A_x > F_s$ 时,反馈力克服弹簧预紧力,把定子推向左移,直到弹簧力增加到某一数值时为止。这时偏心距 e_0 减小到 e_x,泵的输出流量也随之减少。泵的压力越高,e_x 越小,输出流量也越少。当泵的出口压力增大到使泵的偏心距所产生的流量全部用于补偿泄漏时,泵的输出流量为零。此时不管负载再怎样加大,泵的输出压力不会再升高。这就是这种泵被称为限压式变量叶片泵的由来。反之,若外界负载减少,泵的偏心距 e_x 则增加,输出流量随之增加。可见外反馈限压式变量叶片泵输出的流量是随着负载的大小变化自动调节的。与内反馈式叶片泵不同的是,这种泵是把泵的出口(输出)压力通过反馈柱塞从外面加到(反馈到)定子上,故称外反馈变量叶片泵。

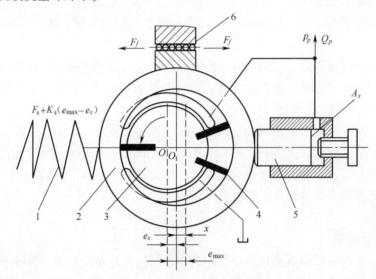

图 4-11　外反馈限压式变量叶片泵
1—压力弹簧;2—定子;3—转子;4—叶片;5—反馈柱塞;6—滚针支承。

三、双作用叶片泵

1. 双作用叶片泵的工作原理

图 4-12 所示为双作用叶片泵的工作原理。它的作用原理和单作用叶片泵相似,不同之处只在于定子内表面是由两段长半径圆弧、两段短半径圆弧和四段过渡曲线八个部分组成,且定子和转子是同心的。在图示转子顺时针方向旋转的情况下,密封工作腔的容积在左上角和右下角处逐渐增大,为吸油区,在左下角和右上角处逐渐减小,为压油区;吸油区和压油区之间有一段封油区把它们隔开。这种泵的转子每转一转,每个密封工作腔完成吸油和压油动作各两次,所以称为双作用叶片泵。泵的两个吸油区和两个压油区是径向对称的,作用在转子上的液压力径向平衡,所以又称为平衡式叶片泵。

2. 双作用叶片泵的流量计算

双作用叶片泵的实际输出流量用下式计算:

$$q = 2b\left[\pi(R^2 - r^2) - \frac{R-r}{\cos\theta}sz\right]n\eta_V \tag{4-18}$$

式中　R、r——定子圆弧部分的长、短半径;
　　　θ——叶片的倾角;
　　　z——叶片数;

s——叶片厚度；

其余符号意义同前。

双作用叶片泵如不考虑叶片厚度，则瞬时流量应是均匀的。但实际上叶片是有厚度的，长半径圆弧和短半径圆弧也不可能完全同心，尤其是当叶片底部槽设计成与压油腔相通时，泵的瞬时流量仍将出现微小的脉动，但其脉动率较其他形式的泵（螺杆泵除外）小得多，且在叶片数为 4 的倍数时最小。为此双作用式叶片泵的叶片数一般都取 12 片或 16 片。

3. 双作用叶片泵的结构特点

(1) 定子曲线合理过渡。定子内表面的曲线由四段圆弧和四段过渡曲线所组成，见图 4-13。理想的过渡曲线不仅应使叶片在槽中滑动时的径向速度和加速度变化均匀，而且应使叶片转到过渡曲线和圆弧交接点处的加速度突变不大，以减小冲击和噪声。目前，双作用叶片泵一般都使用综合性能较好的"等加速-等减速"曲线作为过渡曲线。在国外，有些叶片泵采用了三次以上的高次曲线作为过渡曲线。

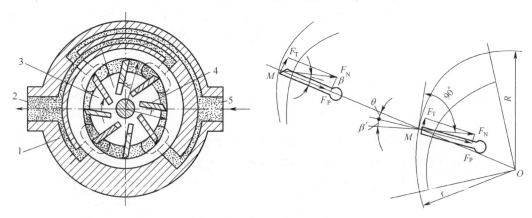

图 4-12 双作用叶片泵的工作原理
1—定子；2—压油盖；3—转子；4—叶片；5—吸油器。

图 4-13 双作用叶片泵的叶片倾角

(2) 径向作用力平衡。由于双作用叶片泵的吸油、压油口对称分布，所以转子和轴承上所承受的径向作用力是平衡的。

(3) 叶片设置倾角。当双作用叶片泵工作时，压油腔的叶片从过渡曲线的长半径 R 向短半径 r 滑动，定子的内表面将叶片压入转子槽内。叶片与定子内表面接触有一压力角 β，且大小是变化的，即从零逐渐增加到最大，又从最大逐渐减小到零，因此在双作用叶片泵中，将叶片顺着转子转动方向前倾一个 θ 角，从而使压力角减小为 β'，这样就可以减小侧向力 F_T，使叶片在槽中移动灵活，并可减小磨损，如图 4-13 所示。根据双作用叶片泵定子内表面的几何参数，其压力角的最大值 $\beta_{max} \approx 24°$，一般取 $\theta = \frac{1}{2}\beta_{max}$，即通常叶片的倾角可取 10°～14°。应当指出，近年的研究成果表明，叶片倾角并非完全必要，某些高压双作用叶片泵的转子槽是径向的，且使用情况良好。

4. 双作用叶片泵的优缺点

双作用叶片泵的优点有以下几方面：

(1) 流量均匀，运转平稳，噪声小。

(2) 转子所受径向液压力彼此平衡，轴承使用寿命长，耐久性好。

(3)容积效率较高,可达95%以上。

(4)工作压力较高。目前双作用叶片泵的工作压力为6.86~10.3MPa,有时可达20.6MPa。

(5)结构紧凑,外形尺寸小且排量大。

双作用叶片泵的缺点有以下几方面:

(1)叶片易咬死,工作可靠性差,对油液污染敏感,故要求工作环境清洁,油液要求严格过滤。

(2)结构较齿轮泵复杂,零件制造精度较高。

(3)要求吸油的可靠转速在8.3~25r/s范围内。如果转速低于8.3r/s,因离心力不够,叶片不能紧贴在定子内表面,不能形成密封良好的封闭容积,从而吸不上油。如果转速太高,由于吸油速度太快,会产生气穴现象,也吸不上油,或吸油不连续。

5. 叶片泵的使用

叶片泵主要用于中压、中速、精度要求较高的液压系统中。在机床液压系统中应用广泛;在工程机械中,由于工作环境不清洁,应用较少。使用叶片泵时应注意以下几个问题:

(1)叶片泵安装前应以煤油进行清洗,并要进行压力和效率试验,合格后才可安装。

(2)叶片泵与电动机连接的同轴度要求较高。

(3)叶片泵不得用V形带传动。

(4)叶片在使用中不得有卡死现象,装修时不得把叶片倾角方向装反。

(5)叶片泵的入口、出口和旋转方向,一般在泵上均有标注,不得反接。

(6)叶片泵具有一定的吸入能力,其吸入口高度不得超过液面0.5m。

第五节 柱 塞 泵

柱塞式液压泵是靠柱塞的往复运动,改变柱塞腔内的容积来实现吸、压油的。柱塞式液压泵由于其主要零件柱塞和缸体均为圆柱形,具有加工方便、配合精度高、密封性能好、工作压力高、容易实现变量等优点。缺点是对油液污染敏感,滤油精度要求高,对材料和加工质量要求高,使用和维修要求比较严,价格比较贵。这类泵常用于压力加工机械、起重运输机械、工程机械、冶金机械、船舶甲板机械、火炮和空间技术等领域。

柱塞泵的种类繁多。柱塞泵的工作机构——柱塞相对于中心线的位置决定了是径向泵还是轴向泵的基本形式:前者柱塞垂直于缸体轴线,沿径向运动;后者柱塞平行于缸体轴线,沿轴向运动。柱塞泵的传动机构是否驱动缸体转动又决定了泵的配流方式:缸体不动——阀配流;缸体转动的径向泵——轴配流;缸体转动的轴向泵——端面配流。泵的配流方式又决定了泵的变量方式:轴配流和端面配流易于实现无级变量,阀配流则难以实现无级变量。无级变量泵有利于液压系统实现功率调节和无级变速,并节省功率消耗,因此获得广泛应用。以下主要介绍轴配流和端面配流的柱塞泵。

一、径向柱塞泵

图4-14为径向柱塞泵的工作原理。柱塞5径向安装在转子(缸体)2内,并可在其

中自由滑动,衬套4压紧在转子孔内,随转子一起转动。配流轴3是固定不动的,当转子顺时针方向旋转时,柱塞和转子一起旋转,并在离心力作用下紧压在定子内壁上。由于转子2和定子1间有偏心距e,故柱塞随转子转动到上半周时,逐渐向外伸出,径向孔内的密封容积逐渐加大,产生局部真空,油箱中的油液在大气压力的作用下,经配流轴上的a腔吸入;柱塞随转子转到下半周时,逐渐往里移动,径向孔内的密封容积逐渐缩小,将油液从配油轴上的b腔向外压出。转子每转一转,柱塞在每个径向孔内吸油、压油各一次。移动定子改变偏心距e,就可改变泵的排量。若改变径向柱塞泵偏心距的方向,就可改变输油方向。

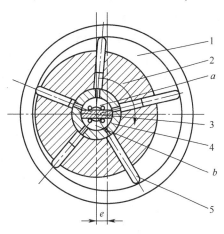

图4-14 轴配流径向柱塞泵工作原理
1—定子;2—转子;3—配流轴;
4—衬套;5—柱塞。

径向柱塞泵与轴向柱塞泵相比,效率较低,径向尺寸大,转动惯量大,自吸能力差,且配流轴受到径向不平衡液压力的作用,易于磨损,这些都限制了它的转速和压力的提高,故应用范围较小。常用于拉床、压力机或船舶等高压大流量系统。

二、轴向柱塞泵

轴向柱塞泵按结构特点可分为直轴式轴向柱塞泵和斜轴式轴向柱塞泵。直轴式(亦称倾斜盘式)轴向柱塞泵的缸体轴线与传动轴轴线相重合,如图4-15(a)所示。斜轴式(亦称倾斜缸式)轴向柱塞泵缸体轴线与传动轴轴线相交成一定的角度,如图4-15(b)所示。

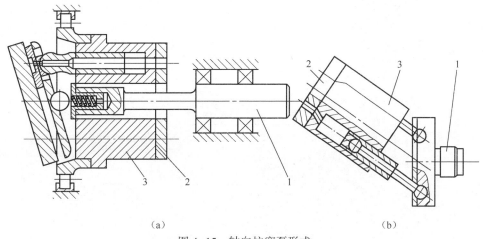

(a) (b)
图4-15 轴向柱塞泵形式
(a)直轴式;(b)斜轴式。
1—主传动轴;2—配油装置;3—缸体。

1. 直轴式轴向柱塞泵

(1) 直轴式轴向柱塞泵的工作原理。如图4-16所示,柱塞2轴向均布在缸体3上,并能在其中自由滑动,斜盘1和配流盘4固定不动,传动轴5带动缸体3和柱塞2旋转。

柱塞靠机械装置或在低压油的作用下始终紧靠在斜盘上。当缸体按顺时针方向旋转时，柱塞在自下向上回转的半周内逐渐向外伸出，使缸体孔内密封工作容积不断增大而产生真空，油液便从配流口 a 吸入；柱塞在自上而下回转的半周内又逐渐往里推入，将油液经配流口 b 逐渐向外压出。缸体每转一转，柱塞往复运动一次，完成一次吸油和压油。改变斜盘倾角 θ，就可改变柱塞往复运动行程大小，从而改变了泵的排量。

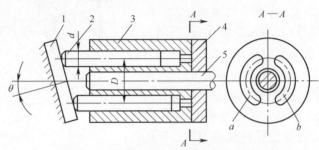

图 4-16　直轴式轴向柱塞泵工作原理
1—斜盘；2—柱塞；3—缸体；4—配流盘；5—传动轴。

（2）SCY14-1B 型轴向柱塞泵的结构。如图 4-17 所示，它是高压斜盘式轴向泵中应用较广的柱塞泵。工作压力为 32MPa，排量为 10~250L/min。由传动轴 1 带动缸体 3 转动。中心弹簧 4 一方面把缸体 3 压向配流盘 2，以保证它们之间的预封力；另一方面通过回程盘 7 将滑靴 6（连同柱塞 5）压向斜盘 8。当缸体转动时，滑靴在斜盘上滑动，柱塞 5 在缸孔内往复运动，油流经通道口进入配流盘和缸孔，然后通过配流盘上的另一通道排出。当转动手轮 11 时，调节螺杆 10 转动，带动变量活塞 9 上下运动，使销轴 12 带动变量斜盘 8 绕 O 点转动，从而改变了斜盘倾角 θ 的大小，实现了泵的变量。

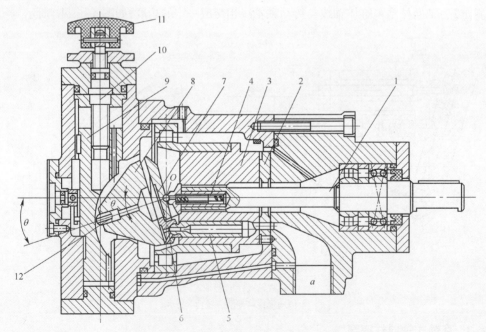

图 4-17　SCY14-1B 型轴向柱塞泵的结构
1—传动轴；2—配流盘；3—缸体；4—中心弹簧；5—柱塞；6—滑靴；7—回程盘；
8—斜盘；9—变量活塞；10—调节螺杆；11—手轮；12—销轴。

2. 斜轴式轴向柱塞泵

（1）斜轴式轴向柱塞泵的工作原理。如图 4-18 所示为用连杆传动的斜轴式轴向柱塞泵的工作原理图。图中缸体 3 与传动轴 1 通过中心杆 6 连接起来，且缸体轴线与传动轴线的夹角为 γ。这样，当传动轴转动时，通过中心杆 6 带动缸体旋转，迫使连杆 2 带动柱塞 4 在柱塞腔里做往复直线运动，完成吸油、压油过程。改变缸体轴线与传动轴线的夹角 γ，就可改变柱塞往复行程大小，从而改变了泵的排量。另外，它可采用平面配流盘 5a 配流，也可采用球面配流盘 5b 配流。

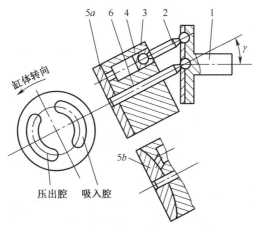

图 4-18 斜轴式轴向柱塞泵工作原理图
1—传动轴；2—连杆；3—缸体；4—柱塞；5a—平面配流盘；5b—球面配流盘；6—中心连杆。

（2）A7V 型恒功率轴向柱塞变量泵的结构。如图 4-19 所示，在变量机构中，变量

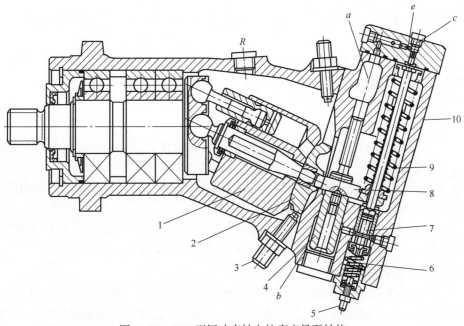

图 4-19 A7V 型恒功率轴向柱塞变量泵结构
1—缸体；2—配流盘；3—限位螺钉；4—变量活塞；5—调整螺钉；
6—变量弹簧；7—控制阀芯；8—拨销；9—反馈弹簧；10—变量壳体。

活塞4是一个阶梯状的柱塞。上端直径较细,而下端直径较粗,并打一个横孔穿有拨销8,拨销左端与球面配油盘2的中心孔相配合,而右端套在反馈弹簧9的导杆上。当变量活塞4上下运动时,拨销带动缸体1绕其中心沿着变量壳体上的圆弧形滑道滑动。工作时,变量活塞4的上腔a与泵的高压油相通,变量活塞带动拨销推配油盘和缸体1处于最大偏角位置。同时高压油通过固定节流孔e与控制阀心导杆顶端c腔互通,当油压作用力超过反馈弹簧9和变量弹簧6的预压力的合力时,导杆向下运动推动控制阀芯7打开,压力油进入变量活塞的大腔(b腔),由于变量柱塞的面积差,使4向上运动,并带动拨销8推动配油盘和缸体绕其中心逆时针摆动,减小倾角γ,从而减少泵的输出流量。与此同时,拨销又压缩弹簧9,推动导杆带动控制阀芯向上移动复位,关闭进入b腔的油口,实现了位置反馈。变量柱塞稳定在一定位置上,缸体获得一个固定的摆角,泵输出一定的流量。当泵的压力继续升高时,上述过程再次重复,泵的输出流量进一步减少。因此,泵的输出流量随压力而变,始终保持流量和压力的乘积不变,称为恒功率变量泵。

在A7V型变量泵中,更换不同的变量机构,可以得到不同的变量方式。该泵有恒功率、恒压、电液比例、手动四种变量形式。变量机构能使缸体倾斜角在8°范围内变化。如配以9°弯角的壳体,则倾斜角可在0°~18°范围内变化;若配以16°弯角的壳体,则倾角可在7°~25°范围内变化,实现零部件的高度通用化。

A7V型泵多用于开式油路。其他类型的斜轴式泵在体积、重量、成本等方面与斜盘式泵相比处于劣势,但A7V型泵与开式油路用的斜盘泵相比,在性能、体积、重量和成本等方面都不相上下,给斜轴泵的应用开辟了新的途径。

斜轴式轴向柱塞泵发展较早,构造成熟,与直轴式轴向柱塞泵相比,有以下一些特点:

① 柱塞是由连杆带动运动的,所受径向力很小,因此允许缸体有较大摆动角,γ可达25°。

② 缸体受到的倾倒力矩很小,缸体端面与配油盘贴合均匀。泄漏损失小,容积效率高;摩擦损失小,机械效率高。

③ 结构坚固,抗冲击性能好。

④ 对油的过滤精度要求低。

⑤ 由于须采用大容量推力轴承来承受偏心轴向载荷,而轴承寿命低,成为泵的薄弱环节。

⑥ 缸体与传动轴在转动时存在转速差,因而在大容量时,允许转速低。利用摆缸变量,结构复杂,尺寸和重量都大,成本高。

轴向柱塞泵的径向尺寸小,结构紧凑,转动惯量小,易于实现变量,容积效率较高。常用于高压系统,其最高压力32MPa。但结构较复杂,对油液污染十分敏感。

3. 轴向柱塞泵的排量和流量计算

柱塞泵的流量计算以单位时间内柱塞腔的变化量为依据。若柱塞直径为d、柱塞分布圆直径为D、柱塞数为z、柱塞行程为s($s = D\tan\gamma$)、斜盘工作表面的倾角为γ时,轴向柱塞泵的排量为

$$V = \frac{\pi}{4}d^2 D\tan\gamma z \qquad (4-19)$$

设泵的转速为 n，容积效率为 η_v，则泵的流量计算公式为

$$q = \frac{\pi}{4}d^2 D \tan\gamma z n \eta_v \qquad (4-20)$$

除了上述各种不同类型的柱塞泵外，随着科学技术的发展和生产实际的需要，近年来还出现了许多性能优良或具有专门用途的柱塞泵，如可进行不同变量形式控制的通轴泵，动力消耗较少、成本较低的轻型泵以及节约能源的高水基泵，既节省能源又保护环境的纯水泵等。

第六节　液压泵的噪声与控制

噪声对人们的健康十分有害，随着工业生产的发展，工业噪声对人们的影响越来越严重，已引起人们的关注。目前液压技术正向着高压、大流量和大功率的方向发展，产生的噪声也随之增加，而在液压系统中的噪声，液压泵的噪声占有很大的比重。因此，研究减小液压系统的噪声，特别是液压泵的噪声，已引起液压界广大工程技术人员、专家学者的重视。

液压泵的噪声大小和液压泵的种类、结构、大小、转速以及工作压力等很多因素有关。

一、产生噪声的原因

(1) 泵的流量脉动和压力脉动，造成泵构件的振动。这种振动有时还可产生谐振。谐振频率可以是流量脉动频率的 2 倍、3 倍或更大，泵的基本频率及其谐振频率若和机械的或液压的自然频率相一致，则噪声便大大增加。研究结果表明，转速增加对噪声的影响一般比压力增加还要大。

(2) 泵的工作腔从吸油腔突然与压油腔相通，或从压油腔突然和吸油腔相通时，产生油液流量和压力突变，产生噪声。

(3) 空穴现象。当泵吸油腔中的压力小于油液所在温度下的空气分离压时，溶解在油液中的空气要析出而变成气泡，这种带有气泡的油液进入高压腔时，气泡被击破，形成局部的高频压力冲击，从而引起噪声。

(4) 泵内流道具有截面突然扩大和收缩、急拐弯，通道截面过小而导致液压湍流、旋涡及喷流，使噪声加大。

(5) 由于机械原因，如转动部分不平衡、轴承不良、泵轴的弯曲等机械振动引起的机械噪声。

二、降低噪声的措施

(1) 减少和消除液压泵内部油液压力的急剧变化。
(2) 可在液压泵的出口设置消声器，吸收液压泵流量及压力脉动。
(3) 当液压泵安装在油箱上时，使用橡胶垫减振。
(4) 压油管用高压软管，对液压泵和管路的连接进行隔振。
(5) 采用直径较大的吸油管，减小管道局部阻力，防止液压泵产生空穴现象；采用大容量的吸油过滤器，防止油液中混入空气；合理设计液压泵，提高零件刚度。

例 题

例 4-1 定量叶片泵转速 $n=1500\text{r/min}$,在输出压力为 $63\times10^5\text{Pa}$ 时,输出流量为 53L/min,这时实测泵轴消耗功率为 7kW;当泵空载卸荷运转时,输出流量 56L/min,试求该泵的容积效率 η_V 及总效率 η。

解:取空载流量作为理论流量 q_t,可得

$$\eta_V = \frac{q}{q_\text{t}} = \frac{53}{56} = 0.946$$

泵的输出功率可由下式求得:$P_\text{sc} = p \cdot q = 63\times10^5\times53\times\dfrac{10^{-3}}{60}(\text{W}) = 5565\text{W} = 5.56\text{kW}$

总效率 η 为输出功率 P_sc 和输入功率 P_sr 之比:

$$\eta = \frac{P_\text{sc}}{P_\text{sr}} = \frac{5.565}{7} = 0.795$$

例 4-2 某液压泵铭牌上标有转速 $n=1450\text{r/min}$,其额定流量 $q_\text{s}=60\text{L/min}$,额定压力 $p_\text{H}=80\times10^5\text{Pa}$,泵的总效率 $\eta=0.8$,试求:

(1) 该泵应选配的电动机功率;

(2) 若该泵使用在特定的液压系统中,该系统要求泵的工作压力 $p=40\times10^5\text{Pa}$,该泵应选配的电动机功率。

解:驱动液压泵的电动机功率的确定,应按照液压泵的使用场合进行计算。当不明确液压泵在什么场合下使用时,可按铭牌上的额定压力、额定流量值进行功率计算;当泵的使用压力已经确定,则应按其实际使用压力进行功率计算。

(1) 因为不知道泵的实际使用压力,故选取额定压力进行功率计算:

$$P = \frac{p_\text{H} \cdot q_\text{s}}{\eta} = \frac{80\times10^5\times60\times10^{-3}}{0.8\times60}(\text{W}) = 10\times10^3\text{W} = 10\text{kW}$$

(2) 因为泵的实际工作压力已经确定,故选取实际使用压力进行功率计算:

$$P = \frac{p \cdot q_\text{s}}{\eta} = \frac{40\times10^5\times60\times10^{-3}}{0.8\times60}(\text{W}) = 5\times10^3\text{W} = 5\text{kW}$$

例 4-3 双作用式叶片泵的结构尺寸参数为:定子长圆弧半径 $R=33.5\text{mm}$,短圆弧半径 $r=29\text{mm}$,叶片厚度 $s=2.25\text{mm}$,叶片宽 $b=21\text{mm}$,叶片在转子中的倾斜角 $\theta=13°$,叶片数 $z=12$,其转速 $n=950\text{r/min}$,工作压力 $p=63\times10^5\text{Pa}$,容积效率 $\eta_V=0.85$,总效率 $\eta=0.75$。试求:

(1) 泵的理论流量和实际流量;

(2) 泵所需的驱动功率。

解:考虑叶片厚度时,双作用式叶片泵的排量计算式为

$$V = 2b\left[\pi(R^2 - r^2) - \frac{R-r}{\cos\theta}\cdot s\cdot z\right]$$

$$= 2\times2.1\times\left[3.14\times(3.35^2 - 2.9^2) - \frac{3.35-2.9}{\cos13°}\times0.225\times12\right](\text{cm}^3/\text{r})$$

$= 31.92 \text{cm}^3/\text{r}$

理论流量：$q_t = V \cdot n = 31.92 \times 950 \times 10^{-3} (\text{L/min}) = 30.3 \text{L/min}$

实际流量：$q = q_t \cdot \eta_V = 30.3 \times 0.85 (\text{L/min}) = 25.81 \text{L/min}$

泵所需的驱动功率为

$$p = \frac{p \cdot q}{\eta} = \frac{63 \times 10^5 \times 25.8 \times 10^{-3}}{60 \times 0.75} (\text{W}) = 3612\text{W} = 3.61\text{kW}$$

例 4-4 某齿轮泵其额定流量 $q_s = 100\text{L/min}$，额定压力 $p_s = 25 \times 10^5 \text{Pa}$，泵的转速 $n = 1450\text{r/min}$，泵的机械效率 $\eta_m = 0.9$，由试验测得，当泵的出口压力 $p = 0$ 时，其流量 $q_1 = 107\text{L/min}$，试求：

(1) 该泵的容积效率 η_V；

(2) 当泵的转速 $n' = 500\text{r/min}$ 时，估计泵在额定压力下工作时的流量 q' 是多少，该转速下泵的容积效率 η_V'；

(3) 两种不同转速下，泵所需的驱动功率。

解：(1) 通常将零压下泵的输出流量视为理论流量。故该泵的容积效率为

$$\eta_V = \frac{q_s}{q_1} = \frac{100}{107} = 0.93$$

(2) 泵的排量是不随转速变化的，可得 $V = \frac{q_1}{n} = \frac{107}{1450} (\text{L/r}) = 0.074\text{L/r}$。故 $n' = 500\text{r/min}$ 时，其理论流量为 $q_t' = V \cdot n' = 0.074 \times 500 (\text{L/min}) = 37 \text{L/min}$。

齿轮泵的泄漏渠道主要是端面泄漏，这种泄漏属于两平行圆盘间隙的差压流动（忽略齿轮端面与端盖间圆周运动所引起的端面间隙中的液体剪切流动），由于转速变化时，其压差 Δp、轴向间隙 δ 等参数均未变，故其泄漏量与 $n = 1450\text{r/min}$ 时相同，其值为 $\Delta q = q_1 - q_s = 107 - 100 = 7\text{L/min}$。所以，当 $n' = 500\text{r/min}$ 时，泵在额定压力下工作时的流量 q' 为 $q' = q_t' - \Delta q = (37 - 7)(\text{L/min}) = 30\text{L/min}$。其容积效率

$$\eta_V' = \frac{q'}{q_t'} = \frac{30}{37} = 0.81$$

(3) 泵所需的驱动功率：

$n = 1450\text{r/min}$ 时

$$P = \frac{p \cdot q_s}{\eta_m \cdot \eta_V} = \frac{25 \times 10^5 \times 100 \times 10^{-3}}{60 \times 0.9 \times 0.93} (\text{W}) = 4987\text{W} = 4.98\text{kW}$$

$n = 500\text{r/min}$ 时，假设机械效率不变，$\eta_m = 0.9$

$$P' = \frac{p \cdot q'}{\eta_m \cdot \eta_V'} = \frac{25 \times 10^5 \times 30 \times 10^{-3}}{60 \times 0.9 \times 0.81} (\text{W}) = 1715\text{W} = 1.72\text{kW}$$

习 题

1. 为什么说液压泵的工作压力取决于负载？

2. 在实践中应如何选用液压泵?

3. 某组合机床动力滑台采用双联叶片泵 YB-40/6,快速进给时两泵同时供油,工作压力为 $10×10^5$Pa,工作进给时大流量泵卸荷(卸荷压力为 $3×10^5$Pa)[注:大流量泵输出的油通过左方的阀回油箱],由小流量泵供油,压力为 $45×10^5$Pa,若泵的总效率为 0.8,求该双联泵所需的电动机功率是多少?

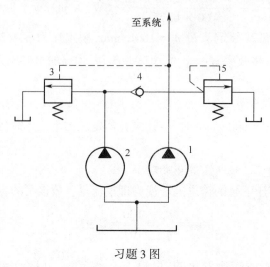

习题 3 图

4. 某液压泵输出油压 $p = 200×10^5$Pa,液压泵转速 $n = 1450$r/min,排量 $V = 100$cm^3/r,已知该泵容积效率 $\eta_V = 0.95$,总效率 $\eta = 0.9$,试求:

(1) 该泵输出的液压功率;

(2) 驱动该泵的电机功率。

5. 某液压泵铭牌上的压力 $p_H = 6.3$MPa,工作阻力 $F = 45$kN,双活塞杆式液压缸的有效工作面积 $A = 90$cm^2,管路较短,压力损失取 $\Delta p = 0.5$MPa,问该液压泵的输出压力为多少?所选用的液压泵是否满足要求?

6. 某液压泵的额定压力为 $200×10^5$Pa,额定流量 $q_s = 20$L/min,泵的容积效率 $\eta_V = 0.95$,试计算泵的理论流量和泄漏量的大小。

7. 设液压泵转速为 950r/min,排量为 $V_p = 168$mL/r,在额定压力 $295×10^5$Pa 和同样转速下,测得的实际流量为 150L/min,额定工况下的总效率为 0.87,求:

(1) 泵的理论流量 q_t;

(2) 泵的容积效率 η_V;

(3) 泵的机械效率 η_m;

(4) 泵在额定工况下,所需电动机驱动功率;

(5) 驱动泵的转矩。

8. 某液压泵输出油压 $p = 10$MPa,$n = 1450$r/min,泵的排量 $V_p = 46.2$mL/r,容积效率 $\eta_V = 0.95$,总效率 $\eta = 0.9$,求驱动该泵所需电动机的功率 P_{sr} 和泵的输出功率 P_{sc}?

9. 已知齿轮的齿轮模数 $m = 3$,齿数 $Z = 15$,齿宽 $b = 25$mm,转速 $n = 1450$r/min,在额定压力下输出流量 $q = 25$L/min,求该泵的容积效率 η_V。

第五章 液压系统的执行元件

液压系统的执行元件包括液压缸与液压马达,它们的职能是将液压能转换成机械能。液压泵类似发电机,执行元件类似电动机。

液压缸的输入量是液体的流量和压力,输出量是直线速度和力,液压缸的活塞能完成直线往复运动,输出的直线位移是有限的。

液压马达也是液压执行元件,输入的是液体的流量和压力,输出的是转矩和角速度。它输出的角位移是无限的。

第一节 液 压 缸

液压缸是用来实现直线往复运动的执行元件,其结构简单,制造容易,工作可靠,应用广泛。

一、液压缸的分类方式

按作用方式不同,液压缸可分为单作用式和双作用式两大类。在单作用式液压缸中,压力油只供入液压缸的一腔,利用液压力推动活塞向着一个方向运动,而反向运动则依靠重力、弹簧力等外力实现。在双作用式液压缸中,压力油交替供入液压缸两腔,其正、反两个方向的运动都依靠液压力来实现。

按不同的使用压力,液压缸又可分为中低压、中高压和高压液压缸。对于机床类机械一般采用中低压液压缸,其额定压力为 $2.5 \sim 6.3$ MPa;对于要求体积小、重量小、输出力大的建筑车辆和飞机多数采用中高压液压缸,其额定压力为 $10 \sim 16$ MPa;对于油压机一类机械,大多数采用高压液压缸,其额定压力为 $25 \sim 31.5$ MPa。

按结构形式的不同,液压缸可分为活塞式、柱塞式、摆动式、伸缩式等。活塞缸和柱塞缸实现往复运动,输出推力和速度,摆动缸则能实现小于 360° 的往复运动,输出转矩和角速度。液压缸除单个使用外,还可以几个组合起来或与其他机构组合起来,以实现特殊功用。

二、液压缸的类型及其特点

1. 活塞式液压缸

活塞式液压缸可分为双杆式和单杆式两种结构形式,其安装方式有固定缸(缸定)式和固定活塞杆(杆定)式两种形式。

1) 双杆活塞缸

图 5-1 所示为双杆活塞缸的工作原理图,活塞两侧都有活塞杆伸出。当两活塞杆直径相同,供油压力和流量不变时,活塞(或缸体)在两个方向上的运动速度和推力都相

等,即

$$v = \frac{q}{A}\eta_V = \frac{4q\eta_V}{\pi(D^2-d^2)} \tag{5-1}$$

$$F = (p_1-p_2)A\eta_m = \frac{\pi}{4}(D^2-d^2)(p_1-p_2)\eta_m \tag{5-2}$$

式中　v——液压缸的运动速度(m/s);

　　　F——液压缸的推力(N);

　　　η_V——液压缸的容积效率;

　　　η_m——液压缸的机械效率;

　　　q——液压缸的流量(mL/s);

　　　A——液压缸的有效工作面积(m^2),也可看成单位位移排量(m^3/m);

　　　p_1——进油压力(Pa);

　　　p_2——回油压力(Pa);

　　　D——活塞直径,即缸筒直径(m);

　　　d——活塞杆直径(m)。

这种液压缸常用于要求往返运动速度相同的场合,如磨床液压系统。

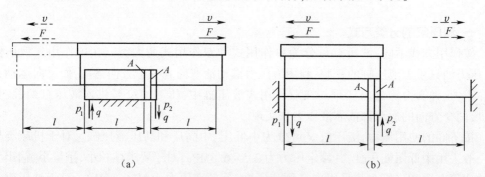

图 5-1　双杆活塞缸
(a)缸体固定;(b)活塞杆固定。

图 5-1(a)为缸体固定式结构,当液压缸的左腔进油,推动活塞向右移动,右腔活塞杆向外伸出,左腔活塞杆向内缩进,液压缸右腔油液回油箱;反之,活塞反向运动。图 5-1(b)为活塞杆固定式结构,当液压缸的左腔进油时,推动缸体向左移动,右腔回油;反之,当液压缸的右腔进油时,缸体则向右运动。这种液压缸常用于中小型设备中。

2) 单杆活塞缸

图 5-2 所示为双作用单活塞杆液压缸,活塞杆只从液压缸的一端伸出,液压缸的活塞在两腔有效作用面积不相等,当向液压缸两腔分别供油,且压力和流量都不变时,活塞在两个方向上的运动速度和推力都不相等,即运动具有不对称性。

如图 5-2(a)所示,当无杆腔进油时,活塞的运动速度 v_1 和推力 F_1 分别为

$$v_1 = \frac{q}{A_1}\eta_V = \frac{4q}{\pi D^2}\eta_V \tag{5-3}$$

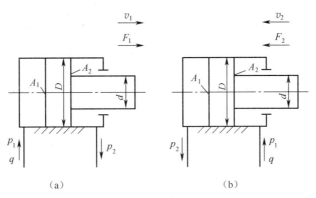

图 5-2 双作用单活塞杆液压缸
(a)向右运动;(b)向左运动。

$$F_1 = (A_1 p_1 - A_2 p_2)\eta_m = \frac{\pi}{4}[D^2 p_1 - (D^2 - d^2)p_2]\eta_m \tag{5-4}$$

如图 5-2(b)所示,当有杆腔进油时,活塞的运动速度 v_2 和推力 F_2 分别为

$$v_2 = \frac{q}{A_2}\eta_V = \frac{4q}{\pi(D^2 - d^2)}\eta_V \tag{5-5}$$

$$F_2 = (A_2 p_1 - A_1 p_2)\eta_m = \frac{\pi}{4}[(D^2 - d^2)p_1 - D^2 p_2]\eta_m \tag{5-6}$$

式中符号意义同式(5-1)、式(5-2),参见图 5-2。

比较上述各式,可以看出 $v_2 > v_1$,$F_1 > F_2$;液压缸往复运动时的速度比为

$$\varphi = \frac{v_2}{v_1} = \frac{D^2}{D^2 - d^2} \tag{5-7}$$

式(5-7)表明,活塞杆直径越小,速度比越接近 1,因此液压缸在两个方向上的速度差值就越小。

如图 5-3 所示,当单杆活塞缸两腔同时通入压力油时,由于无杆腔有效作用面积大于有杆腔的有效作用面积,使得活塞向右的作用力大于向左的作用力,因此,活塞向右运动,活塞杆向外伸出;与此同时,又将有杆腔的油液挤出,使其流进无杆腔,从而加快了活塞杆的伸出速度,单活塞杆液压缸的这种连接方式被称为差动连接。在差动连接时,有杆腔排出流量进入无杆腔,根据流量连续性方程可导出活塞杆的运动速度 v_3 为

$$v_3 = \frac{q}{(A_1 - A_2)}\eta_V = \frac{4q}{\pi d^2}\eta_V \tag{5-8}$$

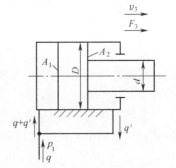

图 5-3 双作用单活塞杆液压缸的差动连接

在忽略两腔连通油路压力损失的情况下,差动连接液压缸的推力 F_3 为

$$F_3 = (A_1 - A_2)p_1 \eta_m = \frac{\pi}{4}d^2 p_1 \eta_m \tag{5-9}$$

由式(5-8)和式(5-9)可知,差动连接时,液压缸的有效作用面积是活塞杆的横截面

积,与非差动连接无杆腔进油工况相比,在输入油压力和流量不变的条件下,活塞杆伸出速度较大,而推力较小。实际应用中,液压传动系统常通过控制阀来改变单活塞杆液压缸的油路连接,使它有不同的工作方式,从而获得快进(差动连接)→工进(无杆腔进油)→快退(有杆腔进油)的工作循环。差动连接是在不增加液压泵容量和功率的条件下,实现快速运动的有效办法,它被广泛应用于组合机床的液压动力滑台和各类专用机床中。

2. 柱塞式液压缸

前面所讨论的活塞式液压缸的应用非常广泛,但这种液压缸由于缸孔加工精度要求很高,当行程较长时,加工难度大,使得制造成本增加。在生产实际中,某些场合所用的液压缸并不要求双向控制,柱塞式液压缸正是满足了这种使用要求的一种价格低廉的液压缸。

如图5-4(a)所示,柱塞缸由缸筒、柱塞、导套、密封圈和压盖等零件组成,柱塞和缸筒内壁只有很小一部分接触,因此缸筒内壁只需粗加工,或不加工即可应用。所以此种液压缸工艺性好,成本低廉,常用于长行程机床,如龙门刨、导轨磨床、大型拉床等。图5-4(a)单柱塞缸只能实现一个方向运动,反向运动要靠外力。

单一的柱塞缸只能制成单作用缸,如果要获得双向运动,可采用图5-4(b)所示的复合式柱塞缸结构,即将两柱塞缸成对使用,每个柱塞缸控制一个方向的运动。柱塞缸的柱塞端面积大小决定了柱塞缸的输出速度和推力。为保证柱塞缸有足够的推力和稳定性,一般柱塞较粗,重量较大,水平安装时易产生单边磨损,故柱塞缸适宜于垂直安装使用。为减轻柱塞的重量,有时柱塞做成空心。

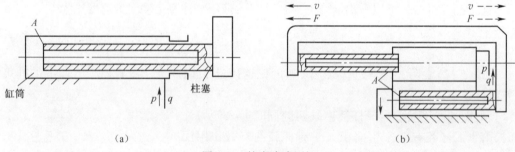

图5-4 柱塞式液压缸

柱塞缸结构简单,制造方便,常用于工作行程较长的场合,如大型拉床、矿用液压支架等。

负载与供液压力、速度与供液流量的平衡关系是液压缸的两个基本方程。由此得到柱塞缸输出速度 v 和输出力 F 的公式如下:

$$v = \frac{q\eta_v}{A} = \frac{4q}{\pi d^2}\eta_v \tag{5-10}$$

$$F = pA\eta_m = p\frac{\pi}{4}d^2\eta_m \tag{5-11}$$

式中 d ——柱塞直径。

3. 摆动式液压缸

摆动式液压缸又称摆动式液压马达,它输出的是转矩,并能实现往复摆动,按结构分类有单叶片和双叶片两种形式,如图 5-5 所示。单叶片式摆动液压缸由定子块 1、缸体 2、摆动轴 3、叶片 4、左右支承盘和左右盖板等主要零件组成。定子块固定在缸体上,叶片和摆动轴固连在一起,当两油口相继通以压力油时,叶片即带动摆动轴做往复摆动,当考虑到机械效率时,单叶片缸的摆动轴输出转矩为

$$T = \frac{b}{2}(R^2 - r^2)(p_1 - p_2)\eta_m \quad (5-12)$$

根据能量守恒原理,结合式(5-12)得输出角速度为

$$\omega = \frac{2q\eta_V}{b(R^2 - r^2)} \quad (5-13)$$

式中 R——缸体内孔半径(m);
r——摆动轴半径(m);
b——叶片宽度(m)。

式中未说明符号同式(5-1)、式(5-2)。

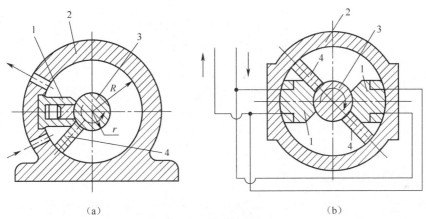

图 5-5 摆动液压缸
(a)单叶片式;(b)双叶片式。
1—定子块;2—缸体;3—摆动轴;4—叶片。

单叶片摆动液压缸的摆角一般不超过 280°,双叶片摆动液压缸的摆角一般不超过 150°。当输入压力和流量不变时,双叶片摆动液压缸摆动轴输出转矩是相同参数单叶片摆动缸的两倍,而摆动角速度则是单叶片的一半。

摆动液压缸的主要特点是结构紧凑、输出转矩大,但密封困难、加工制造比较复杂,一般只用于中低压系统中往复摆动、转位或间歇运动的地方,如回转夹具、分度机构、送料、夹紧等机床辅助装置中。

4. 组合式液压缸

上述内容是液压缸的三种基本形式,为了满足特定的需要,还可以在这三种基本液压缸的基础上构成各种组合式液压缸。

1) 增压液压缸

增压液压缸也称增压器,它能将输入的低压油转变为高压油供液压系统中的高压支

路使用。

增压液压缸如图 5-6 所示。它由有效面积为 A_1 的大液压缸和有效作用面积为 A_2 的小液压缸在机械上串联而成,大缸作为原动缸,输入压力为 p_1,小缸作为输出缸,输出压力为 p_2。若不计摩擦力,根据力平衡关系,可有如下等式:

$$A_1 \cdot p_1 = A_2 \cdot p_2 \tag{5-14}$$

或

$$p_2 = \frac{A_1}{A_2} p_1 \tag{5-15}$$

比值 A_1/A_2 称为增压比,由于 $A_1/A_2 > 1$,压力 p_2 被放大,从而起到增压的作用。由式(5-15)可看出,增压液压缸可使输出的压力升高,但输出的流量却相应减小。换言之,增压液压缸只能增压而不能增功率。

图 5-6 所示液压缸在小活塞运动到终点时,不能再输出高压液体,需要将活塞退回到左端位置,再向右运行时才又输出高压液体,即只能在一次行程中输出高压液体。为了克服这一缺点,可采用双作用液压缸,由两个高压端连续向系统供油。

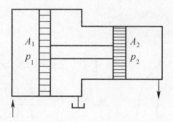

图 5-6 增压液压缸

2) 多级液压缸

多级液压缸又称伸缩缸,它由两级或多级活塞缸套装而成,如图 5-7 所示。

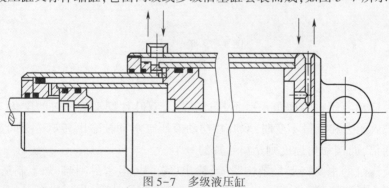

图 5-7 多级液压缸

前一级缸的活塞就是后一级缸的缸套,活塞伸出的顺序是从大到小,相应的推力也是从大到小,而伸出的速度则是由慢变快。空载缩回的顺序一般是从小活塞到大活塞,收缩后液压缸总长度较短,占用空间较小,结构紧凑。多级液压缸适用于工程机械和其他行走机械,如起重机伸缩臂、自卸车辆起升装置等。

3) 齿条活塞液压缸

齿条活塞液压缸由带有齿条杆的双活塞缸和齿轮齿条机构组成,如图 5-8 所示。齿条活塞往复移动带动齿轮9并驱动传动轴10往复摆动,它多用于实现工作部件的往复摆动或间歇进给运动,广泛用于自动线、组合机床等转位或分度机构中。

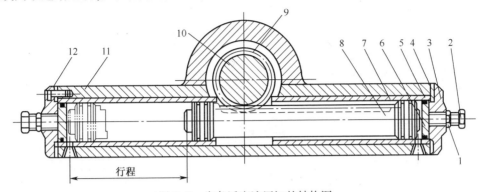

图 5-8　齿条活塞液压缸的结构图

1—紧固螺帽;2—调节螺钉;3—端盖;4—垫圈;5—O 形密封圈;6—挡圈;7—缸套;
8—齿条活塞;9—齿轮;10—传动轴;11—缸体;12—螺钉。

第二节　液压缸的结构

液压缸通常由后端盖、缸筒、活塞杆、活塞组件、前端盖等主要部分组成。为防止油液向液压缸外泄或由高压缸向低压缸泄漏,在缸筒与端盖、活塞与活塞杆、活塞与缸筒、活塞杆与前端盖之间均设置有密封装置,在前端盖外侧还装有防尘装置。为防止活塞快速退回到行程终端时撞击缸盖,液压缸端部还设置有缓冲装置。此外,有的液压缸还设置排气装置。

图 5-9 所示为双作用双活塞式液压缸的结构图,主要由缸体 4、活塞 5 和两个活塞杆 1 等零件构成。缸体 4 一般采用无缝钢管,内部加工精度要求很高。活塞 5 与活塞杆 1 用开口销 8 连接。活塞杆 1 分别由导向套 7 和 9 导向,并用 V 形密封圈 6 密封,螺钉 2 用来调整 V 形密封圈的松紧。两个端盖 3 上开有进油、出油口。

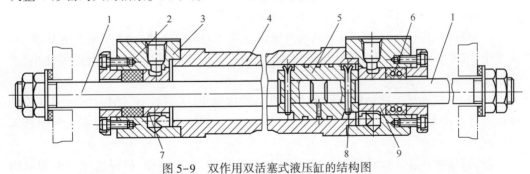

图 5-9　双作用双活塞式液压缸的结构图

1—活塞杆;2—螺钉;3—端盖;4—缸体;5—活塞;6—V 形密封圈;7、9—导向套;8—开口销。

当液压缸右腔进油、左腔回油时,活塞左移;反之,活塞右移。由于两边活塞杆直径相同,所以活塞两端的有效作用面积相同。若左、右两端分别输入相同压力和流量的油液,则活塞上产生的推力和往返速度也相等。这种液压缸常用于往返速度相同且推力不大的场合,如用来驱动外圆磨床的工作台等。

以下将介绍液压缸主要零件的几种常见结构。

一、缸体组件

缸体组件与活塞组件形成的密封容腔承受油压作用,因此,缸体组件要有足够的强度、较高的表面精度和可靠的密封性。

1. 缸筒与端盖的连接形式

常见的缸体组件连接形式如图 5-10 所示。

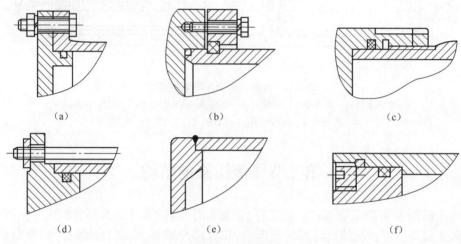

图 5-10　缸体组件的连接形式
(a)法兰式;(b)半环式;(c)外螺纹式;(d)拉杆式;(e)焊接式;(f)内螺纹式。

(1)法兰式连接。这种连接形式的结构简单,连接可靠,加工方便,但是要求缸筒端部有足够的壁厚,用以安装螺栓或旋入螺钉。缸筒端部一般用铸造、镦粗或焊接等方式制成粗大的外径,它是常用的一种连接形式。

(2)半环式连接。这种连接形式可以分为外半环连接和内半环连接两种连接形式,半环式的特点是连接工艺性好,连接可靠,结构紧凑,但同时会削弱了缸筒强度。半环式连接应用非常普遍,常用于无缝钢管缸筒与端盖的连接中。

(3)螺纹式连接。这种连接形式有外螺纹连接和内螺纹连接两种,其特点是体积小、重量小、结构紧凑,但缸筒端部结构较复杂,这种连接形式一般用于要求外形尺寸小、重量较小的场合。

(4)拉杆式连接。这种连接形式的特点是结构简单,工艺性好,通用性强,但端盖的体积和重量较大,拉杆受力后会拉伸变长,影响密封效果。只适用于长度不大的中低压液压缸。

(5)焊接式连接。这种连接形式的特点是强度高、制造简单,但焊接时易引起缸筒变形。

2. 缸筒、端盖和导向套的基本要求

缸筒是液压缸的主体,常用的材料为 20 钢、35 钢、45 钢的无缝钢管。其内孔一般采用镗削、铰孔、滚压或珩磨等精密加工工艺制造,要求表面粗糙度在 $0.1 \sim 0.4 \mu m$,使活塞及其密封件、支承件能顺利滑动,从而保证密封效果,减少磨损;缸筒要承受很大的液压力,因此,应具有足够的强度和刚度。

端盖装在缸筒两端,与缸筒形成封闭油腔,同样承受很大的液压力,因此,端盖及其连接件都应有足够的强度。设计时既要考虑强度,又要选择工艺性较好的结构形式。

导向套对活塞杆或柱塞起导向和支承作用,但有些液压缸不设导向套,直接用端盖孔导向,这种结构简单,但磨损后必须更换端盖。

缸筒、端盖和导向套的材料选择和技术要求可参考《液压工程手册》。

二、活塞组件

图 5-11 所示为活塞组件的几种常见结构形式。图 5-11(a)中,活塞与活塞杆采用螺纹连接形式。这种结构在高压大负载且有冲击的情况下,活塞杆因车制了螺纹而削弱了强度,为防止螺母松动,还必须要设置锁紧装置。图 5-11(b)是在活塞杆 5 左端部开有一个环形槽,槽内放置两个半环 3,用来夹紧活塞 4,半环 3 用轴套 2 套住,弹簧挡圈 1 用来轴向固定轴套 2。图 5-11(c)的结构是在活塞杆 6 上开有两个环形槽,两组半环 9 分别由两个密封座 7 套住,两个密封座之间是两个半环形状的活塞 8。图 5-11(d)则是用锥销 10 把活塞 11 固定在活塞杆 12 上的结构形式。在一些缸径较小的液压缸中,也常把活塞和活塞杆做成一体。活塞组件的结构形式与材料应根据工作压力、安装形式和工作条件等选用。

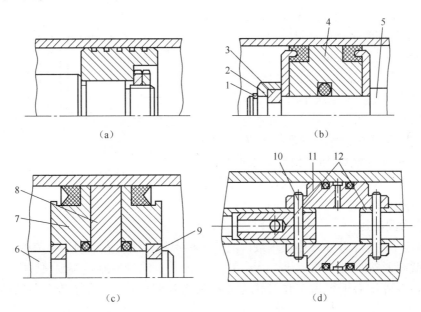

图 5-11 活塞组件结构
(a)螺纹连接;(b)单半环连接;(c)双半环连接;(d)销连接。

为保证缸筒与活塞的密封性,活塞上通常要装有密封圈和支承环。对于采用支承环的活塞,活塞材料通常采用 20 钢、35 钢、45 钢。未采用支撑环时,多采用高强度铸铁、耐磨铸铁、球墨铸铁及其他耐磨合金。一些连续工作的高耐久性活塞,可在钢制活塞的外表面烧焊青铜合金或喷镀尼龙材料。

活塞杆一般采用实心结构,材料通常为 35 钢或 45 钢。活塞杆也可采用空心结构,材料通常为35钢或45钢无缝钢管。实心杆强度较高,加工方便,应用较多;空心杆多用于大型液压缸或特殊要求的场合;活塞杆直径 $d>70$ mm 时宜采用空心结构。空心活塞杆有焊接要求,要采用35钢(或35钢无缝钢管)。有特殊要求的液压缸,活塞杆可采用锻件或铸铁。

为提高耐磨性和耐腐蚀性,活塞杆要进行热处理并镀铬,中碳钢调质硬度230~280HB。高碳钢可调质或淬火(或高频淬火)处理,淬火硬度50~60HRC,最后镀铬并抛光,镀层厚度为 0.015~0.05mm。活塞杆表面粗糙度 Ra 为 0.16~0.63μm。

活塞杆与活塞的连接方式有多种,如焊接式(应用较少)、螺母式等。

活塞杆头部与工作机构相连,头部结构形式有多种,可根据不同负载要求进行选择。

三、液压缸的密封

液压密封性能的好坏直接影响液压缸的工作性能和工作效率,因此要求液压缸所选用的密封元件,在工作压力下具有良好的密封性能。并且,密封性能应随着压力升高而自动提高,使泄漏不致因压力升高而显著增加。此外还要求密封元件结构简单、寿命长、摩擦力小,不致产生卡死、爬行等现象。液压缸常用的密封方法有间隙密封和密封元件的密封。

1. 间隙密封

如图5-12所示,液压缸依靠相对运动件之间很小的配合间隙来保证密封。活塞上开有几个环形沟槽(一般 0.5mm × 0.5mm),其作用,一方面可以减少活塞与缸壁的接触面积;另一方面,由于环形槽中的油压作用,使活塞处于中心位置,减少由于侧压力所造成活塞与缸壁之间的摩擦,并可减少泄漏。这种密封方法的摩擦力小,但密封性能差,加工精度要求较高,只适用于尺寸较小、压力较低,运动速度较高的场合。其间隙值可取 0.02~0.05 mm。

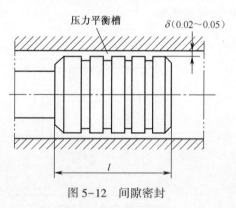

图 5-12 间隙密封

2. 密封圈密封

密封圈密封是液压系统中应用最广泛的一种密封方法。密封圈用耐油橡胶、尼龙等制成,其截面通常做成 O 形、Y 形、U 形、L 形、J 形等。它具有制造容易、使用方便、密封可靠、能在各种压力下可靠工作等优点。有关密封圈的特点、性能及安装见第六章第一节。

四、液压缸的缓冲

当液压缸所驱动的工作部件质量较大、移动速度较快时,由于具有的动量大,致使在行程终了时,活塞与端盖发生撞击,造成液压冲击和噪声,甚至严重影响工作精度和引起整个系统及元件的损坏。为此,在大型、高速或要求较高的液压缸中往往要设置缓冲装置。缓冲的原理是使活塞在与缸盖接近时增大回油阻力,从而降低活塞运动速度。常用的缓冲装置如图5-13所示。

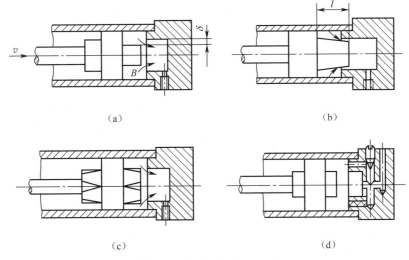

图 5-13 液压缸的缓冲装置
(a)圆柱环隙式;(b)圆锥环隙式;(c)可变节流沟式;(d)可调节流式。

1. 圆柱环状缝隙式缓冲装置

如图 5-13(a)所示,当缓冲柱塞进入缸盖内孔时,被封闭的油必须通过间隙才能排出,从而增大了回油阻力,使活塞速度降低。这种结构因节流面积不变,所以随活塞速度的降低,其缓冲作用也逐渐减弱。

2. 圆锥环状缝隙缓冲装置

如图 5-13(b)所示,缓冲柱塞改为圆锥式,即节流面积随行程的增加而减小,其缓冲效果较好。

3. 可变节流沟缓冲装置

如图 5-13(c)所示,在缓冲柱塞上开有轴向三角沟,当缓冲柱塞进入缸盖内孔后其节流面积越来越小,缓冲压力变化较平稳。

4. 可调节流孔缓冲装置

如图 5-13(d)所示,通过调节节流孔口的大小来控制缓冲压力,以适应不同负载对缓冲的要求。当将节流螺钉调整好以后,可像环状间隙式那样工作,并有类似特性。当活塞反向运动时,高压油从单向阀进入液压缸,会产生启动缓慢的现象。

五、液压缸的排气

液压系统中侵入空气是难免的,含有空气的油进入系统后会对液压元件产生危害,例如泵会出现气蚀,或引起振动和噪声;会影响运动的平稳性,引起活塞低速运动时的爬行和换向精度下降等,甚至在开车时,会产生运动部件突然冲击现象。为了便于排除积留在液压缸内的空气,油液最好从液压缸的最高点进入和引出。对运动平稳性要求较高的液压缸常在两端装有排气塞。图 5-14 为排气塞结构。工作前拧开

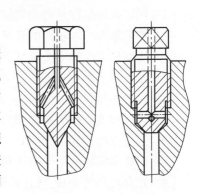

图 5-14 排气塞结构

排气塞,使活塞全行程空载往复数次,空气即可通过排气塞排出。空气排净后,需把排气塞闭死再进行工作。

第三节　液压缸的设计与计算

液压缸是液压传动的执行元件,它与主机和主机上的工作机构有着直接的联系。对于不同的主机和机构,随着用途和工况要求的不同,液压缸的类型和结构变化很大,有时需要自行设计,以满足液压设备的需要。

一、设计液压缸的步骤和要考虑的问题

1. 设计液压缸的步骤

液压缸的设计步骤没有硬性规定,应根据已确定的各种条件,灵活地选择设计程序,一般可参考以下步骤进行。

(1) 掌握如下一些内容:主机的用途和工作条件;工作机构的结构特点、负载状况、行程大小和动作要求;液压系统所选定的工作压力和流量;材料、配件和加工工艺的现实状况;有关的国家标准和技术规范等。

(2) 根据主机的动作要求选择液压缸的类型和结构形式。

(3) 根据液压缸所承受的外部载荷作用力,如重力、外部机构运动摩擦力、惯性力和工作载荷,确定液压缸在行程各阶段上负载的变化规律以及必须提供的动力参数。

(4) 根据液压缸的工作负载和选定的油液工作压力,确定活塞和活塞杆的直径。

(5) 根据液压缸的运动速度、活塞和活塞杆的直径,确定液压泵的流量。

(6) 选择缸筒材料,计算外径。

(7) 选择缸盖的结构形式,计算缸盖与缸筒的连接强度。

(8) 根据工作行程要求,确定液压缸的最大工作长度 l。

(9) 如果活塞杆细长,应进行纵向弯曲强度校核和液压缸的稳定性计算。

(10) 必要时设计缓冲、排气和防尘等装置。

(11) 绘制液压缸装配图和零件图。

(12) 整理设计计算书,审定图样及其他技术文件。

2. 设计液压缸需要考虑的问题

(1) 保证液压缸往复运动的速度、行程和需要的牵引力。

(2) 要尽量缩小液压缸的外形尺寸,使结构紧凑。

(3) 活塞杆应受拉不受压,以免产生弯曲变形。

(4) 保证每个零件有足够的强度、刚度和耐久性。

(5) 尽量避免液压缸受侧向载荷。

(6) 长行程液压缸活塞杆伸出时,应尽量避免下垂。

(7) 能消除活塞、活塞杆和导轨之间的偏斜。

(8) 根据液压缸的工作条件和具体情况,考虑缓冲、排气和防尘措施。

(9) 要有可靠的密封,防止泄漏。

(10) 液压缸不能因温度变化而产生挠曲,特别是长液压缸更应注意这点。

（11）液压缸的结构要素应采用标准系列尺寸,尽量选择经常使用的标准件。
（12）尽量做到成本低,制造容易,维修方便。

二、液压缸内径 D 和活塞杆直径 d 的计算

计算液压缸的内径和活塞杆直径都必须考虑设备的类型。例如,在金属切削机床中,对于动力较大的机床(刨床、拉床和组合机床等)一定要满足牵引力的要求,计算时要以力为主;对于轻载高速的机床(磨床、珩磨机和研磨机等)一定要满足速度的要求,计算时要以速度为主。换句话说,计算时应各有侧重。

1. 以力为主计算液压缸内径 D 和活塞杆直径 d

这类设备所用液压缸内径 D 和活塞杆直径 d 是根据液压缸的牵引力 F 和有效工作压力 p 来确定的。

1）计算液压缸的牵引力 F

液压缸的牵引力应能克服所受到的总阻力。总阻力包括:阻碍工作运动的切削力 $F_{切}$,运动部件与导轨间的摩擦阻力 $F_{导}$,密封装置的摩擦阻力 $F_{密}$,启动、制动或换向时的惯性力 $F_{惯}$,以及回油腔因背压作用产生的阻力 $F_{背}$ 等。液压缸的最大牵引力 F 为

$$F = F_{切} + F_{导} + F_{密} + F_{惯} + F_{背} \tag{5-16}$$

（1）切削力 $F_{切}$ 可根据不同的加工方法,查阅有关公式计算,或根据实验确定。
（2）导轨摩擦力 $F_{导}$ 应根据导轨的结构形式确定:

对于矩形导轨

$$F_{导} = f(G_{垂} + F_{切垂}) \tag{5-17}$$

对于 V 形导轨

$$F_{导} = \frac{f(G_{垂} + F_{切垂})}{\sin\frac{\alpha}{2}} \tag{5-18}$$

对于燕尾形导轨

$$F_{导} = f(G_{垂} + F_{切垂} + F_{侧}) \tag{5-19}$$

式中 $G_{垂}$——运动部件的总重力在垂直于工作部件运动方向的分力(N);

$F_{切垂}$——垂直于工作部件运动方向的切削分力(N);

$F_{侧}$——作用于燕尾导轨的侧向分力(N);

α——V 形导轨的角度(°);

f——摩擦因数(铸铁的摩擦因数可取:启动时 $f = 0.16$,低速时 $f = 0.10 \sim 0.12$,快速并有良好润滑条件时 $f = (5 \sim 8) \times 10^{-2}$)。

（3）运动部件的惯性力:

$$F_{惯} = ma = \frac{G}{g}a = \frac{G\Delta v}{g\Delta t} \tag{5-20}$$

式中 G——运动部件的总重力(N);

g——重力加速度(9.81 m/s^2);

Δv——启动或制动时速度的变化量(m/s);

Δt——启动、制动时所需的时间(s),通常取 $\Delta t = 0.01 \sim 0.5\text{s}$(低速轻载时取小

值)。

(4) 密封装置的密封摩擦阻力 $F_{密}$ 可根据密封装置的不同,按以下公式计算:

对于采用 O 形密封圈

$$F_{密} = 0.03F \tag{5-21}$$

式中　F ——液压缸的推力(N)。

对于采用 Y 形密封圈

$$F_{密} = \pi f p d h_1 \tag{5-22}$$

式中　f ——摩擦因数,取 $f = 1 \times 10^{-2}$;
　　　p ——密封处的工作压力(Pa);
　　　d ——密封处的直径(m);
　　　h_1 ——密封圈的有效高度(m)。

对于采用 V 形密封圈

$$F_{密} = 5fpdh \tag{5-23}$$

式中　f ——摩擦因数,取 $f = 0.1 \sim 0.13$;
　　　p ——密封处的工作压力(Pa);
　　　d ——密封处的直径(m);
　　　h ——密封圈的有效高度(m)。

应当指出,密封摩擦力也可采用经验公式计算,一般取 $F_{密} = (0.05 \sim 0.1)F$;或由于详细计算比较繁琐,可将它计入液压缸的机械效率中,一般取 $\eta_m = 0.85 \sim 0.99$。

(5) 回油腔背压力 $F_{背}$ 可用经验公式计算,$F_{背} = 0.05F_{切}$,如果回油腔直接通油箱,取 $F_{背} = 0$。

必须指出,液压缸的各工作阶段,上述各载荷不一定同时存在。若工作部件做等速运动,则 $F_{惯} = 0$;机器在启动或制动过程中,如不承受工作载荷(空载快进或快退),则只有惯性力作用。因此,计算时应按运动部件的具体受力情况来考虑,并取其中最大负载来确定牵引力。

2) 确定液压缸有效工作压力 p

对于不同用途的液压设备,由于工作条件不同,通常采用的压力值也不同。设计时,可用类比法或实验确定,表 5-1 和表 5-2 可供参考。

表 5-1　各类液压设备常用的工作压力

设备类型	磨床	组合机床	车床、铣床和镗床	拉床	龙门刨床	农业机械和小型工程机械
工作压力 p /MPa	0.8~2	3~5	2~4	8~10	2~8	10~16

表 5-2　液压缸牵引力与工作压力之间的关系

液压缸牵引力 F/kN	<5	5~10	10~20	20~30	30~50	>50
液压缸工作压力 p/MPa	<0.8~1	1.5~2	2.5~3	3~4	4~5	≥5~7

3) 计算液压缸内径、活塞直径 D 和活塞杆直径 d

对于单活塞杆缸,无杆腔进油时,液压缸内径(活塞直径)D 的计算式为

$$D = \sqrt{\frac{4F_1}{\pi(p_1-p_2)} - \frac{d^2 p_2}{p_1-p_2}} \tag{5-24}$$

有杆腔进油时,液压缸内径 D 的计算式为

$$D = \sqrt{\frac{4F_2}{\pi(p_1-p_2)} + \frac{d^2 p_1}{p_1-p_2}} \tag{5-25}$$

式中 F_1、F_2——分别为无杆腔进油和有杆腔进油时的推力(N);

p_1、p_2——分别为液压缸的进油压力和回油压力(Pa)。

液压缸设计中,通常初步取回油压力 $p_2 = 0$,这时计算液压缸内径 D 的公式为

无杆腔受力时

$$D = \sqrt{\frac{4F}{\pi p}} = 1.13\sqrt{\frac{F}{p}} \tag{5-26}$$

有杆腔受力时

$$D = \sqrt{\frac{4F}{\pi p} + d^2} \tag{5-27}$$

式中 F——液压缸最大牵引力(N);

p——液压缸有效工作压力(Pa);

d——活塞杆直径(m);

D——液压缸内径(m)。

从式(5-27)可看出,当液压缸的最大牵引力 F 给定后,若 p 值取得大,则液压缸直径 D 就小,结构紧凑,但对液压元件的性能和密封要求也要相应提高。反之,液压缸直径 D 变大,结构也相应增大。

对于活塞缸来说,液压缸内径和活塞直径的公称尺寸相同,因此计算出的液压缸内径即是活塞的直径。

活塞杆直径 d 可根据受力情况及液压缸结构形式来决定:受拉时,$d = (0.3 \sim 0.5)D$;受压时,在 $p \leq 5\text{MPa}$ 情况下,d 取 $(0.5 \sim 0.55)D$,在 $5\text{MPa} \leq p \leq 7\text{MPa}$ 的情况下,d 取 $(0.6 \sim 0.7)D$,在 $p > 7\text{MPa}$ 的情况下,$d = 0.7D$;差动连接,且往复速度相等时,$d = 0.7D$。

必须指出,计算出的活塞直径和活塞杆直径,应按表 5-3 和表 5-4 圆整为标准值。

表 5-3 活塞直径系列　　　　　　　　　　　单位:mm

20	25	32	40	50	55	63	(65)	70	(75)
80	(85)	90	(95)	100	(105)	110	125	(130)	140
(150)	160	180	200	(220)	250	(280)	320	(360)	400
(450)	500	(560)	630	(710)	820	(900)	1000		

注:括号中的尺寸尽量不用。

表 5-4　活塞杆直径系列　　　　　　　　　单位：mm

10	12	14	16	18	20	22	25	28	(30)
32	35	40	45	50	55	(60)	63	(65)	70
(75)	80	(85)	90	(95)	100	(105)	110	(120)	125
(130)	140	(150)	160	180	200	220	250	(260)	280
320	360	(380)	400	(420)	450	500	(520)	560	(580)

注：括号中尺寸尽量不用。

2. 以速度为主计算液压缸内径 D 和活塞杆直径 d

(1) 当液压缸的往复速度比有一定要求时，活塞杆直径 d 为

$$d = \sqrt{\frac{\varphi - 1}{\varphi}} \quad (5-28)$$

推荐液压缸的速度比 $\varphi = v_2/v_1$ 的值按表 5-5 选取。当 $\varphi < (1.2 \sim 1.3)$ 时，一般取 $d/D = 0.3 \sim 0.4$。

表 5-5　液压缸往复速度比 φ 推荐值

工作压力 p/MPa	≤10	12.5～20	>20
往复速度比 φ	1.33	1.45，2	2

活塞杆直径 d 按标准（表 5-4）选取后，即可确定相应的液压缸内径 D，然后再按表 5-3 液压缸内径系列进行圆整，也可根据 φ 值参照表 5-6 选取。

表 5-6　活塞杆直径与液压缸内径的关系

D/mm	往复速度比 φ				
	2	1.46	1.33	1.25	1.15
40	28	22	20	18	14
50	35	28	25	22	18
63	45	35	32	28	22
80	55	45	40	35	28
90	60	50	45	40	32
100	70	55	50	45	35
110	80	60	55	50	40
125	90	70	60	55	45
140	100	80	70	60	50
160	110	90	80	70	55
180	125	100	90	80	63
200	140	110	100	90	70

(2) 根据执行机构的速度要求和选定的液压泵流量来确定液压缸内径 D：

对于单活塞杆缸来说，无杆腔进油时

$$D = \sqrt{\frac{4q}{\pi v_1}} \quad (5-29)$$

有杆腔进油时

$$D = \sqrt{\frac{4q}{\pi v_2} + d^2} \tag{5-30}$$

式中 q——输入液压缸的流量；

v_1——无杆腔进油时液压缸的运动速度；

v_2——有杆腔进油时液压缸的运动速度。

三、液压缸缸筒长度 L 的确定

液压缸缸筒的长度 L 应根据所需行程和结构上的需要而定,即液压缸缸筒长度=活塞行程+活塞宽度+活塞导向长度+活塞杆密封长度+其他长度。液压缸的行程系列可查表 5-7,同时要注意考虑制造工艺的可能性。通常,液压缸缸筒的长度 L 不大于缸筒内径的 20 倍。

表 5-7 液压缸行程系列　　　　　　　　　　单位:mm

10	16	20	25	32	40	50	60	(70)	80
(90)	100	(110)	125	(140)	160	(180)	200	(220)	250
(280)	320	(360)	400	(450)	500	(560)	630	(710)	800
(900)	1000	(1120)	1250	(1400)	1600	(1800)	2000	(2240)	2500

注:括号中的尺寸尽量不用。

四、确定最小导向长度 H 和其他部位尺寸

当活塞杆全部外伸时,从活塞支承面中点到导向滑动面中点的距离称为最小导向长度 H,如图 5-15 所示。如果导向长度 H 过小,将使液压缸的初始挠度(间隙引起的挠度)增大,影响液压缸的稳定性,因此设计时必须保证有一最小导向长度。

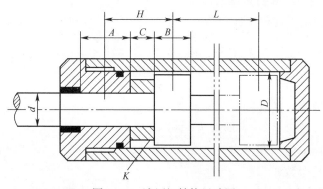

图 5-15 液压缸结构尺寸图

对于一般的液压缸,当液压缸的最大行程为 L,缸筒直径为 D 时,最小导向长度为

$$H \geqslant \frac{L}{20} + \frac{D}{2}$$

活塞宽度　　　　　　　　　$B = (0.6 \sim 1.0) D$

导向套滑动面长度 A,当 $D < 80$ mm 时, $A = (0.6 \sim 1.6) D$；当 $D > 80$ mm 时, $A = (0.6 \sim 1.0) d$。

如在导向套与活塞之间装有隔套 K 时,隔套的长度 C 由需要的最小导向长度 H 确

定,即
$$C = H - 0.5(A + B)$$

五、液压缸的强度和刚度校核

1. 缸筒壁厚 δ 的校核

对于低压系统,缸筒壁厚往往由结构要求来确定,此时壁厚一般都能满足强度要求。中、高压缸一般用无缝钢管做缸筒,大多属于薄壁筒(即 $\delta \leqslant 0.08$ mm),可按薄壁公式校验其强度,即

$$\delta \geqslant \frac{p_{max} D}{2[\sigma]} \tag{5-31}$$

式中　p_{max}——缸筒内最高工作压力(指试验压力);
　　　$[\sigma]$——缸筒材料的许用应力,$[\sigma] = \sigma_b/n$,σ_b 为材料抗拉强度,n 为安全系数,一般取 $n = 3.5 \sim 5$;
　　　D——缸筒内径。

当 $\delta/D = 0.08 \sim 0.3$ 时,可按下式校验:

$$\delta \geqslant \frac{p_{max} D}{2.3[\sigma] - 3p_{max}} \tag{5-32}$$

当 $\delta/D \geqslant 0.3$ 时,可用下式校验:

$$\delta \geqslant \frac{D}{2}\left(\sqrt{\frac{[\sigma] + 0.4 p_{max}}{[\sigma] - 1.3 p_{max}}} - 1\right) \tag{5-33}$$

2. 液压缸缸盖固定螺栓直径校核

液压缸缸盖固定螺栓在工作过程中,同时承受拉应力和剪切应力,其螺栓直径可按下式校核:

$$d_1 \geqslant \sqrt{\frac{5.2KF}{\pi Z[\sigma]}} \tag{5-34}$$

式中　d_1——螺栓螺纹的底径;
　　　K——螺纹拧紧系数,一般取 $K = 1.2 \sim 1.5$;
　　　F——液压缸最大作用力;
　　　Z——螺栓个数;
　　　$[\sigma]$——螺栓材料的许用应力,$[\sigma] = \sigma_s/n$,σ_s 为螺栓材料的屈服极限,n 为安全系数,一般取 $n = 1.2 \sim 2.5$。

3. 活塞杆强度及压杆稳定性校核

活塞杆直径 d 可按下式校核强度:

$$d \geqslant \sqrt{\frac{4F}{\pi[\sigma]}} \tag{5-35}$$

式中　$[\sigma]$——活塞杆材料的许用应力,$[\sigma] = \sigma_b/n$,σ_b 为材料抗拉强度,n 为安全系数,一般取 1.4;

F——活塞杆所受负载；

d——活塞杆直径。

实际上，按前面所讲的方法确定的活塞杆直径，其强度能够满足要求。但如果当活塞杆的长径比 $L/d \geqslant 10$ 时，须进行稳定性校核，应使活塞杆所承受的负载力 F 小于使其保持工作稳定的临界负载力 F_k，F_k 的值与活塞杆的直径和长度、截面形状、材料以及液压缸的安装方式等因素有关。有必要校核压杆稳定性时，可按材料力学有关公式进行计算。

六、缓冲计算

液压缸的缓冲计算主要是估计缓冲时液压缸内出现的最大冲击压力，以便用来校核缸筒强度、制动距离是否符合要求。缓冲计算中如发现工作腔中的液压能和工作部件的动能不能全部被缓冲腔所吸收时，制动中就可能产生活塞和缸盖相碰现象。

液压缸在缓冲时，缓冲腔内产生的液压能 E_1 和工作部件产生的机械能 E_2 分别为

$$E_1 = p_c A_c l_c$$

$$E_2 = p_p A_p l_c + \frac{1}{2} m v_0^2 - F_f l_c$$

式中　l_c——缓冲长度；

　　　p_c——缓冲腔中的平均缓冲压力；

　　　p_p——高压腔中油液压力；

　　　A_c、A_p——缓冲腔和高压腔的有效工作面积；

　　　m——工作部件总质量；

　　　v_0——工作部件运动速度；

　　　F_f——摩擦力。

E_2 式中右边第一项为高压腔中的液压能，第二项为工作部件的动能，第三项为摩擦能。

当 $E_1 = E_2$ 时，工作部件的机械能全部被缓冲腔液体所吸收，由上两式得

$$p_c = \frac{E_2}{A_c l_c}$$

由上式计算得到的 p_c 值是缓冲腔中的平均缓冲压力，缓冲压力最大值与缓冲装置的结构形式有关。若缓冲装置为节流口变化式缓冲装置(图 5-13(b))，缓冲压力 p 基本不变，最大缓冲压力的值即由上式计算。

第四节　液压马达

一、液压马达的分类及特点

液压马达是将液压能转换为机械能的能量转换装置，可以实现连续旋转运动，输出转矩和转速，它是靠封闭容积变化来工作的。就液压系统来说，液压马达是一个执行元件。

按照转速的不同,液压马达可分为高速和低速两大类。一般认为,额定转速高于 500r/min 的属于高速液压马达,额定转速低于 500r/min 的属于低速液压马达。

按照排量可否调节,液压马达可分为定量马达和变量马达两大类。变量马达又可分为单向变量马达和双向变量马达。

另外,还有一种马达,其输出不是连续转动,而是往复摆动,这种马达称为摆动液压马达,也称摆动式液压缸(见本章第一节)。

从原理上讲,液压泵可以作液压马达用,液压马达也可以作液压泵用。液压泵和液压马达工作的必须条件如下:

(1) 必须有一个能变化的封闭容积;
(2) 必须有配流动作;
(3) 高低压油应互相隔开不得连通。

虽然同类型的泵和马达在结构上较为相似,但由于二者的功能不同,因此在结构上存在一些差异。例如:

(1) 液压泵的吸油腔一般为真空,为改善吸油性能和抗气蚀能力,通常把进口做得比出口大;而液压马达的排油腔的压力稍高于大气压力,所以没有上述要求,进油、出油口的尺寸相同。

(2) 液压泵在结构上必须保证具有自吸能力,而液压马达无需这一要求。

(3) 液压马达需正、反转,所以在内部结构上具有对称性;而液压泵一般是单方向旋转,其内部结构可以不对称。

(4) 在确定液压马达的轴承结构形式及其润滑方式时,应保证在很宽的速度范围内都能正常地工作;而液压泵的转速高且一般变化很小,就没有这一苛刻要求。

(5) 液压马达需要较大的起动扭矩。因为在马达将要起动的瞬间,马达内部各摩擦副之间尚无相对运动,静摩擦力要比运行状态下的动摩擦力大得多,机械效率很低,所以起动时输出的扭矩也会比正常运行状态下要小。另外,起动扭矩还受马达扭矩脉动的影响,如果起动工况下马达的扭矩正处于脉动的最小值,则马达轴上的扭矩也小。为了起动扭矩尽可能接近工作状态下的扭矩,要求马达扭矩的脉动小,内部摩擦小。例如齿轮马达的齿数就不能像齿轮泵那样少,轴向间隙补偿装置的压紧系数也比泵取得小,以减少摩擦。

由于上述原因,就使得很多同类型的泵和马达不能互逆通用。

二、液压马达的主要工作参数

在液压马达的各项性能参数中,压力、排量、流量等参数与液压泵同类参数有相似的含义,其原则差别在于:在泵中它们是输出参数,在马达中则是输入参数。

下面对液压马达的主要性能参数做简要介绍。

(1) 排量 V,即在不考虑泄漏的情况下,液压马达每转一弧度所需输入液体的体积(m^3/rad)。

(2) 理论角速度 ω_t 和理论转速 n_t,即不考虑泄漏时的角速度和转速,有

$$\omega_t = q/V \quad (\text{rad/s}) \tag{5-36}$$

$$n_t = \frac{60}{2\pi} \cdot \frac{q}{V} \quad (\text{r/min}) \tag{5-37}$$

式中 q ——输入马达的流量（m^3/s）。

(3) 理论输出扭矩 T_t。根据能量守恒定律,有 $T_t \omega = \Delta p q$,则

$$T_t = \Delta p q / \omega = \Delta p V \quad (\text{N} \cdot \text{m}) \tag{5-38}$$

式中 Δp ——马达进出口压差(N/m^2)。

(4) 理论输出功率 P_t。理论输出功率 P_t 等于其输入功率 P_r,即

$$P_t = P_r = \Delta p q (\text{W}) \tag{5-39}$$

(5) 容积效率 η_V。马达内部各间隙的泄漏所引起的损失称为容积损失,用 Δq 表示。为保证马达的转速满足要求,输入马达的实际流量 q 应为理论输入流量 q_t 与容积损失 Δq 之和,即

$$q = q_t + \Delta q$$

液压马达的理论输入流量 q_t 与实际输入流量之比称为容积效率,即

$$\eta_V = \frac{q_t}{q} = \frac{q - \Delta q}{q} = 1 - \frac{\Delta q}{q} \tag{5-40}$$

(6) 机械效率 η_m 和起动机械效率 η_{m0}。由于各零件间相对运动及流体与零件间相对运动的摩擦而产生扭矩损失 ΔT,使得实际输出扭矩 T 比理论扭矩 T_t 小,则马达的机械效率为

$$\eta_m = \frac{T}{T_t} = \frac{T_t - \Delta T}{T_t} = 1 - \frac{\Delta T}{T_t} \tag{5-41}$$

除此之外,在同样的压力下,液压马达由静止到开始转动的起动状态的输出转矩要比运转中的转矩小,这给液压马达带载起动造成了困难,所以起动性能对液压马达是很重要的。起动转矩降低的原因是在静止状态下的摩擦因数最大,在摩擦表面出现相对滑动后摩擦因数明显减小,这是机械摩擦的一般性质。对液压马达来说,更为重要的是静止状态润滑油膜被挤掉,基本上变成了干摩擦。一旦马达开始运动,随着润滑油膜的建立,摩擦阻力立即下降,并随滑动速度增大和油膜变厚而减少。

液压马达起动性能的指标用起动机械效率 η_{m0} 表示,其表达式为

$$\eta_{m0} = \frac{T_0}{T_t} \tag{5-42}$$

式中 T_0 ——液压马达的起动转矩。

不同类型的液压马达,内部受力部件的力平衡情况不同,摩擦力的大小不同,所以 η_{m0} 也不尽相同。同一类型的液压马达,摩擦副的力平衡设计不同,其 η_{m0} 也有高低之分。例如有的齿轮式液压马达的 η_{m0} 只有 0.6 左右,而高性能低速大转矩液压马达却可达到 0.90 左右,相差颇大。所以,如果液压马达带载起动,必须注意到所选择的液压马达的起动性能。

(7) 总效率 η。液压马达的总效率等于输出功率 P 与输入功率 P_r 之比,即

$$\eta = \frac{P}{P_r} = \frac{T\omega}{\Delta p q} = \frac{T\omega V}{\Delta p V q} = \frac{T q_t}{T_t q} = \eta_m \eta_V \tag{5-43}$$

(8) 实际角速度 ω 和实际转速 n：

$$\omega = \omega_t \eta_V = q\eta_V/V \quad (\text{rad/s}) \tag{5-44}$$

$$n = n_t \eta_V = \frac{60}{2\pi} \cdot \frac{q}{V} \eta_V \quad (\text{r/min}) \tag{5-45}$$

(9) 实际输出扭矩 T。

$$T = T_t \eta_m = \Delta p V \eta_m \tag{5-46}$$

(10) 实际输出功率 P。

$$P = p_r \eta = \Delta p q \eta \tag{5-47}$$

或

$$P = T\omega \tag{5-48}$$

(11) 最低稳定转速 n_{min}。衡量液压马达转速性能的一个重要指标是最低稳定转速 n_{min}，它是指液压马达在额定负载下不出现爬行现象的最低转速。

所谓爬行现象是当液压马达工作转速过低时，往往保持不了均匀的速度，进入时动时停的不稳定状态。若要求高速液压马达不超过 10r/min、低速大转矩液压马达不超过 3r/min 的速度工作，并不是所有的液压马达都能满足要求的。

爬行现象与低速摩擦阻力特性有关。通常，阻力是随速度增大而增加的，而在静止和低速区域工作的马达内部的摩擦阻力，当工作速度增大时非但不增加，反而减少，形成所谓"负特性"的阻力。另一方面，液压马达和负载是液压油被压缩后压力升高而被推动的，可用弹簧及与之相连、置于非光滑表面的质量 m 所形成的模型表示低速区域液压马达的工作过程：以匀速 v_0 推弹簧的一端，使质量为 m 的物体（相当于马达和负载质量、转动惯量）克服"负特性"的摩擦阻力运动。当质量 m 静止或速度很低时阻力大，弹簧不断压缩，增加推力。只有等到弹簧压缩到其推力大于静摩擦力时才开始运动。但是一旦物体开始运动，阻力突然减小，物体突然加速运动，其结果又使弹簧的压缩量减少，推力减少，物体依靠惯性前移一段路程后就停止下来，直到弹簧的移动又使弹簧压缩，推力增加，物体再一次跃动为止，形成时动时停的状态。对液压马达来说，这就是爬行现象。

不同结构形式的液压马达的最低稳定转速大致为：多作用内曲线马达可达 0.1~1r/min；曲轴连杆式马达约为 2~3r/min；轴向柱塞马达为 30~50r/min，有的可低到 2~5r/min，个别可低到 0.5~1.5r/min；高速叶片马达约为 50~100r/min，低速大扭矩叶片马达约为 5r/min；齿轮马达的低速性能最差，一般在 200~300r/min，个别可低到 50~150r/min。

实际工作中，一般都希望最低稳定转速越小越好，这样就可以扩大液压马达的调速范围。

(12) 调速范围 i。液压马达的调速范围用允许的最大转速和最低稳定转速之比表示，即

$$i = \frac{n_{max}}{n_{min}} \tag{5-49}$$

调速范围是衡量液压马达转速性能的指标之一。当负载从低速到高速在很宽的范

围内工作时,也要求液压马达能在较大的调速范围内工作,否则就需要有能换挡的变速机构,使传动结构复杂化。

显然,调速范围宽的液压马达应当既有好的高速性能又有好的低速稳定性。

三、高速液压马达

高速液压马达的基本形式有齿轮式、螺杆式、叶片式和轴向柱塞式等,其结构与同类型的液压泵基本相同。它们的特点主要有:转速较高、转动惯量小、便于启动和制动,调节(调速和换向)灵敏度高。通常,高速液压马达的输出扭矩不大,仅几十 N·m 到几百 N·m,所以又称为高速小扭矩液压马达。下面着重介绍叶片式油马达和轴向柱塞式油马达。

1. 叶片式油马达

叶片式油马达一般是双作用式的定量油马达,其工作原理如图 5-16 所示。压力油从进油口进入叶片之间,位于进油腔的叶片有 3、4、5 和 7、8、1 两组。分析叶片受力状况可知,叶片 4 和 8 两侧均受高压油作用,作用力互相抵消不产生扭矩。叶片 3、5 和叶片 7、1 所承受的压力不能抵消,产生一个顺时针方向转动的力矩 $M_实$。而处在回油腔的 1、2、3 和 5、6、7 两组叶片,由于腔中压力很低,所产生的

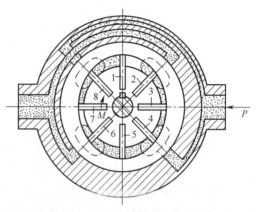

图 5-16 叶片式油马达工作原理

力矩可忽略不计。因此,转子在转矩 $M_实$ 的作用下按顺时针方向旋转。如果改变输油方向,则油马达反转。

叶片式油马达体积小、转动惯量小,因此动作灵敏,但其泄漏较大,不能在很低转速下工作。所以一般用于高速、小转矩以及要求动作灵敏的工作场合。

叶片式油马达与叶片泵相比较,在结构上有如下特点:

(1) 转子的两侧面开有环形槽,槽内放有燕式弹簧,它起预紧叶片的作用,使叶片始终压向定子内表面并紧密接触,以保证启动时有足够的起动转矩。

(2) 叶片式油马达要求能正反转。因此叶片沿转子径向放置,叶片倾角为零。

(3) 为获得高的容积效率,工作时叶片底部始终要与压力油腔连通。为了油马达正反转时都有压力油通入叶片底部,要把叶片底部的环形槽接两个并联单向阀,分别与吸油、压油腔相通,以达到上述要求。

2. 轴向柱塞式油马达

轴向柱塞式油马达有定量和变量两类,其中定量油马达按其结构分为倾斜盘式和倾斜缸式两种。下面着重介绍最常用的轴向点接触柱塞式定量油马达。

工作原理如图 5-17 所示。图中斜盘 1 和配油盘 4 固定不动。柱塞 3 轴向地放置在缸体 2 中,缸体 2 和马达轴 5 相连一起旋转。斜盘的中心线和缸体的中心线相交一个倾角 δ_H。当压力油通过配油盘上的配油窗口输入到缸体上的柱塞孔时,压力油把孔中的柱塞顶出,使之压在斜盘上。斜盘对柱塞的反作用力 F 垂直于斜盘表面,这个力的水平

分量 F_x 与柱塞上的液压力平衡,而垂直分量 F_y 则使每个柱塞都对转子中心产生一个转矩,使缸体和马达轴做逆时针方向旋转。

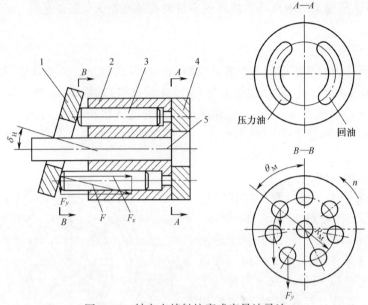

图 5-17　轴向点接触柱塞式定量油马达
1—斜盘;2—箱体;3—柱塞;4—配油盘;5—马达轴。

图 5-18 所示为轴向点接触柱塞式油马达的典型结构。缸体与斜盘之间放入了一个鼓轮 4,鼓轮中装有推杆 10,液压力作用在柱塞 9 上并通过推杆 10 作用在斜盘表面上,推杆在斜盘反作用力的作用下迫使鼓轮绕轴旋转,鼓轮又通过传动键使马达轴 1 转动,同时又通过传动销 6 带动缸体旋转。

这种结构使斜盘对推杆的反作用力所造成的颠覆力矩不会作用在缸体和配油盘的配油表面上(缸体 7 和柱塞 9 只受轴向力),因而配油表面、柱塞和柱塞孔磨损均匀,并且提高了柱塞在柱塞孔中往复运动的灵活性,从而提高机械效率。从图中看出,缸体 7 在压力油和弹簧 5(共三个)的作用下贴紧在配油盘 8 上,而且缸体 7 的内孔与马达轴 1 的接触较小,有一定的自位作用,从而使缸体本身的配油表面和配油盘的配油表面贴合得很好,磨损后自动补偿,这样,既减少了端面间的泄漏,提高了容积效率,也保证了油马达的顺利起动。为了减少推杆头部和斜盘间的磨损,斜盘被支承在一个止推轴承 3 上,使斜盘在推杆头部摩擦力的作用下绕轴承的轴线回转。

这种油马达的斜盘倾角 δ_H 是固定的,它的排量不能调整,所以是一种定量油马达。如果把它的斜盘倾角做成可调式的,就成为变量油马达了。

四、低速液压马达

近些年来,低速液压马达得到了较大的发展和应用。低速液压马达的基本结构是径向柱塞式。低速液压马达的主要特点:排量大、体积大、转速低,有的可低到每分钟几转甚至不到一转,因此可以直接与工作机构连接,不需要减速装置,从而使传动机构大为简化。通常低速液压马达的输出扭矩很高,可达几千 N·m 到几万 N·m,所以又称为低速大扭矩液压马达。当前低速大扭矩液压马达广泛地应用于各种类型的重型设备中,例

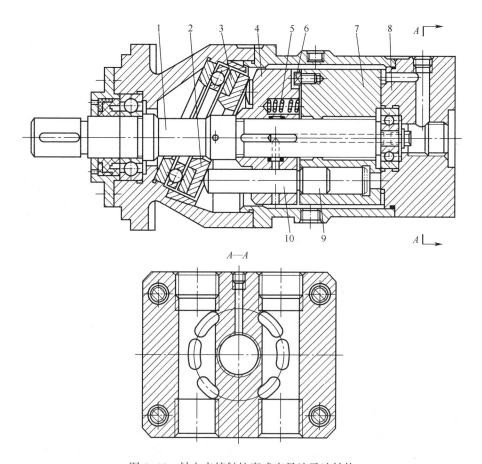

图 5-18 轴向点接触柱塞式定量油马达结构

1—马达轴；2—斜盘；3—止推轴承；4—鼓轮；5—弹簧；6—传动销；7—缸体；8—配油盘；9—柱塞；10—推杆。

如，工程机械、起重机械、冶金机械、矿山机械、船舶以及制塑机械等多个方面。

多作用内曲线径向柱塞马达，简称内曲线马达，它具有尺寸较小、径向受力平衡、转矩脉动小、起动效率高，并能在很低转速下稳定工作等优点，因此获得了广泛应用。下面说明内曲线马达的结构和工作原理。

图 5-19 为内曲线径向柱塞马达的工作原理图，它主要由定子 1、转子缸体 2（与输出轴做成一体）、横梁 3、配流轴 4、滚轮 5、柱塞 6 等零件组成。定子的内表面由 x 条形状相同且均匀分布的曲面组成（图中 $x=6$），曲面的数目就是马达的作用次数。每一曲面以凹部的顶点处分为对称的两段，一半为进油区段，另一半为回油区段。在转子缸体 2 沿圆周径向均布的柱塞孔（图中为 8 个）中各装一个柱塞 6，每个柱塞顶端与相应的横梁 3 接触，横梁可在缸体的径向槽中滑动。横梁两端的轴颈上安装有滚轮 5，可沿定子的曲线内表面滚动。在缸体内，每个柱塞孔底部都有一配流孔与固定不动的配流轴 4 相通。配流轴上沿圆周均匀分布有 $2x$ 个配流窗孔，其中一组 x 个窗孔 A 与轴中心的进油孔相通，另外一组 x 个窗孔 B 与回油孔道相通，这两组配流窗孔位置又分别和定子 1 内表面的进油、回油区段位分别对应。

进油时，压力油经配流轴上与进油孔连通的进油窗孔分配到处于进油区段的柱塞底部油腔，柱塞便在油压的作用下向外移动，推动横梁，使滚轮压紧在定子的内表面上，于是内表面便对滚子产生法向反力 F_n，F_n 可分解为两个方向上的分力，其中径向分力 F_r 和作用于柱塞末端的液压力平衡，切向分力 F_t 通过横梁作用于缸体，对缸体产生转矩。输出的总力矩为所有压入液体的柱塞所产生的力矩之和。同时，处于回油区段的柱塞受压向内缩回，把低压油从配流轴上回流窗孔向外排出。由于柱塞的孔数和内曲面的段数不等，所以任一瞬时总有一部分柱塞处于进油区段，一部分处于回油区段，从而使缸体连续不断地转动。这样，缸体每转一周，每

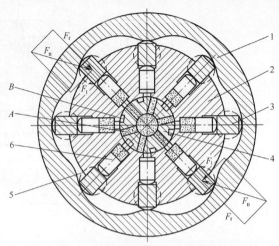

图 5-19　内曲线径向柱塞马达的工作原理图
1—定子；2—转子缸体；3—横梁；4—配流轴；5—滚轮；6—柱塞。

个柱塞往复移动 x 次，柱塞的工作容腔多次压入和排出液体，故又称为多作用马达。

当马达的进油、回油口互换时，马达将反转。

例　题

例 5-1　已知单活塞杆液压缸的缸筒内径 $D=100\text{mm}$，活塞杆直径 $d=70\text{mm}$，进入液压缸的流量 $q=25\text{L/min}$，压力 $p_1=2\text{MPa}$，$p_2=0$。液压缸的容积效率和机械效率分别为 0.98、0.97，试求在图(a)、(b)、(c)所示的三种工况下，液压缸可推动的最大负载和运动速度各是多少？并指出运动方向。

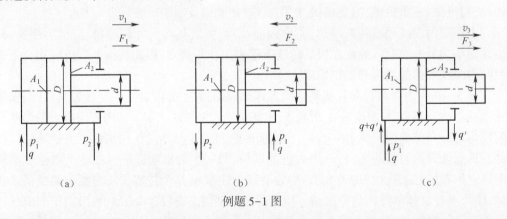

例题 5-1 图

解：(1) 在图(a)中，无杆腔进压力油，回油腔压力为零，因此，可推动的最大负载为

$$F_1 = \frac{\pi}{4}D^2 p_1 \eta_m = \frac{\pi}{4} \times 0.1^2 \times 2 \times 10^6 \times 0.97 (\text{N}) = 15237\text{N}$$

活塞向右运动，其运动速度为

$$v_1 = \frac{4q}{\pi D^2}\eta_V = \frac{4 \times 25 \times 10^{-3} \times 0.98}{\pi \times 0.1^2 \times 60}(\text{m/s}) = 0.052\text{m/s}$$

(2) 在图(b)中,液压缸有杆腔进压力油,无杆腔回油压力为零,可推动的负载为

$$F_2 = \frac{\pi}{4}(D^2 - d^2)p_1\eta_m = \frac{\pi}{4}(0.1^2 - 0.07^2) \times 2 \times 10^6 \times 0.97(\text{N}) = 7771\text{N}$$

活塞向左运动,其运动速度为

$$v_2 = \frac{4q}{\pi(D^2 - d^2)}\eta_V = \frac{4 \times 25 \times 10^{-3} \times 0.98}{\pi(0.1^2 - 0.07^2) \times 60}(\text{m/s}) = 0.102\text{m/s}$$

(3) 在图(c)中,液压缸差动连接,可推动的负载为

$$F_3 = \frac{\pi}{4}d^2 p_1 \eta_m = \frac{\pi}{4} \times 0.07^2 \times 2 \times 10^6 \times 0.97(\text{N}) = 6466\text{N}$$

活塞向右运动,其运动速度为

$$v_3 = \frac{4q}{\pi d^2}\eta_V = \frac{4 \times 25 \times 10^{-3} \times 0.98}{\pi \times 0.07^2 \times 60}(\text{m/s}) = 0.106\text{m/s}$$

例 5-2 图示各液压缸的供油压力 p 为 20×10^5Pa,供油量 Q 为 30L/min,各液压缸内孔断面为 100cm²,活塞杆(或柱塞)的断面为 50cm²,不计容积损失和机械损失,试确定各液压缸或活塞杆(柱塞)的运动方向、运动速度及牵引力(或推力)的值,并将它们分别填入表中相应位置。

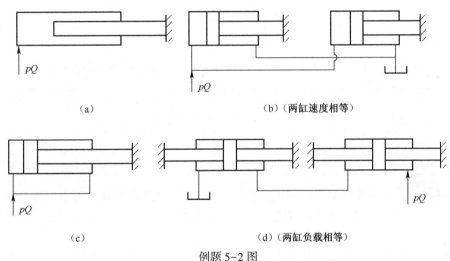

例题 5-2 图

解:(a)图所示为一柱塞油缸。

缸筒运动方向:向左

缸筒运动速度

$$v = \frac{Q}{A_2} = \frac{30 \times 10^{-3}}{50 \times 10^{-4}}(\text{m/min}) = 6\text{m/min}$$

牵引力

$$F = pA_2 = 20 \times 10^5 \times 50 \times 10^{-4}(\text{N}) = 10000\text{N}$$

(b) 图所示为两个活塞杆固定的单杆油缸并联形式。

缸体运动方向:向左

缸体运动速度

$$v = \frac{\frac{1}{2} \times Q}{A_1} = \frac{\frac{1}{2} \times 30 \times 10^{-3}}{100 \times 10^{-4}}(\text{m/min}) = 1.5\text{m/min}$$

牵引力

$$F = pA_1 = 20 \times 10^5 \times 100 \times 10^{-4}(\text{N}) = 20000\text{N}$$

(c) 图所示为一单杆油缸差动连接形式。

缸体运动方向:向左

缸体运动速度

$$v = \frac{Q}{A_2} = \frac{30 \times 10^{-3}}{50 \times 10^{-4}}(\text{m/min}) = 6\text{m/min}$$

牵引力

$$F = pA_2 = 20 \times 10^5 \times 50 \times 10^{-4}(\text{N}) = 10000\text{N}$$

(d) 图所示为两个活塞杆固定的双杆油缸串联形式。

缸体运动方向:向右

缸体运动速度

$$v = \frac{Q}{A_1 - A_2} = \frac{30 \times 10^{-3}}{(100 - 50) \times 10^{-4}}(\text{m/min}) = 6\text{m/min}$$

牵引力

$$F = \frac{1}{2}p \times (A_1 - A_2) = \frac{1}{2} \times 20 \times 10^5 \times (100 - 50) \times 10^{-4}(\text{N}) = 5000\text{N}$$

项目	(a)	(b)	(c)	(d)
运动方向(左或右)	左	左	左	右
速度/(m/min)	6	1.5	6	6
牵引力/N	10000	20000	10000	5000

例 5-3 图示两液压缸,缸内径 D,活塞杆直径 d 均相同,若输入缸中的流量都是 q,压力为 p,出口处的油都直接通油箱,且不计一切摩擦损失,比较它们的推力、运动速度和运动方向。

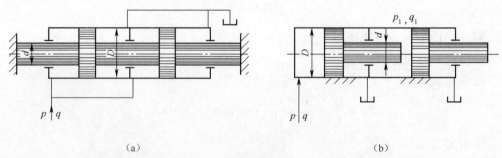

例题 5-3 图

解:图(a)为两双杆活塞缸串联在一起的增力缸,杆固定,缸筒运动,缸所产生的推力

$$F = 2pA = (\pi/2)p(D^2 - d^2)$$

输入两缸的总流量为 q,故输入每一缸的流量为 $0.5q$,故运动速度

$$v = (1/2)q/A = 2q/[\pi(D^2 - d^2)]$$

因杆固定,故缸运动方向向左。

图(b)为单杆缸和柱塞缸组成的增压缸,输出的压力为

$$p_1 = p(D/d)^2$$

输出流量 q_1 为

$$q_1 = (\pi/4)d^2 4q/(\pi D^2) = q(d/D)^2$$

以增压后的压力 p_1 输入另一单杆的无杆腔,产生的推力

$$F = p_1(\pi/4)D^2 = (\pi/4)D^2 p(D/d)^2$$

以 q_1 的流量输入单杆缸的无杆腔,活塞移动的速度为

$$v = q_1/[(\pi/4)D^2] = (4q/\pi D^2)(d/D)^2$$

活塞运动方向向右。

例 5-4 某液压系统执行元件采用单杆活塞缸,进油腔面积 $A_1 = 20\text{cm}^2$,回油腔面积 $A_2 = 12\text{cm}^2$,活塞缸进油管路的压力损失 $\Delta p_1 = 5 \times 10^5 \text{Pa}$,回油管的压力损失 $\Delta p_2 = 5 \times 10^5 \text{Pa}$,油缸的负载 $F = 3000\text{N}$,试求:

(1) 缸的负载压力 p_L 为多少?

(2) 泵的工作压力 p_p 为多少?

解: (1) 缸的负载压力 p_L 为

$$p_L = \frac{F}{A_1} = \frac{3000}{20 \times 10^{-4}}(\text{Pa}) = 15 \times 10^5 \text{Pa}$$

(2) 由活塞缸受力方程 $p_1 A_1 = F + p_2 A_2$ (式中 $p_2 = \Delta p_2$)得

$$p_1 = \frac{F}{A_1} + \Delta p_2 \frac{A_2}{A_1} = p_L + \Delta p_2 \frac{A_2}{A_1} = \left(15 \times 10^5 + 5 \times 10^5 \times \frac{12}{20}\right)(\text{Pa}) = 18 \times 10^5 \text{Pa}$$

泵的工作压力 p_p 为

$$p_p = p_1 + \Delta p_1 = (18 \times 10^5 + 5 \times 10^5)(\text{Pa}) = 23 \times 10^5 \text{Pa}$$

例 5-5 一单杆活塞缸承受 55000 N 的静负载(受压),若选定缸筒内径为 $D = 100\text{mm}$,采用两端铰接式安装,计算长度 $L = 1500\text{mm}$,油液工作压力 $p_1 = 80 \times 10^5 \text{Pa}$,求活塞杆采用 45 钢材料时应选用多大的直径?

解: 首先核算液压缸的推力

活塞杆直径 d 可以按力情况来确定:受压时,当 $p_1 > 70 \times 10^5 \text{Pa}$,取 $d = 0.7D = 70\text{mm}$,并取背压 $p_2 = 3 \times 10^5 \text{Pa}$,取液压缸的机械效率 $\eta_m = 0.95$,则液压缸的实际推力为

$$F = \left[\frac{\pi}{4}D^2 \cdot p_1 - \frac{\pi}{4}(D^2 - d^2) \cdot p_2\right] \cdot \eta_m$$

$$= \left[\frac{\pi}{4} \times 0.1^2 \times 80 \times 10^5 - \frac{\pi}{4}(0.1^2 - 0.07^2) \times 3 \times 10^5\right] \times 0.95$$

$$= 58550(\text{N}) > 55000\text{N}$$

可见液压缸的推力能满足要求。

其次校核活塞杆的强度。

取 $[\sigma] = 10 \times 10^7 \text{ N/m}^2$,由活塞杆强度计算式得

$$d = \sqrt{\frac{4F}{\pi[\sigma]}} = \sqrt{\frac{4 \times 55000}{\pi \times 10 \times 10^7}} \text{(m)} = 0.0265\text{m} = 26.5\text{mm} < 70\text{mm}$$

故活塞杆强度足够。

最后校核活塞杆的稳定性。

由于活塞杆截面的最小回转半径为

$$r_k = \sqrt{\frac{J}{A}} = \frac{d}{4} = \frac{70}{4} \text{(mm)} = 17.5\text{mm}$$

所以活塞杆细长比为

$$\frac{l}{r_k} = \frac{1500}{17.5} = 85.7$$

由于 $\psi_1 = 85, \psi_2 = 1$,故

$$\psi_1 \sqrt{\psi_2} = 85$$

因此 $\frac{l}{r_k} > \psi_1 \sqrt{\psi_2}$,故应采用下式求临界负载 F_k:

$$F_k = \frac{\pi^2 EJ}{l^2}$$

式中,$J = \frac{\pi d^4}{64} = \frac{\pi \times (70 \times 10^{-3})^4}{64} \text{(m}^4\text{)} = 1.18 \times 10^{-6} \text{m}^4, E = 2.06 \times 10^{11} \text{N/m}^2$,故

$$F_k = \frac{1 \times \pi^2 \times 2.06 \times 10^{11} \times 1.18 \times 10^{-6}}{(1500 \times 10^{-3})^2} \text{(N)} = 10.65 \times 10^5 \text{N}$$

安全系数为

$$n_k = \frac{F_k}{F} = \frac{10.65 \times 10^5}{55000} = 19.4 \gg 4$$

可见活塞杆的稳定性亦足够。

例 5-6 如图所示,流量为 5L/min 的油泵驱动两个并联油缸,已知活塞 A 重 10000N,活塞 B 重 5000N,两个油缸活塞工作面积均为 100 cm²,溢流阀的调整压力为 20×10^5 Pa,设初始两活塞都处于缸体下端,试求两活塞的运动速度和油泵的工作压力。

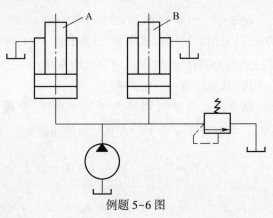

例题 5-6 图

解:根据液压系统的压力决定于外负载这一结论,由于活塞 A、B 重量不同,可知:活塞 A 的工作压力为

$$p_A = \frac{G_A}{A_A} = \frac{10000}{100 \times 10^{-4}} \text{(Pa)} = 10 \times 10^5 \text{Pa}$$

活塞 B 的工作压力为

$$p_B = \frac{G_B}{A_B} = \frac{5000}{100 \times 10^{-4}}(\text{Pa}) = 5 \times 10^5 \text{Pa}$$

故两活塞不会同时运动。

(1) 活塞 B 动，A 不动，活塞流量全部进入油缸 B，此时有

$$v_B = \frac{q}{A_B} = \frac{5 \times 10^{-3}}{100 \times 10^{-4}}(\text{m/min}) = 0.5\text{m/min}$$

$$v_A = 0$$

$$p_p = p_B = 5 \times 10^5 \text{Pa}$$

(2) 活塞 B 运动到顶端后，系统压力 p_p 升高时，活塞 A 运动，流量全部进入油缸 A，此时有

$$v_A = \frac{q}{A_A} = \frac{5 \times 10^{-3}}{100 \times 10^{-4}}(\text{m/min}) = 0.5\text{m/min}$$

$$v_B = 0$$

$$p_p = p_A = 10 \times 10^5 \text{Pa}$$

(3) 活塞 A 运动到顶端后，系统压力 p_p 继续升高，直至溢流阀打开，流量全部通过溢流阀回油箱，油泵压力稳定在溢流阀的调整压力，即

$$p_p = 20 \times 10^5 \text{Pa}$$

例 5-7 泵和马达组成系统，已知泵输出油压 $p_p = 100 \times 10^5 \text{Pa}$，排量 $q_p = 10 \text{cm}^3/\text{r}$，机械效率 $\eta_{mp} = 0.95$，容积效率 $\eta_{Vp} = 0.9$；马达排量 $q_M = 10 \text{cm}^3/\text{r}$，机械效率 $\eta_{mM} = 0.95$，容积效率 $\eta_{VM} = 0.9$，泵出口处到马达入口管路的压力损失为 $5 \times 10^5 \text{Pa}$，若泄漏量不计，马达回油管和泵吸油管的压力损失不计，试求：(1) 泵转速为 1500r/min 时，所需要的驱动功率 P_p；(2) 泵输出的液压功率 P_{op}；(3) 马达输出转速 n_M；(4) 马达输出功率 P_M；(4) 马达输出转矩 M_M。

解：(1) 泵所需要的驱动功率 P_p 为

$$P_p = \frac{p_p \cdot n_p \cdot q_p}{\eta_{mp}} = \frac{100 \times 10^5 \times 1500 \times 10 \times 10^{-6}}{60 \times 0.95}(\text{W}) = 2632\text{W}$$

(2) 泵输出液压功率 P_{op} 为

$$P_{op} = p_p \times n_p \cdot q_p \times \eta_{Vp} = 100 \times 10^5 \times \frac{1500}{60} \times 10 \times 10^{-6} \times 0.9(\text{W})$$

$$= 2250\text{W}$$

(3) 马达输出转速 n_M，泵输出流量即为马达输入流量，故

$$n_M = \frac{n_p \cdot q_p \cdot \eta_{Vp} \cdot \eta_{VM}}{q_M} = \frac{1500 \times 10 \times 0.9 \times 0.9}{10}(\text{r/min})$$

$$= 1215\text{r/min}$$

(4) 马达输出功率 P_M，考虑管路损失，输入马达的压力为

$$p_M = p_p - \Delta p = (100 - 5) \times 10^5 (\text{Pa}) = 95 \times 10^5 \text{Pa}$$

马达输出功率为

$$P_{\mathrm{M}} = p_{\mathrm{M}} \cdot q_{\mathrm{M}} \cdot n_{\mathrm{M}} \cdot \eta_{\mathrm{mM}} = 95 \times 10^5 \times \frac{1215}{60} \times 10 \times 10^{-6} \times 0.95(\mathrm{W})$$
$$= 1828\mathrm{W}$$

(5) 马达输出转矩 M_{M} 为

$$M_{\mathrm{M}} = \frac{P_{\mathrm{M}}}{2\pi n_{\mathrm{M}}} = \frac{1828 \times 60}{2\pi \times 1215}(\mathrm{N} \cdot \mathrm{m}) = 14.37\mathrm{N} \cdot \mathrm{m}$$

习 题

1. 如果要求机床工作往复运动速度相同时,应采用什么类型的液压缸?

2. 多级伸缩套筒缸一般是单作用式的,若要设计一个双作用式的多级伸缩套筒缸,其结构示意图如何?

3. 液压缸工作时,为什么会产生牵引力不足或速度下降现象?怎样解决?

4. 从能量观点看,液压泵和液压马达有什么区别和联系?从结构上来看液压泵和液压马达又有什么区别和联系?

5. 图示三种结构形式的液压缸,直径分别为 D、d,如进入缸的流量为 q,压力为 p,分析各缸产生的推力、速度大小和运动方向。

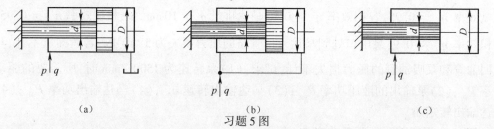

习题 5 图

6. 单活塞杆液压缸,活塞直径 $D = 8\mathrm{cm}$,活塞杆直径 $d = 5\mathrm{cm}$,进入液压缸的流量 $q = 30\mathrm{L/min}$,问往复速度各为多少?

7. 如图所示差动连接液压缸。已知进油流量 $Q = 30\mathrm{L/min}$,进油压力 $p = 40 \times 10^5 \mathrm{Pa}$,要求活塞往复运动速度相等,且速度均为 $v = 6\mathrm{m/min}$,试计算此液压缸筒内径 D 和活塞杆直径 d,并求输出推力 F。

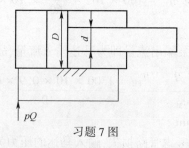

习题 7 图

8. 如图所示,图(a)中小液压缸(面积 A_1)回油腔的油液进入大液压缸(面积 A_3)。

而图(b)中,两活塞用机械刚性连接,油路连接和图(a)相似。当供油量 q、供油压力 p 均相同时,试分别计算图(a)和图(b)中大活塞杆上的推力和运动速度。

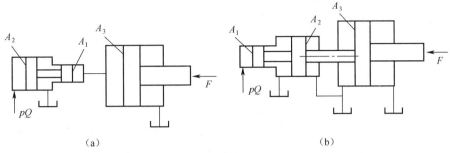

习题 8 图

9. 图示两个结构相同相互串联的液压缸,无杆腔的面积 $A_1 = 100 \text{ cm}^2$,有杆腔面积 $A_2 = 80 \text{ cm}^2$,缸 1 输入压力 $p_1 = 9 \times 10^5 \text{Pa}$,输入流量 $q_1 = 12\text{L/min}$,不计损失和泄漏,求:(1) 两缸承受相同负载时($F_1 = F_2$),该负载的数值及两缸的运动速度?(2) 缸 2 的输入压力是缸 1 的一半时($p_2 = \frac{1}{2}p_1$),两缸各能承受多少负载?(3) 缸 1 不承受负载时($F_1 = 0$),缸 2 能承受多少负载?

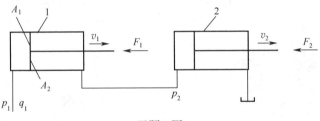

习题 9 图

10. 缸径 $D = 63\text{mm}$,活塞杆径 $d = 28\text{mm}$,采用节流口可调式缓冲装置,环形缓冲腔小径 $d_c = 35\text{mm}$,求缓冲行程 $l_c = 25\text{mm}$,运动部件质量 $m = 2000\text{kg}$,运动速度 $v_0 = 0.3\text{m/s}$,摩擦力 $F_f = 950\text{N}$,工作腔压力 $p_p = 70 \times 10^5 \text{Pa}$ 时的最大缓冲压力。如缸筒强度不够时该怎么办?

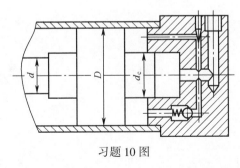

习题 10 图

11. 一液压马达,要求输出转矩为 52.5N·m,转速为 30r/min,马达排量为 105mL/r,马达的机械效率和容积效率均为 0.9,出口压力 $p_2 = 2 \times 10^5 \text{Pa}$,试求马达所需的流量和压力各为多少?

115

12. 某液压马达的排量 $q = 10 \text{ cm}^3/\text{r}$，供油压力 $p_1 = 100 \times 10^5 \text{Pa}$，回油压力 $p_2 = 5 \times 10^5 \text{Pa}$，供油量为 $Q = 12\text{L/min}$，其容积效率 $\eta_V = 0.90$，机械效率 $\eta_m = 0.80$，求该马达的输出转速、输出转矩和实际输出功率。

13. 某液压马达的进油压力 $p_1 = 102 \times 10^5 \text{Pa}$，回油压力 $p_2 = 2 \times 10^5 \text{Pa}$，理论排量 $q = 200 \text{ cm}^3/\text{r}$，总效率 $\eta = 0.75$，机械效率 $\eta_m = 0.9$，试计算：(1) 该液压马达所能输出的理论扭矩 M_0 为多少？(2) 若液压马达转速 $n = 500\text{r/min}$，则输入该马达的实际流量应是多少？(3) 当外载为 $200\text{N} \cdot \text{m}$，马达转速为 500r/min 时，该马达的输入功率和输出功率各为多少？

14. 图示为变量泵和定量马达系统，低压辅助泵输出压力 $p_y = 4 \times 10^5 \text{Pa}$，泵最大排量 $q_{p\max} = 100\text{mL/r}$，转速 $n_p = 1000\text{r/min}$，容积效率 $\eta_{Vp} = 0.9$，机械效率 $\eta_{mp} = 0.85$。马达的相应参数为 $q_M = 50\text{mL/r}$，$\eta_{VM} = 0.95$，$\eta_{mM} = 0.9$。不计管道损失，当马达的输出转矩为 $T_M = 40N \cdot m$，转速为 $n_M = 160\text{r/min}$ 时，求变量泵的排量、工作压力和输入功率。

15. 图为定量泵和定量马达系统。泵输出压力为 $p_p = 100 \times 10^5 \text{Pa}$，排量 $q_p = 10\text{mL/r}$，转速 $n_p = 1450\text{r/min}$，机械效率 $\eta_{mp} = 0.9$，容积效率 $\eta_{Vp} = 0.9$；马达排量 $q_M = 10\text{mL/r}$，机械效率 $\eta_{mM} = 0.9$，容积效率 $\eta_{VM} = 0.9$，泵出口和马达进口间管道压力损失 $5 \times 10^5 \text{Pa}$，其他损失不计，试求：(1) 泵的驱动功率？(2) 泵的输出功率？(3) 马达输出转速、转矩和功率？

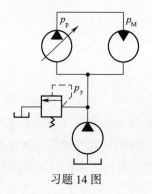

习题 14 图

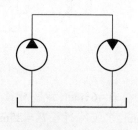

习题 15 图

第六章 液压辅助元件

液压系统的辅助元件是指除动力元件、执行元件和控制元件以外的其他起辅助作用的液压件,包括密封件、管件、压力表、滤油器、油箱、热交换器和蓄能器等。从液压传动的工作原理来看它们只起着辅助作用,然而从保证液压系统有效的传递力和运动以及提高液压系统工作性能来看,它们却是系统不可缺少的重要组成部分。实践证明,它们对液压系统的效率、温升、噪声和寿命等性能的影响极大。如果选用或使用不当,会影响整个液压系统的工作性能,甚至使之无法正常工作。所以,在设计、制造和使用液压设备时,必须重视辅助元件。其中油箱可供选择的标准件较少,常常是根据液压设备和系统的要求自行设计,其他一些辅助元件则做成标准件,供设计时选用。

第一节 密 封 件

密封按其工作原理可分为非接触式密封和接触式密封。前者主要指间隙密封,后者指密封件密封。

一、密封件的作用和分类

密封装置在液压元件和系统中是用来防止工作介质的泄漏和外界空气、灰尘的侵入。其中起密封作用的元件称为密封件。

密封件能防止外漏,比如液压缸活塞杆和端盖处的密封,不允许液压件产生外漏,如发生外漏则会使系统工作效率降低和污染环境,甚至无法工作和引起火灾。

密封件还能防止内漏,比如液压缸活塞的密封可防止油液从高压腔流到低压腔。密封不好会使内漏损量超过允许值,从而降低系统的容积效率。也就是说,系统内漏过大,系统和元件就无法保持正常的工作压力和流量,从而会导致系统和元件最终无法正常工作。

密封件也能防止空气和灰尘以及其他污染物侵入系统。空气侵入系统后使油的弹性模量降低,产生气穴,增加系统的噪声和振动,油被污染等。灰尘侵入系统后,增加了油的污染度,阻塞缝隙,增加磨损,降低寿命等。

密封件虽小,但任何液压元件都必须用到密封件,而且在系统多处分布,起的作用不小。在历史上曾经有过航天器因密封件失效而造成机毁人亡的空难,这足以使液压工程师在选用、设计密封件时引为借鉴。

根据被密封部位的耦合面在机械运转时有无相对运动,密封件可以分为静密封和动密封两大类。密封件的分类见表 6-1 所列。

表6-1 密封的分类

分类			主要密封件
静密封	非金属静密封		O形密封圈、橡胶垫片、聚四氟乙烯带
	半金属静密封		组合密封垫圈
	金属静密封		金属密封垫圈、空心金属O形密封圈
	液态静密封		密封胶
动密封	非接触式密封		间隙密封
	接触式密封	O形密封	O形密封圈
		唇形密封	Y形圈、Yx形圈、V形圈、雷形圈、鼓形圈、组合U形圈、复合唇形圈、双向组合唇形圈
		组合密封	组合密封圈、异形密封圈
		活塞环密封	活塞环
		机械密封	机械密封件
		油封	油封件
		防尘密封	防尘圈

一般说来,液压系统对密封件的主要要求有以下几点:
(1) 在一定的压力和温度范围内必须具备良好的密封性能;
(2) 有相对运动时,因密封件所引起的摩擦力应尽量小,摩擦因数应尽量稳定;
(3) 密封件的材料和系统采用的工作介质要有相容性,即密封件的耐腐蚀性好;
(4) 耐磨性好,不易老化,工作寿命长,磨损后能在一定程度上自动补偿;
(5) 弹性好,温度适应性好,有适当的机械强度;
(6) 结构简单,装拆方便,成本低廉。

二、常用密封件

常用密封件按其断面形状可分为O形密封圈、唇形密封圈和组合密封圈,而唇形密封圈又可分为Y形、V形密封圈等。

1. O形密封圈

O形密封圈又简称O形圈,截面呈圆形。O形密封圈一般由耐油橡胶(丁腈橡胶、聚氨酯橡胶、氟橡胶等)制成,与常用的石油基液压油有良好的相容性。它主要用于静密封和滑动密封,而在转动密封中用得较少。在用于滑动密封时,O形圈的使用速度要求在$0.005 \sim 0.3 m/s$之间。

O形密封圈的内、外侧及端部都能起密封作用,其密封原理如图6-1所示。当O形圈装入密封槽后,其截面受压缩变形。在无液体压力时,靠O形圈的弹性对接触面产生预接触压力p_0来实现初始密封,如图6-1(a)所示;在密封腔充满压力油后,在液压力p的作用下,O形圈在油压作用下被挤向密封槽的一侧,封闭了间隙,同时变形增大,密封面上的接触压力上升到p_m,使密封能力加强。所以O形圈具有良好的密封作用,如图6-1(b)所示。

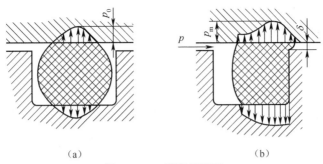

图 6-1 O 形密封原理

O 形圈受到的液体压力

$$p_m = p_0 + p_H$$
$$p_H = K \cdot p$$

式中 p_H——被密封的有压液体通过 O 形圈传给接触面的压力；

K——压力传递系数，$K > 1$。

O 形圈在工作过程中，只有保持一定的 p_m 值，才能可靠密封，当然，增大 p_m 值后，必然导致摩擦阻力的升高。从上式可看出：沟槽中 O 形圈变形量越大，p_m 值就越大；同时，若增大 p 值，也会使 p_m 值增大。这就是 O 形圈的显著优点，被密封的有压液体，压力越高密封性就越好。

密封圈在安装时都必须保证适当的预压缩量。预压缩量过小不能起密封作用，过大则会使摩擦力增大，且易老化损坏。因此，安装密封圈的沟槽尺寸形状和表面加工精度必须按有关手册给出的数据进行确定。不管是静密封还是动密封，当压力较高时，O 形圈都可能会被挤入配合间隙中而损坏，解决的办法是在 O 形圈低压侧或同时在两侧增加挡圈。挡圈用较硬的聚四氟乙烯制成（图 6-2）。用于静密封时，当压力 p 超过 32MPa 时则要装挡圈，这样密封压力最高可达 70MPa。用于动密封时，当压力 p 大于 10MPa 时也要装挡圈，此时密封压力最高可达 32MPa。

O 形密封圈的安装沟槽，除矩形外，也有 V 形、燕尾形、半圆形、三角形等，实际应用中可查阅有关手册及国家标准。

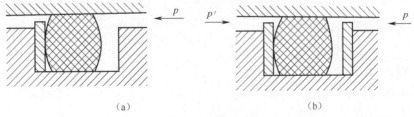

图 6-2 挡圈的设置

(a)一侧有挡圈；(b)两侧有挡圈。

O 形密封圈是液压系统中应用最广泛的一种密封元件，具有以下一些特点：

(1) 密封性好，寿命较长；

(2) 用一个密封圈即可起到双向密封的作用；

(3) 动摩擦阻力较小;
(4) 对油液的种类、温度和压力适应性强;
(5) 体积小、重量轻、成本低;
(6) 结构简单、装拆方便;
(7) 既可作动密封用,又可作静密封用;
(8) 可在-40~120℃较大的温度范围内工作。

但用作动密封时,它与唇形密封圈相比,其磨损后补偿少,寿命较短,且对密封装置机械部分的加工精度要求较高。

2. Y形和Yx形密封圈

Y形密封圈整体呈圆形,截面呈Y形(图6-3)。它属于唇形密封圈类,一般用耐油的丁腈橡胶制成。它是一种密封性、稳定性和耐压性较好,摩擦阻力小,寿命较长的密封圈。Y形密封圈主要用于往复运动装置的密封,其使用寿命远高于O形密封圈。Y形密封圈的适用工作压力不大于40MPa,工

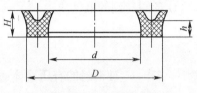

图6-3 Y形密封圈

作温度为-30~80℃,采用聚氨酯橡胶制作时,其工作速度范围在0.01~1m/s。

Y形密封圈的密封作用依赖于它的唇边对耦合面的紧密接触,并在压力油作用下产生较大的接触压力,达到密封目的。当液压力升高时,唇边与耦合面贴得更紧,接触压力更高,并且Y形密封圈在磨损后有一定的自动补偿能力,故具有较好的密封性能。

Y形密封圈安装时,唇口端应对着液压力高的一侧。当压力变化较大、滑动速度较高时,要使用支承环,以固定密封圈,如图6-4所示。

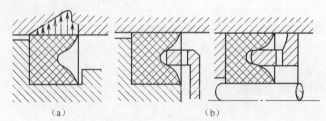

图6-4 Y形密封圈的安装
(a)Y形圈的密封作用;(b)带支承环的Y形圈。

Y形密封圈的特点如下:
(1) 密封性能稳定可靠;
(2) 摩擦阻力小,运动平稳;
(3) 耐压性好,适用压力范围广;
(4) 结构简单,价格低廉;
(5) 安装容易,维修方便。

Y形密封圈由于断面较宽,在工作面往复运动中,唇边较容易出现翻转和扭曲,而使密封失效。因此就有了Y形密封圈的改型产品——Yx形密封圈。

Yx形密封圈如图6-5所示,它是Y形密封圈的改型产品。其截面的长宽比在两倍以上,以不等高唇结构设计,短唇为滑动面。因而不易翻转,稳定性好,滑动摩擦阻力小,

耐磨性好,寿命长。其长唇与非运动表面有较大的预压缩量,摩擦阻力大,工作时不易窜动。

Yx形密封圈使用范围基本同Y形密封圈。但Yx形密封圈有孔用和轴用之分,孔用的规格由 D 表示,轴用的规格由 d 表示。其安装形式如图6-6所示。同样,唇边应面向压力油来源。

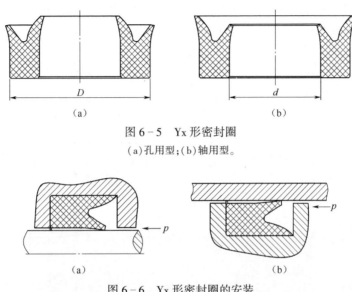

图6-5　Yx形密封圈
(a)孔用型;(b)轴用型。

图6-6　Yx形密封圈的安装
(a)轴用型;(b)孔用型。

3. V形密封圈

V形圈由多层涂胶织物压制而成,它的截面为V形,如图6-7所示。V形密封装置是由压环、V形圈和支承环组成的,使用时必须成套使用。它适宜在工作压力不大于50MPa、温度为-40~80℃的条件下工作。当工作压力高于10MPa时,可增加V形圈的数量,以提高密封效果,但最多不超过6个。安装时,V形圈的开口应面向压力高的一侧。

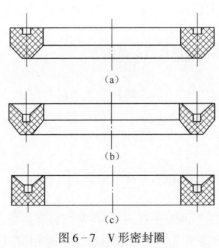

图6-7　V形密封圈
(a)压环;(b)V形圈;(c)支承环。

V形圈密封具有以下优点：
(1) 工作性能良好,耐高压,寿命长；
(2) 通过调节压紧力,可获得最佳的密封效果；
(3) 能在偏心状态下可靠密封；
(4) 当无法从轴向装入时,可切交错开口安装,不影响密封效果。

但V形密封装置的摩擦阻力及结构尺寸较大,检修和拆装不方便。它主要用于活塞及活塞杆的往复运动密封,也经常用于水基柱塞泵的柱塞密封。

4. 组合密封圈

组合密封圈由两个或两个以上的密封件构成,主要用于运动密封。其中滑动部分是由润滑性能好、摩擦系数低的材料做成。另一部分是用弹性体元件,构成密封和预压紧作用。

组合密封圈是结构与材料全部实施组合形式的往复运动用密封元件。它由加了填充材料的改性聚四氟乙烯滑环1和2,以及作为弹性体的O形密封圈3组成,结构形式如图6-8所示。

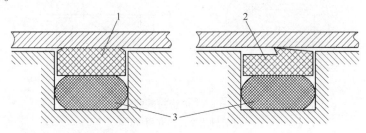

图6-8 组合密封圈
1—格来圈；2—斯特圈；3—O形密封圈。

格来圈1和斯特圈2都是以聚四氟乙烯树脂为基材,按使用条件充填铜粉、石墨、二硫化钼等材料制成。

组合密封圈特点：
(1) 具有极低的摩擦因数(0.02~0.04),动、静摩擦因数变化小,因此,运动平稳,低速性能好。
(2) 自润滑性能好,与金属耦合面不易粘着。
(3) 密封性能良好。
(4) 可根据使用条件改变聚四氟乙烯树脂充填材料配比,以获得最佳性能。

组合密封圈已广泛应用于中高压液压缸的往复运动密封,适用范围：工作压力不大于50MPa,运动速度不大于1m/s,工作温度-30~120℃。

5. 防尘圈

防尘圈用于刮除液压缸外粘在活塞杆上的脏物,以防进入液压缸内部造成油液的污染,如图6-9所示。

在尘土较多的环境下工作的液压缸,一般在活塞杆和缸盖之间都要装防尘圈。防尘圈形式很多,可根据不同的需要选择。一般的防尘圈是用聚氨酯材料制造,使用速度不大于1m/s,工作温度-35~100℃。

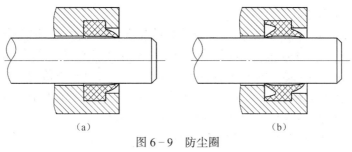

图 6-9 防尘圈
(a)防尘圈;(b)异型防尘圈。

6. 油封

油封通常是指对润滑油的密封,用于旋转轴上,对内封油,对外防尘。油封分为无骨架油封(图 6-10(a))和有骨架油封(图 6-10(b))两种。

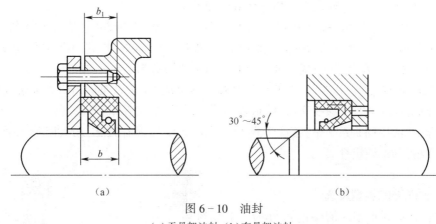

图 6-10 油封
(a)无骨架油封;(b)有骨架油封。

油封装在轴上,要有一定的过盈量。油封的唇边对轴产生一定的径向压力,形成一稳定的油膜。油封的工作温度一般比工作介质温度高 20~40℃,所以一般采用丁腈橡胶和丙烯酸酯橡胶制造。油封的工作压力不能超过 0.05MPa。油封安装时,一定要使唇端朝着被密封的油液一侧。

第二节 蓄能器

蓄能器又称蓄压器式储能器,是一种能把压力油的油压储存在耐压容器里,待需要时又将其释放出来的一种装置。它在液压系统中可调节能量、均衡压力、减少设备容积、降低功率消耗及减少系统发热。

一、蓄能器的作用

蓄能器是能够存储液压系统中油液压力能的一种特殊容器。当系统工作需要时,压力油克服外力充入蓄能器。这些外力可以是重力、弹簧力或气体压力。当系统需要时,蓄能器又可释放出一定体积的有压油液。简单地讲,蓄能器是液压系统中储存和释放液压能的元件。

蓄能器的功能如下：

（1）储存液压能。当液压系统工作循环中所需的流量变化较大时，可采用蓄能器与小流量的泵配合使用，组成油源。在短期大流量时，由蓄能器与泵同时供油。所需流量较小时，泵将多余的油液向蓄能器充油储存起来。这样，可以减小传动功率、减少功耗及系统发热、减少油源占地面积、节省投资。当停电或驱动液压泵的原动力发生故障时，或可靠性要求较高的液压系统，蓄能器可作应急能源使用。

（2）系统保压及补偿泄漏。当对某一动作要求长时间内保持恒定压力而泵需要卸荷时，可采用蓄能器补偿系统泄漏，稳定系统压力。

（3）吸收液压冲击，消除压力脉动。当换向阀突然换向、液压泵突然停车、执行元件突然停止运动、紧急制动等原因使液流速度和方向急剧变化时，将产生液压冲击。其值可高达正常压力的几倍以上，往往造成系统强烈振动，造成仪表、元件等损坏，甚至引起管道破裂，可用蓄能器来吸收和缓和这种液压冲击。

（4）作紧急动力源。对某些系统，要求当泵发生故障或停电（对执行元件的供油突然中断）时，执行元件应继续完成必要的动作。例如，为了安全起见，液压缸的活塞杆必须内缩到缸内。这种场合下，需要有适当容量的蓄能器作紧急动力源。

对于要求较高的液压系统，若泵的压力流量脉动较大，可在泵的出口处安装蓄能器，使脉动降低到最小限度，减少事故，降低噪声，提高系统的工作平稳性。

此外，在液压伺服系统中，蓄能器还用于降低系统的固有频率，增大阻尼系数，提高稳定度，改善动态稳定性。

二、蓄能器的类型及选用

蓄能器按蓄能方式的不同可分为重力式蓄能器、弹簧式蓄能器、充气式蓄能器三类。常采用的蓄能器是充气式，它利用气体（常用氮气）压缩和膨胀储存和释放液压能。充气式蓄能器又可分为活塞式、气囊式、隔膜式、管式、波纹式等几种。

1. 活塞式蓄能器

如图6-11（a）所示，这种蓄能器用浮动自由活塞将气相和液相隔离，上腔经充气阀充气，下腔接通压力油，活塞上凹主要是增加气室容积。活塞和筒状蓄能器内壁之间有密封。这种蓄能器结构简单，安装和维修方便，寿命长、强度高。但存在加工精度要求较高，活塞的密封性问题，使充气压力受到限制；因密封件的摩擦和活塞惯性的影响，动态响应较慢；不适于作吸收脉动和液压冲击用。最高工作压力为17MPa，总容量为1~39L，温度适用于4~80℃。

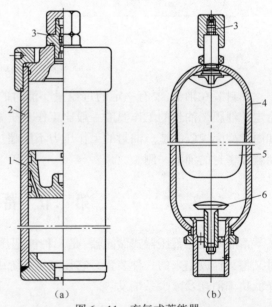

图6-11 充气式蓄能器
(a)活塞式蓄能器；(b)气囊式蓄能器。
1—活塞；2—缸筒；3—充气阀；4—壳体；5—气囊；6—限位阀。

2. 气囊式蓄能器

如图6-11(b)所示,气体和油液被气囊5隔开,气囊内充入一定压力的氮气,压力油经壳体4底部的限位阀6通入,气囊5受压而储能,限位阀6用于保护气囊不被挤坏。这种蓄能器的优点是惯性小、反应灵敏、结构紧凑、尺寸小、重量轻、安装方便;缺点是制造困难。气囊式蓄能器有折合型和波纹型两种,前者适用于储能,后者适用于吸收压力冲击,这种气囊式蓄能器在现代液压系统中应用最广。目前我国生产的这种蓄能器的工作压力为3.5~35MPa,容量范围为0.16~200L,温度范围为-10~65℃。

三、蓄能器的容量

蓄能器的容量包括气腔和液腔的容积之和,是选用蓄能器时的一个重要参数,其容量大小与用途有关。对气囊式蓄能器,若设充气压力为 p_0,充气容积为 V_0(容量),工作时要求释放的油液体积为 ΔV,系统的最高和最低工作压力为 p_1 和 p_2,相应的容积为 V_1 和 V_2。由气体状态方程有

$$p_0 V_0^n = p_1 V_1^n = p_2 V_2^n = 常数 \tag{6-1}$$

式中,n 为多变指数,其值由气体的工作条件决定。当蓄能器用作补偿泄漏,起保压作用时,因释放能量的速度缓慢,可认为气体在等温下工作,取 $n=1$;当蓄能器用作辅助油源时,因释放能量迅速,认为气体在绝热条件下工作,取 $n=1.4$。实际上蓄能器工作过程多属于多变过程,储油时气体压缩为等温过程,放油时气体膨胀为绝热过程,故一般推荐 $n=1.25$。由

$$\Delta V = V_1 - V_2 \tag{6-2}$$

可求得蓄能器的容量

$$V_0 = \frac{\Delta V}{p_0^{\frac{1}{n}} \left[\left(\frac{1}{p_2}\right)^{\frac{1}{n}} - \left(\frac{1}{p_1}\right)^{\frac{1}{n}} \right]}$$

理论上,p_0 可与 p_2 相等,但因系统有泄漏,为保证系统压力为 p_2 时,蓄能器还能释放压力油,补偿泄漏,应使 $p_0 < p_2$。一般,折合型取 $p_0 \approx (0.8 \sim 0.85) p_2$,波纹型取 $p_0 \approx (0.6 \sim 0.65) p_2$。

用于吸收液压冲击的蓄能器的容量与管路布置、油液流态、阻尼情况及泄漏大小有关。准确计算比较困难,实际计算常采用下述经验公式:

$$V_0 = \frac{0.004 q p_2 (0.0164 L - t)}{p_2 - p_1} \tag{6-3}$$

式中 q——阀口关闭前管道的流量;

t——阀口由开到关闭的持续时间;

p_1——阀开、闭前工作压力;

p_2——系统允许的最大冲击压力,一般取 $p_2 \approx 1.5 p_1$;

L——产生冲击波的管道长度。

四、蓄能器的安装

蓄能器在安装使用时,根据发挥的作用不同,安装位置也有所不同,安装时需注意以

下问题:

(1) 蓄能器需安装在便于检查、维修的位置,并要远离热源。
(2) 蓄能器一般垂直安装,油口向下,充气阀朝上。
(3) 装在管路上的蓄能器,必须有牢固的固定装置加以固定。
(4) 用于吸收液压冲击、压力脉动和降低噪声的蓄能器应尽可能靠近振源。
(5) 蓄能器与液压泵之间应装单向阀,以防液压泵停车或卸荷时,蓄能器内的压力油倒流而使泵反转。
(6) 蓄能器与管路之间应安装截止阀,以便于充气和检修之用。

第三节 滤油器

一、液压油的污染和过滤

据有关资料统计,液压系统75%以上的故障是由于油液污染造成的。污染严重的液压油会对系统的性能和工作产生严重影响。当液压系统油液中混有杂质微粒时,会卡住滑阀,堵塞小孔,加剧零件的磨损,缩短元件的使用寿命。油液污染越严重,系统工作性能越差、可靠性越低,甚至会造成故障。油液污染是液压系统发生故障,液压元件过早磨损、失效的重要原因。

液压系统的油液会不可避免地混入各种杂质。其来源大致如下:初始就残留在液压系统中的杂质,如铁屑、焊渣、铸砂及清洗时残留的棉纱屑等;外界进入液压系统的杂质,如从加油口、防尘圈等处进入的灰尘;油液在运输过程中从空气和运输设备中混入的杂质等;工作过程中产生的杂质,如密封材料受液压作用形成的碎片,运动副磨损产生的金属粉尘,油液在高温下经化学作用产生的酸类、胶状物,以及密封材料、橡胶软管、容器内壁涂料等在油液中溶解形成的固体杂质等。

为了保持油液清洁,一方面应尽可能防止或减少油液污染;另一方面要把已污染的油液净化。一般在液压系统中,采用滤油器来过滤油液的方式来保持油液清洁。

二、滤油器的主要性能指标

滤油器的主要性能指标有过滤精度、流通能力、压力损失等,其中过滤精度为主要指标。

1. 过滤精度

过滤精度指滤芯所能滤掉的杂质颗粒的公称尺寸,以 μm 来度量。例如,过滤精度为 $20\mu m$ 的滤芯,从理论上说,允许公称尺寸为 $20\mu m$ 的颗粒通过,而大于 $20\mu m$ 的颗粒应完全被滤芯阻流。实际上在滤芯下游仍发现有少数大于 $20\mu m$ 的颗粒。此种概念的过滤精度叫绝对过滤精度,简称过滤精度。滤油器按过滤精度可以分为粗过滤器、普通过滤器、精过滤器和特精过滤器四种,它们分别能滤去公称尺寸为 $100\mu m$ 以上、$10\sim100\mu m$、$5\sim10\mu m$ 和 $5\mu m$ 以下的杂质颗粒。

液压系统所要求的过滤精度应使杂质颗粒尺寸小于液压元件运动表面间的间隙或

油膜厚度,以免卡住运动件或加剧零件磨损,同时也应使杂质颗粒尺寸小于系统中节流孔和节流缝隙的最小开度,以免造成堵塞。液压系统不同,液压系统的工作压力不同,对油液的过滤精度要求也不同,其推荐值见表6-2。

表6-2 过滤精度推荐值表

系统类别	润滑系统	传动系统			伺服系统
系统工作压力/MPa	0~2.5	<14	14~32	>32	21
过滤精度/μm	<100	25~50	<25	<10	<5
滤油器精度	粗	普通	普通	普通	精

2. 通流能力

滤油器的通流能力一般用额定流量表示,它与滤油器滤芯的过流面积成正比。

3. 压力损失

压力损失是指滤油器在额定流量下进、出油口间的压差。一般而言,滤油器的通流能力越好,压力损失就越小。

4. 纳垢容量和过滤能力

纳垢容量是指滤油器压力降达到规定的最大允许值时可以滤除并容纳的污物的总质量(以g计)。滤油器的纳垢容量越大,其使用寿命越长,所以它是反映滤油器寿命的重要指标。一般来说,滤芯尺寸越大,即过滤面积越大,纳垢容量越大,寿命越长。

过滤能力是指在一定压力差下允许通过的最大流量。滤油器在液压系统中的位置不同,对过滤能力的要求也不同。在泵的吸液口过滤能力应为泵额定流量的两倍以上;在一般压力管道和回液管路中,其过滤能力只要达到管路中最大流量即可。

5. 其他性能

滤油器的其他性能主要是指滤芯强度、滤芯寿命、滤芯耐腐蚀性等指标。

三、滤油器的典型结构

液压系统中常用的滤油器,按滤芯结构形式可分为网式、线隙式、纸芯式、烧结式、磁铁式等;按连接方式可分为管式、板式、法兰式;按在液压系统中被安装的部位又可分为吸油过滤器、压油过滤器和回油过滤器;按过滤精度来分可分为粗过滤器和精过滤器两大类;按过滤的方式可分为表面型、深度型和中间型过滤器。

1. 各种形式的滤油器及其特点

(1) 网式滤油器。网式滤油器结构如图6-12所示,它由上盖2、下盖4和几块不同形状的金属丝编织方孔网或金属编织的特种网3组成。为了使滤油器具有一定的机械强度,金属丝编织方孔网或特种网包在四周都开有圆形窗口的金属和塑料圆筒芯架上。标准产品的过滤精度只有80μm、100μm、180μm三种,压力损失小于0.01MPa,最大流量可达630L/min。网式滤油器属于粗滤油器,一般安装在液压泵吸油路上,用以阻止油箱内污染物被泵吸入,也称作吸油滤油器。它具有结构简单、通油能力大、阻力小、易清洗、可重复使用等特点。

(2) 线隙式滤油器。线隙式滤油器结构如图6-13所示,它由端盖1、壳体2、带有孔

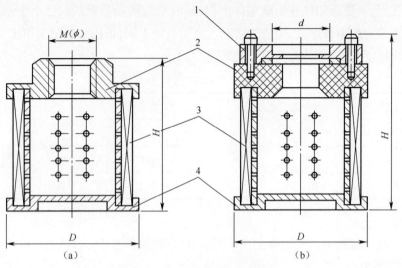

图 6-12 WU 型网式滤油器
(a) 管式;(b) 法兰式。
1—法兰;2—上盖;3—滤网;4—下盖。

眼的筒形芯架 3 和绕在芯架外部的铜线或铝线 4 组成。过滤杂质的线隙是把每隔一定距离压扁一段的圆形截面铜线绕在芯架外部时形成的。这种滤油器工作时,油液从孔 a 进入滤油器,经线隙过滤后进入芯架内部,再由孔 b 流出。这种滤油器的特点是结构较简单,过滤精度较高,通油性能好。其缺点是不易清洗、滤芯材料强度较低。这种滤油器一般安装在回油路或液压泵的吸油口处,线隙式滤油器有 $30\mu m$、$50\mu m$、$80\mu m$、$100\mu m$ 四种精度等级,额定流量下的压力损失约为 $0.02 \sim 0.15MPa$。这种滤油器有专用于液压泵吸油口的 J 型,它仅由筒形芯架 3 和绕在芯架外部的铜线或铝线 4 组成。

(3) 纸芯式滤油器。这种滤油器与线隙式滤油器的区别只在于用纸质滤芯代替了线隙式滤芯,图 6-14 所示为其结构。纸芯部分是把平纹或波纹的酚醛树脂或木浆微孔滤纸绕在带孔的用镀锡铁片做成的骨架上。为了增大过滤面积,滤纸成折叠形状。这种滤油器压力损失约为 $0.01 \sim 0.12MPa$,过滤精度高,有 $5\mu m$、$10\mu m$、$20\mu m$ 等规格,但这种滤油器易堵塞,无法清洗,经常需要更换纸芯,因而费用较高,一般用于需要精过滤的场合。

(4) 金属烧结式滤油器。金属烧结式滤油器有多种结构形状,图 6-15 是其中一种,由端盖 1、壳体 2、滤芯 3 等组成,有些结构加有磁环 4 用来吸附油液中的铁质微粒,效果尤佳。滤芯通常由颗粒状青铜粉压制后烧结而成,它利用铜颗粒间的微孔过滤杂质。这种过滤器的过滤精度一般为 $10 \sim 100\mu m$,压力损失为 $0.03 \sim 0.2MPa$。这种过滤器的特点是滤芯能烧结成杯状、管状、板状等各种不同的形状,它的强度大、性能稳定、抗腐蚀性好、制造简单、过滤精度高,适用于精过滤。缺点是铜颗粒容易脱落,堵塞后不易清洗。

(5) 其他形式的滤油器。滤油器除了上述几种基本形式外,还有其他的形式。磁性滤油器是利用永久磁铁来吸附油液中的铁屑和带磁性的磨料。目前,一种微孔塑料滤油器已开始应用。滤油器也可以做成复式的,例如,液压挖掘机液压系统中的滤油器,在纸芯式滤油器的纸芯内装置一个圆柱形的永久磁铁,便于进行两种方式同时过滤。

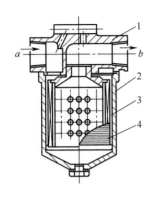 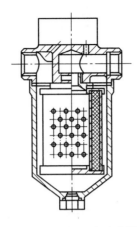 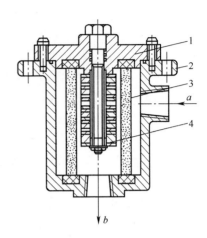

图 6-13　XU 型线隙式滤油器　　图 6-14　纸芯式滤油器　　图 6-15　烧结式滤油器
1—端盖；2—壳体；　　　　　　　　　　　　　　　　　　　　　1—端盖；2—壳体；
3—筒形芯架；4—铜丝或铝丝。　　　　　　　　　　　　　　　3—滤芯；4—磁环。

2. 滤油器上的堵塞指示装置和发讯装置

带有指示装置的滤油器能指示出滤芯的堵塞情况，当堵塞超过规定状态时发讯装置便发出报警信号，提醒管理人员对滤油器进行维护。也可发出电信号，由电路自动完成备用滤油器的切换和停止液压系统工作。

图 6-16 所示为滑阀式堵塞指示装置的工作原理。滤油器进、出油口的压力油分别与滑阀左、右两端连通，当滤芯通油能力良好时，滑阀两端压差很小，滑阀在弹簧作用下处于左端，指针指在刻度左端，随着滤芯的逐渐堵塞，滑阀两端压差逐渐加大，指针将随滑阀逐渐右移，给出堵塞情况的指示。根据指示情况，就可确定是否应清洗或更换滤芯。堵塞指示装置还有磁力式、片簧式、压力表等形式。将指针更换为电气触点开关就成了压差发讯装置。

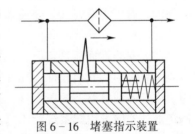

图 6-16　堵塞指示装置

四、滤油器的选择和安装

1. 滤油器的选择

选用滤油器时，应考虑以下几点：

（1）过滤精度应满足系统元件的工作要求；

（2）具有足够大的通油能力，压力损失小；

（3）滤芯具有足够强度，不易因压力油的作用而损坏；

（4）滤芯抗腐蚀性好，能在规定的温度下长期工作；

（5）滤芯的更换、清洗及维护方便，价格低廉。

选择滤油器的通油能力时，一般应为实际通过流量的两倍以上。滤油器的通油能力可按下式计算：

$$q = \frac{KA\Delta p}{\eta} \times 10^{-6} \qquad (6-4)$$

式中　q——滤油器通油能力；

　　　η——液压油的动力黏度；

　　　A——有效过滤面积；

　　　Δp——滤油器的压力差；

　　　K——滤油器能力系数(m^3/m^2)，网式滤芯，$K=0.34$；线隙式滤芯，$K=0.17$；纸质滤芯，$K=0.006$；烧结式滤芯，$K=(1.04D^2\times10^{-3})/\delta$，其中 D 为粒子平均直径，δ 为滤芯的壁厚。

2. 滤油器的安装位置

滤油器在液压系统中有下列几种安装方式。

(1) 安装在液压泵的吸油管路上。如图 6-17(a)所示，滤油器 1 安装在液压泵的吸油管路上，保护液压泵。这种方式要求滤油器具有较大的通油能力和较小的压力损失（通常不应超过 0.01~0.02MPa），否则将造成液压泵吸油不畅或引起空穴。所以常采用过滤精度较低的网式或线隙式滤油器。

(2) 安装在液压泵的压油管路上。如图 6-17(b)所示，滤油器 2 安装在液压泵的出油口，这种方式可以保护除液压泵以外的全部元件。装在压油管路上的滤油器应能承受系统工作压力和冲击压力的作用，压力损失不应超过 0.35MPa。为避免滤油器堵塞，引起液压泵过载，甚至把滤油器击穿，滤油器必须放在安全阀之后或与一压力阀并联，此压力阀的开启压力应略低于滤油器的最大允许压差。采用带指示装置的滤油器也是一种方法。

(3) 安装在回油管路上。如图 6-18 所示，这种安装方式不能直接防止杂质进入液压泵及系统中的其他元件，只能防止系统中产生的杂质流回油箱，对系统起间接保护作用。由于回油管路上的压力低，故可采用低强度的过滤器，允许有稍高的过滤阻力。为避免滤油器堵塞引起系统背压过高，可设置旁路阀。

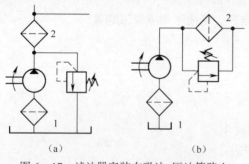
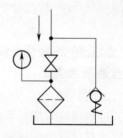

图 6-17　滤油器安装在吸油、压油管路上　　图 6-18　滤油器安装在回油路上
(a)安装在吸油管路上；(b)安装在压油管路上。

(4) 安装在支管油路上。安装在液压泵的吸油、压油或系统回油管路上的滤油器都要通过泵的全部流量，所以滤油器的通径大，体积也较大。如图 6-19 所示，若把滤油器安装在经常只通过泵流量 20%~30%流量的支管油路上，这种方式称为局部过滤。这种安装方法不会在主油路中造成压力损失，滤油器也不必承受系统工作压力。其主要缺点是不能完全保证液压元件的安全，仅间接保护系统。局部过滤的方法有很多种，如节流过滤、溢流过滤等。

(5) 单独过滤系统。如图6-20所示，用一个专用的液压泵和滤油器组成一个独立于液压系统之外的过滤回路，它可以经常清除油液中的杂质，达到保护系统的目的，适用于大型机械设备的液压系统。

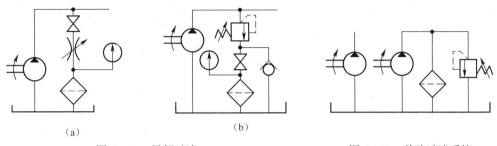

图6-19 局部过滤
(a)节流过滤；(b)溢流过滤。

图6-20 单独过滤系统

在液压系统中，一些重要元件，如伺服阀等，在其前面单独安装滤油器来确保它们的性能。在使用滤油器时应注意油流方向，堵塞报警器报警时要及时清洗或更换滤芯。

另外，安装滤油器时还应注意，一般滤油器只能单向使用，即进、出油口不可反用，以利于滤芯清洗和安全。因此，滤油器不要安装在液流方向可能变换的油路上。必要时油路中要增设单向阀和滤油器，以保证双向过滤。作为滤油器的新进展，目前双向滤油器也已问世。

第四节 热交换器

冷却器与加热器统称为热交换器，它是调节液压系统油液温度的装置。液压系统能否正常工作与油液的性能密切相关，而温度是影响油液性能的主要因素。液压系统中常用液压油的工作温度以30~50℃为宜，最高不超过65℃，最低不低于15℃。油温过高会使油液黏度迅速变小，液压系统泄漏增加，液压泵工作的容积效率下降；油温过低则会使液压泵吸油困难，油液流动的压力损失增加，液压系统的工作效率降低。为此，当依靠自然热交换不能使油温控制在30~50℃范围内时，就须安装热交换器。具体地讲：如当液压系统依靠自然冷却不能使油温控制在上述范围内，则须安装冷却器；反之，若环境温度太低，致使液压泵无法启动或液压系统无法正常运转时，则须安装加热器。

异常温度对液压元件的影响见表6-3。常用工作介质的工作温度范围见表6-4。典型液压设备的工作温度范围见表6-5。

表6-3 异常温度对液压元件的影响

元件	低温的影响	高温的影响
液压泵与马达	起动困难，起动效率降低，吸油侧压力损失大，易产生气蚀	不易建立油膜，摩擦副表面易磨损烧伤；泄漏增加，导致有效工作流量下降或马达转速下降

续表

元件	低温的影响	高温的影响
液压缸	密封件弹性降低,压力损失增大	密封件早期老化;活塞热膨胀,容易卡死
控制阀	压力损失增大	内外泄漏增大
滤油器	压力损失增大	非金属滤芯早期老化
密封件	弹性降低,易泄漏	元件材质易老化,泄漏量增大

表6-4 常用工作介质的工作温度范围

温度	液压油			
	矿物液压油	水乙二醇	油水乳化液	磷酸酯液
最高使用温度/℃	100	66	60	130
连续工作推荐温度/℃	60	40	40	80
工作最低推荐温度/℃	-20	-18	4	-7

表6-5 典型液压设备的工作温度范围

液压设备名称	正常工作温度/℃	最高允许温度/℃	油及油箱温升/℃
机床	30~50	55~70	≤30~35
数控机床	30~50	55~70	25
机车车辆	40~60	70~80	≤35~40
工程矿山机械	50~80	70~90	≤35~40
船舶	30~60	80~90	≤35~40
液压试验台	45~50	~90	45

一、冷却器

1. 冷却器的分类、特点及安装位置

冷却器按冷却介质可分为水冷式、风冷式及冷媒式三类。表6-6为不同冷却方式性能特点的比较。表6-7为不同结构类型冷却器的分类及其特点。

表6-6 不同冷却方式的比较

项目	种类		
	水冷式	风冷式	冷媒式
冷却温度界限	水温以上	室温以上	室温上下
油温调整	难	难	易
运行费用	中	低	中
设备投资	低	中	高
冷却能力	大	小	中
外形尺寸	小	中	大
噪声	小	中	中
安装	较复杂	较复杂	简单
冷却水的应用	用	不用	不用

表 6-7 冷却器的分类及特点

分类		简图	特点	效果
水冷式	盘管式		结构简单、直接装在油箱中	传热面积小,油速低,换热效果差
	列管式		水从管中流过,油从壳中流过,中间有折流板,采用双程或四程流动	换热面积大,流速大,换热效果好: $k=(350\sim580)\mathrm{W}/(\mathrm{m}^2\cdot\mathrm{℃})$
	波纹板式		利用板片人字形波纹结构形成紊流,提高换热效率	换热面积大,传热系数可达 $k=(230\sim815)\mathrm{W}/(\mathrm{m}^2\cdot\mathrm{℃})$
风冷式	板翅式		结构紧凑,也可用于水冷或油冷,耐压 0.8~2MPa,耐热 250℃	散热效率高 风冷: $k=(35\sim350)\mathrm{W}/(\mathrm{m}^2\cdot\mathrm{℃})$ 油冷: $k=(116\sim175)\mathrm{W}/(\mathrm{m}^2\cdot\mathrm{℃})$
	翅片管式		散热面积为光管 8~10 倍,用椭圆管更好	钢管: $k=145\mathrm{W}/(\mathrm{m}^2\cdot\mathrm{℃})$; 黄铜管: $k=250\mathrm{W}/(\mathrm{m}^2\cdot\mathrm{℃})$
媒冷式	制冷机		用制冷机强制换热	冷却效果好,易控制油温

冷却器一般安装在回油管或低压管路上,如图6-21所示。图中:

冷却器1:装在主溢流阀溢流口,溢流阀产生的热油直接获得冷却,同时也不受系统冲击压力影响,单向阀起保护作用,截止阀可在起动时使液压油直接回油箱。

冷却器2:直接装在主回油路上,冷却速度快,但系统回路有冲击压力时,要求冷却器能承受较高的压力。

冷却器3:由单独的油泵将工作介质通过冷却器进行循环散热,系统独立,不会受工作的液压系统冲击影响。

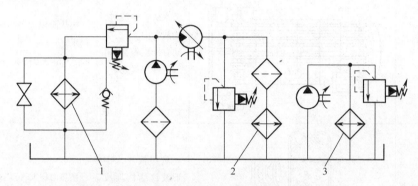

图6-21 冷却器在液压系统中的各种安装位置

2. 冷却器的计算

如果油箱的表面积不能满足散热的要求,则需用冷却器来强制冷却,以保持系统正常工作的油温。

(1) 散热表面积计算:

$$A = \Phi/(k\Delta\theta_m) \tag{6-5}$$

式中 A——冷却器的散热面积(m^2);

Φ——需冷却器单位时间内散掉的热量(W);

k——冷却器的总传热系数(W/($m^2 \cdot ℃$)),见有关样本或手册;

$\Delta\theta_m$——油和水之间的平均温差(℃)。

$$\Delta\theta_m = [(\theta_1 + \theta_2)/2] - [(\theta_1' + \theta_2')/2] \tag{6-6}$$

式中 θ_1、θ_2——冷却器进、出口油温(℃);

θ_1'、θ_2'——冷却器进、出口水(或其他冷却介质)的温度(℃)。

计算出 A 后,可按产品样本选取冷却器。

(2) 冷却水流量(q')计算:

$$q' = \frac{c\rho(\theta_2 - \theta_1)}{c'\rho'(\theta_2' - \theta_1')}q \tag{6-7}$$

式中 c、c'——油及水的比热容,其中,$c=(1675\sim2093)$J/(kg·K),$c'=4187$J/(kg·K);

ρ、ρ'——油及水的密度,$\rho=990$kg/m^3,$\rho'=1000$kg/m^3。

油液流过冷却器的压降应不大于0.05~0.08MPa;水流过冷却器的流速不大于1.2m/s。

二、加热器

液压系统工作前,如果油温低于10℃,将因黏度大而不利于泵的吸入和起动。加热器的作用是在液压泵起动时将油温升高到15℃以上。加热方法包括蛇形蒸汽加热。加热器多装在油箱内,也有采用管道加热的。在液压试验设备中,加热器与冷却器一起进行油温的精确控制。

液压系统中常用结构简单的电加热器。其安装方式如图6-22所示,加热器2通常安装在油箱1的壁上,用法兰盘固定。由于液压油通常是传热的不良导体,这样导致直接和加热器接触的油液温度可能很高,会加速油液老化,故工作时单个加热器的功率不能太大,且应装在箱内油液流动处。电加热器控制简单,可根据所需要的温度自动进行调节。

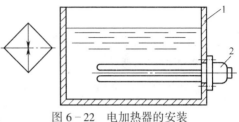

图6-22 电加热器的安装
1—油箱;2—电加热器。

加热器的发热功率可按下式估算:

$$P \geqslant \frac{c\rho V \Delta t}{T} \text{(W)} \tag{6-8}$$

式中 c——油液的比热容,取 $c = 1675 \sim 2093 \text{J/(kg·K)}$;

ρ——油液的密度,取 $\rho \approx 900 \text{kg/m}^3$;

V——油箱内油液的容积(m^3);

Δt——油液加热后的温升(K);

T——加热时间(s)。

电加热器所需功率 P_d 为

$$P_d = \frac{P}{\eta_d} \text{(W)} \tag{6-9}$$

式中 η_d——电加热器的热效率,一般取 $\eta_d = 0.6 \sim 0.8$。

电加热器加热部分应全部浸入油中。

第五节 管 件

管件包括管道、管接头和法兰等,其作用是保证油路的连通,并便于拆卸、安装。根据工作压力、安装位置确定管件的连接结构。与泵、阀等连接的管件应由其接口尺寸决定管径。

在液压系统中所有的元件,包括辅件在内,全靠管道和管接头等连接而成,管道和管接头的重量约占液压系统总重量的三分之一。它们的分布遍及整个系统。只要系统中任一根管件或任一个接头损坏,都可能导致系统出现故障。因此,管件和接头虽然结构简单,但在系统中起着不可缺少的作用。

一、管道

1. 管道的类型

管道的分类见表6-8。

表6-8 管道的分类

液压管道	
硬 管	软 管
无缝钢管、铜管、铝管、不锈钢管	橡胶软管、尼龙管、金属软管、塑料软管

2. 管道特点和适用场合

管道的特点和适用场合见表6-9。

表6-9 管道的特点和适用场合

种 类	特点和适用范围
钢 管	价廉、耐油、抗腐、刚性好,但装配时不易弯曲成型,常在拆装方便处用作压力管道,中压以上用无缝管,低压时也可采用焊接钢管
紫铜管	价格高,抗震能力差,易使油液氧化,但易弯曲成型,用于仪表和装配不便处
尼龙管	半透明材料,可观察流动情况。加热后可任意弯曲成型和扩口,冷却后即定型,承压能力较低,一般在2.8~8MPa之间
塑料管	耐油、价廉、装配方便,长期使用会老化,只用于压力低于0.5MPa的回油或泄油管路
橡胶管	用耐油橡胶和钢丝编织层制成,多用于高压管路;还有一种用耐油橡胶和帆布制成,用于回油管路

3. 尺寸的计算

管道的内径 d 和壁厚可采用下列两式计算,并需圆整为标准数值,即

$$d = 2\sqrt{\frac{q}{\pi[v]}} \qquad (6-10)$$

$$\delta = \frac{pdn}{2[\sigma_b]} \qquad (6-11)$$

式中 $[v]$——允许流速,推荐值:吸油管为0.5~1.5m/s,回油管为1.5~2m/s,压力油管为2.5~5m/s,控制油管取2~3m/s,橡胶软管应小于4m/s;

n——安全系数,对于钢管,$p \leq 7$MPa 时,$n = 8$;7MPa$< p \leq 17.5$MPa 时,$n = 6$;$p >$17.5MPa 时,$n = 4$;

$[\sigma_b]$——管道材料的抗拉强度(Pa),可由《材料手册》查出。

4. 安装要求

对于硬管的安装布置应注意以下几点:

(1) 两固定点之间的直管连接,要避免直接拉紧直管,要有一个松弯部分,这不仅便于安装,也不会因热胀冷缩造成严重的拉应力。

(2) 管道的弯曲半径尽可能大些,其最小弯曲半径 R_{min} 应大于管外径的2.5倍,管端不宜有弯曲半径,应留出部分直管,其长度应为管接头螺母高的两倍以上。

(3) 管路安装连接必须牢固坚实,当管路较长时,需加适当支撑,在有弯曲的管路中,弯曲两端的直管处要加支承管夹固定。

对于软管的安装布置应注意以下几点：

(1) 软管两端不应把软管拉直,应有些松弛。在压力作用下,软管长度会变化,变化幅度为-4%~2%。

(2) 软管连接不能扭曲。因在高压作用下有扭直趋势,会使接头螺母旋松,严重时软管会在应变点破裂。

(3) 软管的安装连接,无论是在自然状态下还是在运动状态中,其弯曲半径不能小于制造厂家规定的最小值。软管的弯曲半径应远离软管接头,最短距离应大于其外径的1.5倍。

(4) 软管连接时要留适当长度,要使其弯曲部位有较大的弯曲半径。

(5) 选择合适的软管接头和正确使用管夹,以减少弯管的弯曲和扭曲,避免软管的附加应力。

(6) 尽可能避免软管之间或与相邻物体之间的接触摩擦。

二、管接头

管接头是管道与管道、管道与其他元件的可拆装的连接件,如泵、阀、缸、集成块等之间的连接。管接头必须在强度足够的条件下能在振动、压力冲击下保持管路的密封性。在高压处不能向外泄漏,在有负压的吸油管路上不允许空气向内渗入。管接头根据所使用管道的不同可分为硬管接头和软管接头。

管接头与其他元件之间可采用普通细牙螺纹或锥螺纹连接,以及法兰盘连接,如图6-23所示。

1. 硬管接头

管接头按和管道的连接方式又可分为扩口式管接头、卡套式管接头和焊接式管接头等多种。

扩口式管接头:如图6-23(a)所示,使用时需对所用管道的端部进行扩口处理。适用于紫铜管、薄钢管、尼龙管和塑料管等低压管道的连接,拧紧接头螺母,通过管套将管子压紧密封。

卡套式管接头:如图6-23(c)所示,使用时将厚壁无缝钢管端面取平,直接插入接头后,拧紧接头螺母,使接头内的卡套发生弹性变形,将管子夹紧进行密封。卡套式管接头对轴向尺寸要求不严,拆装方便,但对连接用管道的外径尺寸精度和表面粗糙度要求较高。

焊接式管接头:如图6-23(b)、(d)所示,接头和管道是用焊接的方式连接,连接可靠,但对焊接工人技术要求较高,需焊接后无渗漏。管接头内的接管与接头体之间的密封方式有球面、锥面接触密封和平面、锥面加O形圈密封两种。前者有自位性,安装要求低、耐高温,但密封可靠性稍差,适用于工作压力不高的液压系统;后者密封性好,可用于高压系统。

此外还有二通、三通、四通、铰接等多种形式的管接头,供不同情况下选用,具体可查阅有关液压件手册。

2. 胶管接头

胶管接头是解决钢丝编织的高压胶管和钢制接头的连接问题。胶管接头有可拆式和扣压式两种,图6-24为扣压式结构,主要由接头外套和接头芯子组成。装配时必须剥离胶管的外胶层,然后由专用设备扣压而成。随管径和所用胶管钢丝层数的不同,工作压力在6~40MPa。可拆式胶管接头与扣压式胶管接头类似,可参见《液压工程手册》。

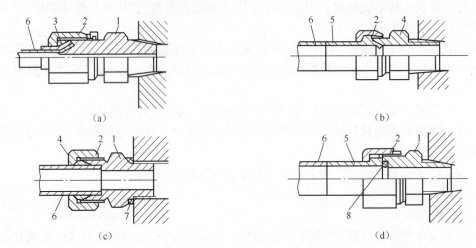

图6-23 硬管接头的连接形式
(a)扩口式;(b)球面密封焊接式;(c)卡套式;(d)O形圈密封焊接式。
1—接头体;2—接头螺母;3—衬套;4—卡套;5—接管;6—外接管;7—组合密封圈;8—O形圈。

3. 快速管接头

快速管接头是一种不借助任何工具,只需手工就可快速拆装的管接头,适用于需经常拆卸的液压管路连接。快速管接头又分自封式和开式结构,自封式在接头内设了个单向阀芯,在断开连接后,可自动将接头出油口封闭,防止管路内油液外漏,图6-25就是断开可自闭的自封式快速管接头,多用于农业机械、工程机械和液压工具等液压系统中。开式结构只是比自封式少了用于封油的单向阀芯。快速管接头工作压力小于30MPa,工作温度-20~80℃,通过接头的压力损失小于0.15MPa。除图6-25所示结构外,快速管接头还有煤矿用的插销式和手动螺纹连接式等多种结构形式。

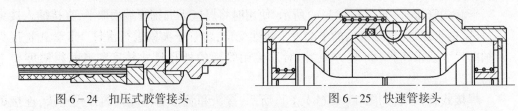

图6-24 扣压式胶管接头　　　图6-25 快速管接头

第六节　油　箱

一、油箱的功用和结构

油箱的功用主要是储存油液、散发系统中累积的热量(在周围环境温度较低的情况下则是保持油液中热量)、促进油液中气体的分离、沉淀油液中的污物等。

液压系统中的油箱有整体式和分离式两种。整体式油箱利用主机的内腔作为油箱,这种油箱结构紧凑,各处漏油易于回收,但增加了设计和制造的复杂性,维修不便,散热条件不好,且会使主机产生热变形。分离式油箱单独设置,与主机分开,减少了油箱发热和液压源振动对主机工作精度的影响,因此得到普遍采用,特别是在精密机械上。

油箱的典型结构如图 6-26 所示。由图可见,油箱内部用隔板 7 将吸油管 4、滤油器 9 和泄油管 3、回油管 2 隔开。顶部、侧部和底部分别装有空气滤清器 5、注油器 1 及液位计 12 和排放污油的堵塞 8。安装液压泵及其驱动电机的安装板 6 则固定在油箱顶面上。为了便于对箱内进行清洗和安装箱内部件,还设置了方便拆卸的端盖 11。

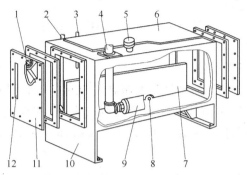

图 6-26 开式油箱
1—注油器;2—回油管;3—泄油管;4—吸油管;5—空气滤清器;6—安装板;
7—隔板;8—堵塞;9—滤油器;10—箱体;11—端盖;12—液位计。

此外,近年来又出现了充气式的闭式油箱,它不同于图 6-26 开式油箱之处在于油箱是整个封闭的,顶部有一充气管,可送入 0.05~0.07MPa 过滤纯净的压缩空气。空气或者直接与油液接触,或者被输入到蓄能器式的皮囊内不与油液接触。这种油箱的优点是改善了液压泵的吸油条件,但它要求系统中的回油管、泄油管承受背压。油箱本身还须配置安全阀、压力表等元件以稳定充气压力,因此它只在特殊场合下使用。

二、油箱容积计算

从油箱的散热、沉淀杂质和分离气泡等职能来看,油箱容积越大越好。但若容积太大,会导致体积大,重量大,操作不便,特别是在行走机械中矛盾更为突出。对于固定设备的油箱,一般建议其有效容积 V 为液压泵每分钟流量的 3 倍以上(行走机械一般取 2 倍)。通常根据系统的工作压力来概略确定油箱的有效容积 V。

(1) 低压系统。$V = (2~4)60q(\text{m}^3)$,q 为液压泵的流量(m^3/s)。

(2) 中压系统。$V = (5~7)60q(\text{m}^3)$,q 为液压泵的流量(m^3/s)。

(3) 压力超过中压,连续工作时,油箱有效容积 V 应按发热量计算确定。在自然冷却(没有冷却装置)情况下,对长、宽、高之比为 1:(1~2):(1~3) 的油箱,油面高度为油箱高度的 80% 时,其最小有效容积 V_{min} 可近似按下式确定:

$$V_{min} = 10^{-3} \sqrt{\left(\frac{Q}{\Delta T}\right)^3} = 10^{-3} \sqrt{\left(\frac{Q}{T_y - T_0}\right)^3} \quad (\text{m}^3) \qquad (6-12)$$

$$Q = P(1-\eta) \quad (\text{W}) \qquad (6-13)$$

式中　$\Delta T (= T_y - T_0)$——油液温升值(K);

T_y——系统允许的最高温度(K);

T_0——环境温度(K);
Q——系统单位时间的总发热量(W);
P——液压泵的输入功率(W)。

设计时,应使 $V \geq V_{\min}$,则油箱的散热面积的近似值为

$$A = 6.66 \sqrt[3]{V^2} \quad (\text{m}^2) \qquad (6-14)$$

则油箱的总容积 V_a 为

$$V_a = V/0.8 = 1.25V \quad (\text{m}^3) \qquad (6-15)$$

三、油箱设计时的注意事项

(1) 油箱的有效容积(油面高度为油箱高度80%时的容积)应根据液压系统发热、散热平衡的原则来计算,这项计算在系统负载较大、长期连续工作时是必不可少的。但对于一般情况来说,油箱的有效容积可以按液压泵的额定流量 q_s(L/min)估计出来。

(2) 吸油管和回油管应尽量相距远些,两管之间要用隔板隔开,以增加油液循环距离,使油液有足够的时间分离气泡,沉淀杂质,消散热量。隔板高度最好为箱内油面高度的3/4。

吸油管入口处要装粗滤油器。粗滤油器与回油管管端在油面最低时仍应在液面以下,防止吸油时卷吸空气或回油冲入油箱时搅动油面而混入气泡。回油管管端宜斜切45°,以增大出油口截面积,减慢出口处油流速度,此外,应使回油管斜切口面对箱壁,以利油液散热。当回油管排回的油量很大时,宜使它出口处高出油面,向一个带孔或不带孔的斜槽(倾角为5°~15°)排油,使油流散开,一方面减慢流速,另一方面排走油液中空气,见图6-27。减慢回油流速、减少它的冲击搅拌作用,也可以采取让它通过扩散室的办法来达到,见图6-28。泄油管管端亦可斜切并面壁,但不可没入油中。

管端与箱底、箱壁间距离均不宜小于管径的3倍。粗滤油器距箱底不应小于20mm。

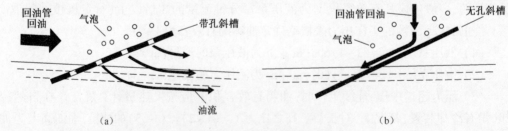

图6-27 油箱中的排气斜槽
(a)带孔斜槽;(b)无孔斜槽。

(3) 为了防止油液被污染,油箱上各盖板、管口处都要妥善密封。防止油箱出现负压而设置的通气孔上须装空气滤清器兼注油器。空气滤清器的容量至少应为液压泵额定流量的两倍。油箱内回油集中部分及清污口附近宜装设一些磁性块,以去除油液中的铁屑和带磁性颗粒,见图6-29。

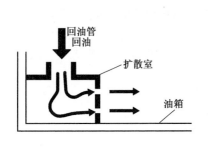

图 6-28 油箱中的扩散室

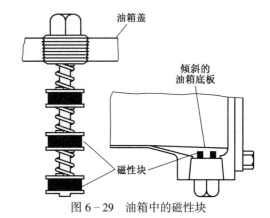

图 6-29 油箱中的磁性块

（4）为了易于散热和便于对油箱进行搬移及维护保养，按 GB 3766—83 规定，箱底离地至少应在 150mm 以上。箱底应适当倾斜，在最低部位处设置堵塞或放油阀，以便排放污油。按照 GB 3766—83 规定，箱体上注油口的近旁必须设置液位计。滤油器的安装位置应便于装拆。箱内各处应便于清洗。

（5）油箱中如要安装热交换器，必须考虑好它的安装位置，以及测温、控制等措施。

（6）分离式油箱一般用 2.5~4mm 钢板焊成。箱壁越薄，散热越快。大尺寸油箱要加焊角板、筋条，以增加刚性。当液压泵及其驱动电机和其他液压件都要装在油箱上时，油箱顶盖要相应地加厚。

（7）油箱内壁应涂上耐油防锈的涂料。外壁如涂上一层极薄的黑漆（厚度不超过 0.025mm），会有很好的辐射冷却效果。铸造的油箱内壁一般只进行喷砂处理，不涂漆。

例 题

例 6-1 有一气囊式蓄能器，总容量为 2.5L，充气压力 p_0 为 3MPa，要求最高工作压力 p_1 为 6.3MPa，最低工作压力 p_2 为 4.5MPa。求所能放出的油量。

解：分为两种情况计算。

（1）当用于慢速放油时

$$\Delta V = p_0 V_0 \left(\frac{1}{p_2} - \frac{1}{p_1}\right)$$
$$= 30 \times 10^5 \times 2.5 \times \left(\frac{1}{45 \times 10^5} - \frac{1}{63 \times 10^5}\right) (\text{L}) = 0.48\text{L}$$

（2）当用于快速放油时

$$\Delta V = p_0^{0.71} V_0 \left(\frac{1}{p_2^{0.71}} - \frac{1}{p_1^{0.71}}\right)$$
$$= (30 \times 10^5)^{0.71} \times 2.5 \times \left[\frac{1}{(45 \times 10^5)^{0.71}} - \frac{1}{(63 \times 10^5)^{0.71}}\right] (\text{L}) = 0.4\text{L}$$

例 6-2 某液压系统，使用 YB 叶片泵，压力为 6.3MPa，流量为 40L/min，试选油管的尺寸。

解:压油管:

查得钢管抗拉强度 $\sigma_b = 420\text{MPa}$,取安全系数 $n = 8$,设管内流速 $v = 3\text{m/s}$,于是有

$$d = 2\sqrt{\frac{q}{\pi v}} = 2 \times \sqrt{\frac{40 \times 10^{-3}}{3.14 \times 3 \times 60}} \times 10^3 (\text{mm}) = 16.8\text{mm}$$

$$\delta = \frac{pdn}{2\sigma_b} = \frac{6.3 \times 16.8 \times 8}{2 \times 420}(\text{mm}) = 1\text{mm}$$

由手册,取公称通径 15mm 或 $\frac{1''}{2}$,选 $\phi 22 \times 1.6$ 无缝钢管。

查设计手册,与泵配用的控制阀(溢流阀或换向阀)接口尺寸为 $Z\frac{3''}{4}$,与计算所得公称通径并不相同,为布置管道方便,压油管也可取通径 $\frac{3''}{4}$ 管,选 $\phi 28 \times 2$ 无缝钢管。

吸油管:查设计手册,该泵的吸油口径为 $Z1''$,取 $\phi 34 \times 2$ 钢管为吸油管,再进行校核。

$$v = \frac{4q}{\pi d^2} = \frac{4 \times 40 \times 10^{-3}}{3.14 \times (34 - 2 \times 2)^2 \times 10^{-6} \times 60}(\text{m/s}) = 0.94\text{m/s}$$

该值符合吸油管推荐流速值,即 $0.5 \sim 1.5\text{m/s}$。

例 6-3 如果液压缸的有效工作面积 $A = 100\text{cm}^2$,活塞快速移动速度 $v = 3\text{m/min}$,应选择多大的液压泵(管路简单)?油箱有效容量为多少升?

解:

(1) 选择液压泵的额定流量。

液压缸所需流量为

$$q = vA = 3 \times 10^2 \times 100(\text{cm}^3/\text{min}) = 3 \times 10^4 \text{cm}^3/\text{min} = 30\text{L/min}$$

液压泵的额定流量为

$$q_H \geq Kq_{\max}$$

通常 $K = 1.1 \sim 1.3$。由于油路简单,取 $K = 1.1$,所以有

$$q_H \geq 1.1 \times 30\text{L/min} = 33\text{L/min}$$

为避免造成过大的功率损失,选择泵的额定流量 $q_H = 32\text{L/min}$。

(2) 油箱的有效容量 V。

在低压系统中:$V = (2 \sim 4)q_H = (2 \sim 4) \times 32\text{L} = 64 \sim 128\text{L}$

在中压系统中:$V = (5 \sim 7)q_H = (5 \sim 7) \times 32\text{L} = 160 \sim 224\text{L}$

在高压系统中:$V = (6 \sim 12)q_H = (6 \sim 12) \times 32\text{L} = 192 \sim 384\text{L}$

习 题

1. 如何确定油管的内径?
2. 选择滤油器安装方式时要考虑哪些问题?如果一个液压系统采用轴向柱塞泵,已购置了一个壳体能承受高压的精滤油器,其规格与泵的流量相同,该滤油器可以安装在

液压系统中的什么位置上？

3. 蓄能器有什么用途？有哪些类型？简述活塞式蓄能器的工作原理。

4. O形密封圈在液压系统中可以用于动密封和固定密封，在使用压力上及装配方面应考虑哪些问题？

5. 过滤器安装在系统的什么位置上？它的安装特点是什么？

6. 有一系统，采用输油量为400mL/s的泵，系统中的最大表压力为7MPa，执行元件做间歇运动，在0.1s内需要用油0.8L，如执行元件间歇运动的最短间隔时间为30s，系统允许的压力降为1MPa，试确定系统中所用蓄能器的容量。

7. 一单杆液压缸，活塞直径为100mm，活塞杆直径为56mm，行程为500mm。现从有杆腔进油，无杆腔回油，问由于活塞的移动而使有效底面积为200cm^2的油箱内液面高度的变化是多少？

第七章 液压阀

第一节 概 述

一、液压阀的功能

液压阀,又称液压控制阀,是液压系统中的控制调节元件,用来控制或调节液压系统中液流的方向、压力和流量,使执行器(液压缸或液压马达)及其驱动的工作机构获得所需的运动方向、推力(转矩)及运动速度(转速)等,从而满足不同的动作要求。因此液压阀性能的优劣,工作是否可靠,对整个液压系统的正常工作将产生直接影响。

任何一个液压系统,不论其如何简单,都不能缺少液压阀。同一工艺目的的液压机械,通过液压阀的不同组合使用,可以组成油路结构不同的多种液压系统方案。因此,液压阀是液压技术中品种与规格最多、应用最广泛、最活跃的元件。液压阀尽管品种规格繁多,但它们之间还是保持着一些基本的共同点:

(1) 在结构上都是由阀体、阀芯和驱动阀芯动作的元、部件组成。

(2) 在工作原理上,都是利用阀体和阀芯的相对位移来改变通流面积或通路来工作的。所有阀的开口大小,阀进、出口间的压差以及阀的流量之间的关系都符合孔口流量公式。

(3) 各种阀都可以看成是油路中的一个液阻,只要有液体流过,都会有压力损失和温度升高等现象。

二、液压阀的分类

液压阀可按其不同的特征进行分类,如表7-1所列。

表7-1 液压阀的分类

分类方法	种类	说明及对应阀
按功能分类	压力控制阀	用于控制液压系统中流体压力的阀;溢流阀、顺序阀、卸荷阀、平衡阀、减压阀、比例压力控制阀、缓冲阀、仪表截止阀、限压切断阀、压力继电器等
	流量控制阀	用于控制液压系统中流体流量的阀;节流阀、单向节流阀、调速阀、分流阀、集流阀、比例流量控制阀等
	方向控制阀	用于控制液压系统中流体流动方向的阀;单向阀、液控单向阀、换向阀、充液阀、梭阀、比例方向控制阀等
按结构分类	滑阀	靠两接触面相对滑动而工作;圆柱滑阀、转阀、平板滑阀
	座阀	靠调整动作面间距来工作;锥阀、球阀、喷嘴挡板阀
按操纵方法分类	手动阀	由人手或脚来操纵的阀;手动换向阀、脚踏阀
	机动阀	由机械挡块和碰块驱动的阀;机动换向阀

续表

分类方法	种类	说明及对应阀
按动力分类	电动阀	由电磁铁、伺服电机或其他电力驱动控制的阀;电磁换向阀、各类电磁比例阀
	(气)液动阀	由(气)液力驱动的阀;液动换向阀
按连接方式分类	管式连接	通油口是由螺纹或法兰的方式连接;各类螺纹连接阀
	板式连接	通油口在一侧,由一块平板来接通;各类板式连接阀
	叠加式连接	各类阀可有机的叠加在一起装在标准底板上,构成特定回路;各类叠加阀
	插装式连接	需装入自制阀体才能工作的阀;插装阀、逻辑阀、螺纹式插装阀
按控制方式分类	开关或定值阀	输出量靠手动调整的压力和流量阀,以及只有通、断特性的方向阀;各类压力控制阀、流量控制阀、方向控制阀
	电液比例阀	输出量由电磁力大小可比例调整的阀;电液比例流量阀、电液比例压力阀、电液比例换向阀、电液比例多路阀
	伺服阀	电力控制的各类输出量闭环控制,有极高的响应速度和动态特性;喷嘴挡板式电液伺服阀、电液流量伺服阀、电液压力伺服阀、气液伺服阀、机液伺服阀
	数字控制阀	由数字电信号控制的阀;数字控制压力阀、数字控制流量阀与方向阀

三、液压阀的基本性能参数

1. 公称通径

液压阀的公称通径是指其主油口(进出口)的名义尺寸,单位为mm,它代表了液压阀通流能力的大小,对应于阀的额定流量。与阀进、出油口相连接的油管规格应与阀的通径相一致。由于主油口的实际尺寸受到液流速度等参数的限制及结构特点的影响,所以液压阀主油口的实际尺寸并不完全与公称通径一致。事实上,公称通径仅用于表示液压阀的规格大小,因此,不同功能但通径规格相同的两种液压阀(如压力阀和方向阀)的主油口实际尺寸未必相同。阀工作时的实际流量应小于或等于其额定流量,最大不得大于额定流量的1.1倍。

2. 额定压力

额定压力是液压阀长期工作所允许的最高工作压力。对于压力控制阀,实际最高工压力还与阀的调压范围有关;对于换向阀,实际最高工作压力还可能受其功率极限的限制。

四、对液压阀的基本要求

各种液压阀,由于不是对外做功的元件,而是用来实现执行元件(机构)所提出的力(力矩)、速度、方向的要求的,因此对液压控制阀的共同要求如下:

(1) 动作灵敏、性能稳定,工作可靠且冲击振动小,噪声小。

(2) 阀口全开时,液体通过阀的压力损失小;阀口关闭时,密封性能好。

(3) 被控参量(压力或流量)稳定,受外部干扰时变化量小。

(4) 结构简单、紧凑、体积小,安装调试及使用维护方便,成本低廉,通用性好,使用寿命长。

第二节　方向控制阀

方向控制阀简称为方向阀,用来控制液压系统的液流方向和通路,从而控制执行机构的运动方向和工作顺序。

方向控制阀有单向阀和换向阀两大类。

一、单向阀

1. 普通单向阀

普通单向阀又称逆止阀。它控制油液只能沿一个方向流动,不能反向流动。图7-1(a)所示为常用的管式连接单向阀,它由阀体1、阀芯2和弹簧3等零件构成。阀芯2分锥阀式和钢球式两种,图7-1(a)为锥阀式。钢球式阀芯结构简单,但密封性不如锥阀式。当压力油从进油口 P_1 输入时,克服弹簧3的作用力,顶开阀芯2,经阀芯2上四个径向孔 a 及内孔 b,从出油口 P_2 输出。当液流反向流动时,在弹簧和压力油的共同作用下,阀芯锥面紧压在阀体1的阀座上,油液不能通过。图7-1(b)是板式连接单向阀,其进、出油口开在同一侧平面上,用螺钉将阀体固定在连接板上,其工作原理和管式单向阀相同。图7-1(c)为单向阀的图形符号。

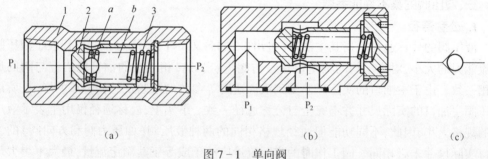

图7-1　单向阀
(a)管式连接单向阀;(b)板式连接单向阀;(c)图形符号。

单向阀中的弹簧主要用来克服阀芯运动时的摩擦力和惯性力。为了使单向阀工作灵敏可靠,弹簧力应较小,以免液流产生过大的压力降。一般单向阀的开启压力约在0.035~0.05MPa,额定流量通过时的压力损失不超过0.1~0.3MPa。当利用单向阀作背压阀时,应换上较硬的弹簧,使回油保持一定的背压力。各种背压阀的背压力一般在0.2~0.6MPa。

对单向阀总的要求是:当一定流量的油液从单向阀正向通过时,阻力要小;而反向截止时泄漏要小,或无泄漏。阀芯动作灵敏,工作时无撞击和噪声。

2. 液控单向阀

液控单向阀的结构如图7-2所示,它与普通单向阀相比,增加了一个控制油口 X。当控制油口 X 处无压力油通入时,液控单向阀起普通单向阀的作用,主油路上的压力油经 P_1 口输入 P_2 口输出,不能反向流动。当控制油口 X 通入压力油时,活塞1的左侧受压力油的作用,右侧 a 腔与泄油口相通。于是活塞1向右移动,通过顶杆2将阀芯3打开。使进、出油口接通,油液可以反向流动,不起单向阀的作用。控制油口 X 处的油液与进、出油口不通。通入控制油口 X 的油液压力视阀结构而定,一般为主油路压力的 20%~50%。

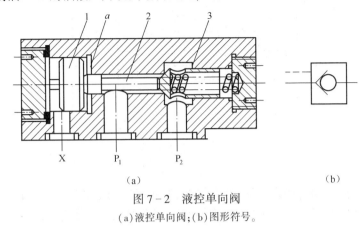

图 7-2 液控单向阀
(a)液控单向阀;(b)图形符号。

液控单向阀具有良好的密封性能,常用于保压和锁紧回路。使用液控单向阀时应注意以下几点:

(1) 必须保证有足够的控制压力,否则不能打开液控单向阀。
(2) 液控单向阀阀芯复位时,控制活塞的控制油腔中油液必须流回油箱。
(3) 防止空气侵入到液控单向阀控制油路。
(4) 作充油阀使用时,应保证开启压力低、流量大。
(5) 在回路和配管设计时,采用内泄式液控单向阀,必须保证逆流出口侧不能产生影响控制活塞动作的高压,否则控制活塞容易反向误动作。如果不能避免这种高压,则应采用外泄式液控单向阀。

3. 单向阀的应用

普通单向阀常与某些阀组合成一体,成为组合阀或称复合阀,如单向顺序阀(平衡阀)、可调单向节流阀、单向调速阀等。为防止系统液压力冲击液压泵,常在泵的出口处安置有普通单向阀,以保护泵。为提高液压缸的运动平稳性,在液压缸的回油路上设有普通单向阀,作背压阀使用,使回油产生背压,以减小液压缸的前冲和爬行现象。

液控单向阀具有良好的反向密封性能,且能可控逆向导通,常用于保压、锁紧和平衡回路以及作液压缸的支承阀。

二、换向阀

换向阀是利用改变阀芯与阀体的相对位置,切断或变换液流方向,从而实现对执行元件方向的控制。换向阀阀芯的结构形式有:滑阀式、转阀式和锥阀式等,其中以滑阀式应用最多。一般所说的换向阀是指滑阀式换向阀。

1. 换向阀的结构特点和工作原理

滑阀式换向阀是靠阀芯在阀体内沿轴向做往复滑动,将油路接通或断开来实现换向作用的,因此,这种阀芯又称滑阀。滑阀是一个有多段环行槽的圆柱体,如图 7-3 中阀芯 1 直径大的部分称凸肩。有的阀芯还在轴的中心处加工出回油通路孔。阀体 2 的内孔 3 与阀芯 1 的凸肩相配合,阀体上加工出若干段环行槽。阀体上有若干个与外部相通的通路孔,它们分别与相应的环行槽相通。

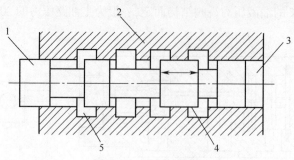

图 7-3 滑阀结构图
1—阀芯;2—阀体;3—阀孔;4—凸肩;5—环行槽。

以三位四通换向阀为例说明换向阀是如何实现换向的。如图 7-4 所示,三位四通换向阀阀芯在阀孔中有三个工作位置,分别控制着四个通道的通断。三个工作位置分别为阀芯在阀体的中间,以及阀芯移到左、右两端时的位置。四个通路,即压力油进口 P、回油口 O 和通往外界的油口 A 和 B。当阀芯在中位时,如图 7-4(a),油 P、O、A、B 皆不通,都处于断的状态。当阀芯在右位时,如图 7-4(b),P 口和 A 口接通,B 口和 O 口接通。当阀芯在左位时,如图 7-4(c),P 口和 B 口接通,A 口和 O 口接通。阀芯相对阀体做轴向移动而改变了位置,各油口的连通关系也发生了相应改变,这就是滑阀式换向阀的换向原理。

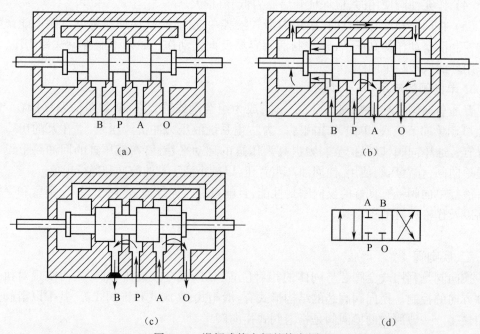

图 7-4 滑阀式换向阀的换向原理
(a)阀芯处于中位;(b)阀芯移到右端;(c)阀芯移到左端;(d)图形符号。

2. 换向阀的图形符号和滑阀机能

换向阀按阀芯的可变位置数可分为二位和三位,通常用一个方框符号代表一个位置。按主油路进、出油口的数目又可分为二通、三通、四通、五通等,表达方法是在相应位置的方框内表示油口的数目及通道的方向,如图7-5所示。

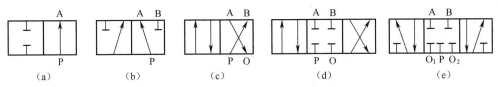

图7-5 换向阀的位和通路符号
(a)二位二通;(b)二位三通;(c)二位四通;(d)三位四通;(e)三位五通。

其中箭头表示通路,一般情况下表示液流方向,"⊥"和"⊤"与方框的交点表示通路被阀芯堵死。

根据改变阀芯位置的操纵方式不同,换向阀可以分为手动、机动、电磁力、液动和电液动等,其符号如图7-6所示。

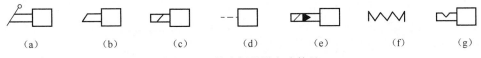

图7-6 换向阀操纵方式符号
(a)手动;(b)机动;(c)电磁力;(d)液动;(e)电液动;(f)弹簧复位;(g)钢球定位。

三位四(五)通换向阀的阀芯在阀体中有左、中、右三个位置。左、右位置是使执行元件产生不同的运动方向。而阀芯在中间位置时,利用不同形状及尺寸的阀芯结构,可以得到多种油口连接方式,除了使执行元件停止运动外,还可以具有其他一些不同的功能。因此,三位四(五)通阀在中位时的油口连通关系又称为滑阀机能。常用的滑阀机能见表7-2。

在分析和选用三位换向阀的中位机能时,应考虑以下几点:

(1)系统保压。当连接液压泵的P口被堵塞,系统保压,这时液压泵能用于多缸系统。当P口与通向油箱的T口接通而又不太通畅时(如X型),系统能保持一定的压力供控制油路使用。

表7-2 滑阀机能

型式	名称	结构简图	符号	中间位置时的性能特点
O	中间封闭			油口全部封闭,油不流动。被控制的液压缸可自锁
H	中间开启			油口全部连通,可控制液压泵卸荷,控制液压缸活塞在缸中浮动。由于油口互通,故换向较O型平稳,但冲击量较大

续表

型式	名称	结构简图	符号	中间位置时的性能特点
Y	ABO连接	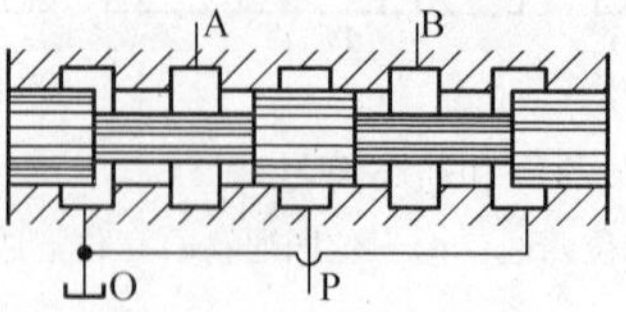	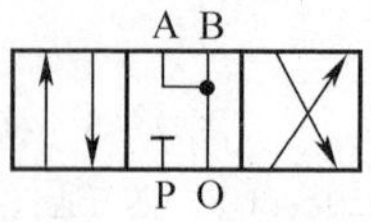	进油口 P 关闭，A、B、O 连通，可控制液压缸活塞在缸中浮动，液压泵不卸荷。换向过程的性能处于 O 型与 H 型之间
P	PAB连接	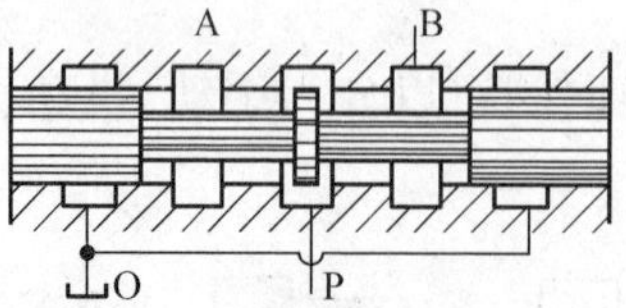	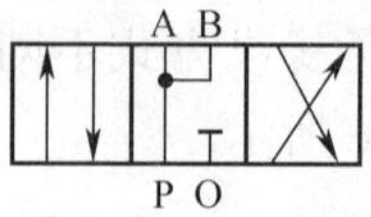	回油口 O 关闭，P、A、B 连通，可控制泵口和两液压缸口连通，液压泵不卸荷。换向过程中缸两腔均通压力油，换向时最平稳。可做差动连接
M	PO连接	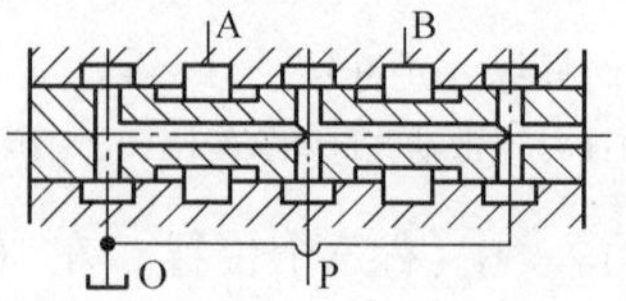	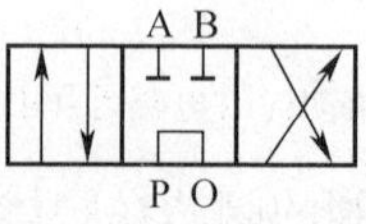	P 和 O 通，A 和 B 被断开，可控制液压缸锁紧，液压泵卸荷。换向时，与 O 型性能相同

（2）系统卸荷。当 P 口与 T 口通畅接通时，系统卸荷，这样既可节约能量，又可减少油液发热。

（3）启动平稳性。阀在中位时，液压缸某腔若接通油箱，则启动时该腔因无油液起缓冲作用，启动不平稳。

（4）换向平稳性和精度。当液压缸的 A、B 两通口都封闭时，换向过程不平稳，易产生液压冲击，但换向精度高。反之，当 A、B 两口都与 T 口相通时，换向过程中工作部件不易制动，换向精度低，但液压冲击小，换向平稳。

（5）液压缸"浮动"和在任意位置上的停止。阀在中位时，当 A 口与 B 口互通时，卧式液压缸呈"浮动"状态，可利用其他机构移动工作台，调整位置。当 A 口与 B 口封闭或与 P 口接通（非差动连接时），则液压缸可在任意位置停止。

3. 手动换向阀

手动换向阀是依靠手动杠杆的作用力驱动阀芯运动来实现油路通断或切换的换向阀。三位四通手动换向阀有如图 7-7(c) 弹簧复位式和如图 7-7(d) 钢球定位式两种，操纵手柄即可使滑阀轴向移动实现换向。弹簧复位式其阀芯在松开手柄后，靠右端弹簧恢复到中间位置。钢球定位式，其阀芯靠右端钢球和弹簧的作用定位在左、中、右三个换向位置。

手动换向阀结构简单、操作方便、工作可靠、操纵力小，可在没有电力供应的场合使用。在复杂的液压系统中，尤其在各执行元件的动作需要联动、互锁或工作节拍需要严格控制的场合，不宜采用手动换向阀。

4. 机动换向阀

机动换向阀又称行程换向阀，它是依靠安装在执行元件上的行程挡块（或凸轮）推动

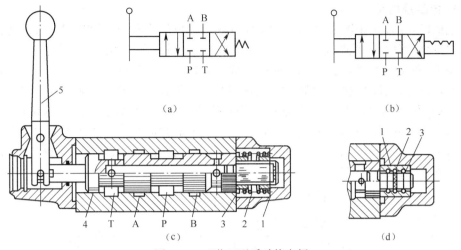

图 7 - 7 三位四通手动换向阀
(a)弹簧复位式图形符号;(b)钢球定位式图形符号;(c)弹簧复位式;(d)钢球定位式。
1,3—定位套;2—弹簧;4—阀芯;5—柄。

阀芯实现换向的。机动换向阀通常是二位的,有二通、三通、四通、五通几种。二位二通的分常闭式和常通式两种。

图 7 - 8 是二位二通常闭式机动换向阀结构图。当挡铁压下滚轮 1,使阀芯 2 移至下端位置时,油口 P 和 A 逐渐相通;当挡铁移开滚轮时,阀芯靠其底部弹簧 4 进行复位,油口 P 和 A 逐渐关闭。改变挡铁斜面的斜角 α 或凸轮外廓的形状,可改变阀芯移动的速度,因而可以调节换向过程的时间,故换向性能较好。但这种阀不能安装在液压泵站上,需安装在执行元件附近,因此连接管路较长,并使整个液压装置不够紧凑。图 7 - 8(b) 为常闭式的图形符号,图 7 - 8(c) 为常通式的图形符号。

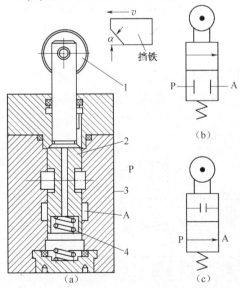

图 7 - 8 二位二通常闭式机动换向阀
(a)结构图;(b)常闭式图形符号;(c)常通式图形符号。
1—滚轮;2—阀芯;3—阀体;4—弹簧。

151

5. 电磁换向阀

电磁换向阀是利用电磁铁的推力来实现阀芯移位的换向阀。因其用电力驱动,易于控制,自动化程度高,操作轻便,易实现远距离自动控制,因而应用非常广泛。

图 7-9(a)所示为二位三通电磁换向阀结构图。图示为断电位置,阀芯 3 被弹簧 2 推至左端位置,油口 P 和 A 相通;当电磁铁通电时,衔铁通过推杆 4 将阀芯推至右端位置,油口 P 和 A 的通道被封闭,使油口 P 和 B 接通,实现液流换向。图 7-9(b)所示为二位三通电磁换向阀的图形符号。另一种二位三通电磁换向阀是一个进油口 P,一个工作油口 A 和一个回油口 T,如图 7-9(c)所示。二位三通电磁换向阀常用于单作用液压缸的换向和速度换接回路中。

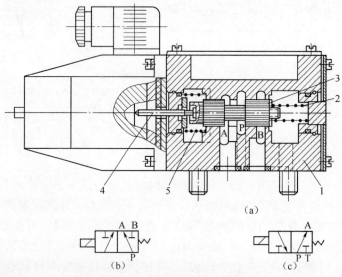

图 7-9 二位三通电磁换向阀结构图
(a)结构图;(b)图形符号;(c)图形符号。
1—阀体;2、5—弹簧;3—阀芯;4—推杆。

6. 液动换向阀

液动换向阀是利用压力油推动阀芯移动换位,实现油路的通断或切换的换向阀。液压操纵对阀芯的推力大,因此适用于高压、大流量、阀芯行程长的场合。图 7-10 所示为

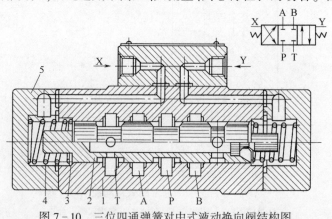

图 7-10 三位四通弹簧对中式液动换向阀结构图
1—阀体;2—阀芯;3—垫圈;4—弹簧;5—阀盖。

三位四通弹簧对中式液动换向阀结构图。当两个控制油口 X 和 Y 都不通压力油时,阀芯 2 在两端弹簧 4 的作用下处于中位。当控制压力油从 X 流入阀芯左端油腔时,阀芯被推至右端,油口 P 和 B 相通,A 和 T 相通;当控制压力油从 Y 流入阀芯右端油腔时,阀芯被推至左端,油口 P 和 A 相通,B 和 T 相通,实现液流反向。

7. 电液换向阀

由电磁换向阀为先导控制的液动换向阀简称为电液换向阀,它由一个普通的电磁阀和液动换向阀组合而成。电磁阀是改变控制油液流向的;液动阀是主阀,它在控制油液的作用下,改变阀芯的位置,使油路换向。由于控制油液的流量不必很大,因而可实现以小流量的电磁阀来控制大流量的液动换向阀。

图 7-11(a)为三位四通电液换向阀的结构图。当右边电磁铁通电时,控制油路的压力油由通道 b、c 经单向阀 4 和孔 f 进入主滑阀 2 的右腔,将主滑阀的阀芯推向左端,这时主滑阀左端的油经节流口 d、通道 e、a 和电磁换向阀流回油箱。主滑阀左移的速度受节流口 d 的控制。这时进油口 P 和油口 A 连通,油口 B 通过阀芯中心孔和回油口 O 连通。当左边的电磁铁通电时,控制油路的压力油就将主滑阀的阀芯推向右端,使主油路换向。两个电磁铁都断电时,弹簧 1 和 3 使主滑阀的阀芯处于中间位置。由于主滑阀左、右移动速度分别由两端的节流阀 5 来调节,这样就适当延长了阀口全开和全闭的时间,控制了流量的突变,使换向平稳而无冲击,所以电液换向阀的换向性能较好。图 7-11(b)和(c)分别为电液换向阀的职能符号和简化符号。

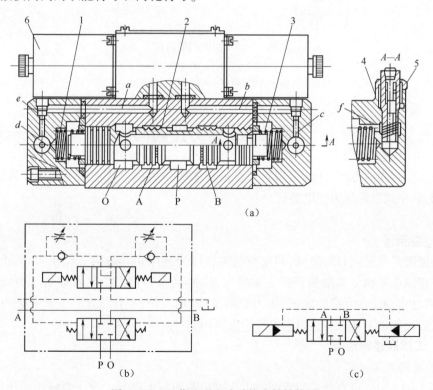

图 7-11 三位四通电液动换向阀结构图
(a)结构图;(b)职能符号;(c)简化符号。
1、3—定子弹簧;2—阀芯;4—单向阀;5—节流阀;6—电磁换向阀。

8. 换向阀的应用

(1) 利用换向阀可实现执行元件停止运动和改变运动方向；
(2) 利用换向阀锁紧液压缸；
(3) 利用换向阀卸荷；
(4) 利用换向阀切换油路来调速和调压。

如图 7-12(a) 所示，采用三位四通 M 型换向阀，可以实现液压缸换向，阀芯处于中位时还可以锁紧液压缸，同时使液压泵卸荷。由于换向阀的密封性差，故锁紧效果差，只能用于要求较低的场合。如图 7-12(b) 所示，采用 P 型换向阀，阀芯处于中位时回油口关闭，泵口和两液压缸连通，液压泵不卸荷，换向平稳，通常用于差动连接回路中。

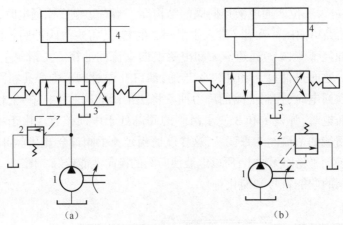

图 7-12 换向阀的应用
(a) M 型换向阀；(b) P 型换向阀。
1—泵；2—溢流阀；3—换向阀；4—液压缸。

第三节 压力控制阀

压力控制阀简称压力阀，是用来控制液压系统压力的。按功能不同可分为溢流阀、减压阀、顺序阀以及压力继电器。

一、溢流阀

溢流阀是通过阀口的溢流，调定系统工作压力或限定其最大工作压力，防止系统过载或保持恒压输出。对溢流阀的主要要求是静、动态特性好。前者即是压力流量特性好；后者是指阀应在开启的瞬间，压力超调量小，响应快，工作稳定。下面叙述直动式和先导式溢流阀的工作原理、结构、静特性及应用。

1. 工作原理和结构

1) 直动式溢流阀

图 7-13 为低压直动式溢流阀的工作原理图和图形符号。液压泵输出的压力油，由 P 口进入阀内，并通过阻尼孔 1 作用于阀芯 3 的下部。当作用在阀芯 3 上的液压力大于弹簧 7 的作用力时，阀口打开，泵出口的部分油液经阀的 P 口及 T 口溢流回油箱。通过

溢流阀的流量变化时,阀口开度要变化,故阀芯位置也要变化,但因阀芯移动量极小,加之弹簧刚度很小,故作用在阀芯上的弹簧力变化很小,因此可以认为,当阀口打开,部分油液经溢流阀溢流回油箱时,溢流阀入口 P 处的压力基本上是恒定的,此压力随阀口溢流量的变化而恒定的程度,即是衡量溢流阀静特性好坏的重要指标。经调压螺钉 5 调节弹簧 7 的预压紧力,便可调定溢流阀进口 P 处的压力。

图 7-14 为 DBD 型高压螺纹插入直动式溢流阀的结构。图中锥阀 6 下部为起阻尼作用的减振活塞。

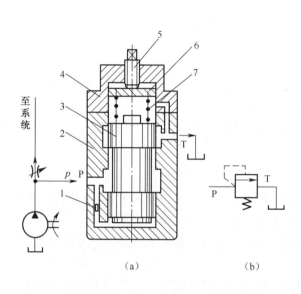
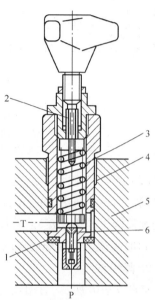

图 7-13 直动式溢流阀的图
(a)工作原理图;(b)图形符号。
1—阻尼孔;2—阀体;3—阀芯;4—阀盖;
5—调压螺钉;6—弹簧座;7—弹簧。

图 7-14 DBD 型直动式液流阀
1—阀座;2—调节杆;3—弹簧;
4—套管;5—阀体;6—锥阀。

直动式溢流阀结构简单、动作灵敏,但进口压力受阀口溢流量的影响较大,不适于在大流量和定压精度要求高的场合下工作。

2) 先导式溢流阀

图 7-15(a)、(b)和(c)分别为先导式溢流阀的结构图、工作原理图及图形符号。它由先导阀和主阀组成。溢流阀进口 P 的压力作用于主阀芯 3 及先导阀芯 9 上。当先导阀未打开时,阀腔中油液没有流动,作用在主阀芯上、下端的液压力平衡,主阀芯被弹簧 5 紧压在阀座 2 上,主阀口关闭。当 P 口压力增大到使先导阀打开时,液流经阻尼孔 a 后分成两股:一股经阻尼孔 c、先导阀口流回油箱;另一股经阻尼孔 b 流入主阀芯的上端。由于阻尼孔的节流作用,使主阀芯 3 下端的压力大于上端的压力,主阀芯在压差的作用下克服弹簧力向上开启,打开主阀口,实现溢流作用。调节先导阀的调压弹簧 10,便可实现 P 口压力调节。溢流阀的溢流阀口在无压下,通常为常闭结构。

主阀体上有一个遥控口 X,其作用以图 7-16 说明。当三位四通电磁换向阀 3 在中位时,则 X 口经阀 3 中位接通油箱,先导式溢流阀的主阀芯上端的压力接近于零,主阀芯在很小的压力下便可开启,主阀口打开,这时与 P 口相连的系统的油液在很低的压力下

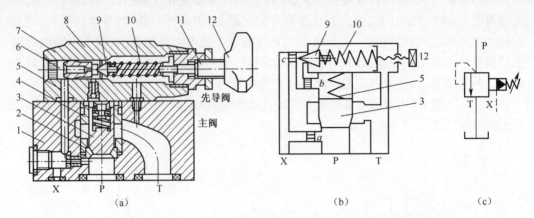

图 7-15 先导式溢流阀
(a)结构图;(b)工作原理图;(c)图形符号。
1—阀体;2—主阀芯座;3—主阀芯;4—阀套;5—主阀弹簧;6—防震套;
7—阀盖;8—阀锥座;9—阀锥(先导阀);10—调压弹簧;11—调压螺钉;12—调压手轮。

通过阀 1 主阀口流回油箱,实现卸荷作用;当阀 3 在下位时,则阀 1 的压力由其先导阀的弹簧调定为 p_1;当阀 3 在上位时,则 X 口经阀 3 上位与另一只和阀 1 的先导阀的结构相同的远程调压阀 2 相接,但若使阀 2 的调定压力 p_2 小于 p_1,则远程调压阀 2 便可对连接阀 P 口的系统压力实现远程调压,也可通过遥控口对主溢流阀实现多级压力控制。

2. 静特性

如图 7-14 所示,直动式溢流阀稳定工作时,当忽略阀芯自重、摩擦力及考虑阀芯上的液动力后,若其进口 P 处的压力为 p,出口 T 处的压力为零,阀芯承压面积为 A,弹簧力为 F_s。由阀芯上的力平衡可得

$$p = \frac{F_s}{A - C_d C_v \pi dx \sin 2\varphi} \tag{7-1}$$

式中 x ——阀芯的跳起高度,也即开度。

若弹簧的预压缩量为 x_0,弹簧刚度为 k_s,则 $F_s = k_s(x_0 + x)$,代入式(7-1)得

$$p = \frac{k_s(x_0 + x)}{A - C_d C_v \pi dx \sin 2\varphi} \tag{7-2}$$

由式(7-2)知,溢流阀 P 口的压力是由弹簧的预压缩量 x_0 调定的。阀的开启压力 $p_0 = k_s x_0 / A$,故阀的开度 x 为

$$x = \frac{A(p - p_0)}{k_s + C_d C_v \pi dp \sin 2\varphi}$$

将上式代入式(7-2)得

$$q = \frac{C_d \pi dA(p - p_0)}{k_s + 2C_d C_v \pi dp \cos \varphi} \sqrt{\frac{2p}{\rho}} \tag{7-3}$$

式(7-3)即为图 7-14 所示直动式溢流阀的压力—流量特性方程,由此可得其压力—流量特性曲线,也即静特性曲线,如图 7-17 所示。

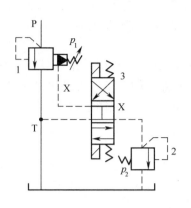

图 7-16 先导式溢流阀遥控口 X 的作用

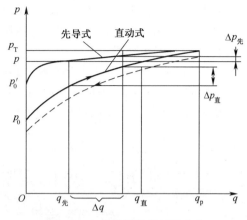

图 7-17 溢流阀的静特性曲线

图 7-15 所示先导式溢流阀的主阀芯上、下端的承压面积皆为 A，故对应于式(7-1)的公式为

$$p = \frac{F_s + p'A}{A - C_d C_v \pi dx \sin 2\varphi} \tag{7-4}$$

式中 p'——主阀芯上端的液压力，其值由先导阀弹簧的预紧力决定；

其余符号意义同前。

当先导阀弹簧的预紧力调节好后，p' 基本上是个定值，与 p 值很接近，只差微小流量流经阀中阻尼孔引起的压降，故主阀弹簧力 F_s 只要能克服主阀芯上的摩擦力，即可使主阀芯复位，因此主阀弹簧可设计得较软。当溢流量变化引起主阀芯开度 x 变化时，F_s 值变化较小，因而 p 的变化也较小。因此，先导式溢流阀的定压精度高，静特性较直动式的好，即由图 7-17 可知：当溢流阀的调定压力为 p 时，直动式的溢流量(损失)较先导式的大，即 $q_{直} > q_{先}$；当溢流阀的溢流量变化 Δq 时，直动式的进口压力较先导式的变化大(定压性差)，即 $\Delta p_{直} > \Delta p_{先}$。

3. 应用

在液压系统中，溢流阀的主要用途如下：

(1) 作溢流阀用时，阀口常开，液压泵向系统恒压供油。

(2) 作安全阀用时，阀口常闭，限定系统的最大工作压力，防止系统过载。

(3) 作制动阀用时，阀口常闭，限定液压执行元件最大制动压力，防止系统过载。

(4) 接在系统的回油路上时，阀口常开，用于调定系统的背压，使液压执行元件运动平稳。

(5) 实现远程调压和卸荷(图 7-16)。

(6) 先导式溢流阀和电磁换向阀组合成的电磁溢流阀，方便了系统的卸荷。

由于先导式溢流阀的定压性好，故常作溢流阀和背压阀用；并由于其有遥控口 X，故又可实现远程调压或作卸荷阀用。直动式溢流阀动作灵敏，故常作制动阀、安全阀用。但由于直动式溢流阀的额定流量较小，故系统流量较大时，也常以先导式溢流阀作安全阀用。

二、减压阀

减压阀是一种利用液流流过缝隙产生压力损失，使其出口压力低于进口压力的压力控制阀。按调节要求不同有：用于保证出口压力为定值的定值减压阀；用于保证进出口压力差不变的定差减压阀;用于保证进出口压力成比例的定比减压阀。其中定值减压阀应用最广,又简称为减压阀。这里只介绍应用很广的先导式定值减压阀。

1. 结构及工作原理

图 7-18 和图 7-19 为先导式减压阀的两种不同结构,二者均为先导型。其先导阀与溢流阀的先导阀相似,但减压阀出油口是有压力的,先导阀的溢流不可和出油口相连,只能单独引回油箱。而主阀部分与溢流阀不同的是阀口常开,在图示位置,主阀芯

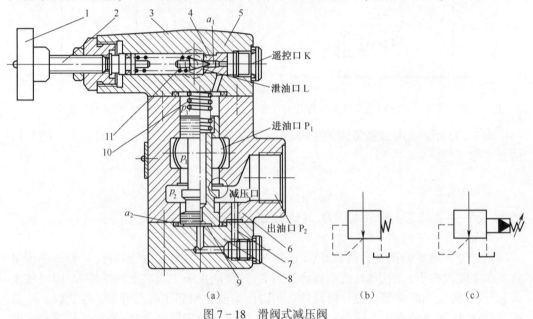

图 7-18 滑阀式减压阀

1—调压手轮;2—调节螺钉;3—锥阀;4—阀锥座;5—阀盖;6—阀体;7—主阀芯;
8—端盖;9—阻尼孔;10—主阀弹簧;11—调压弹簧。

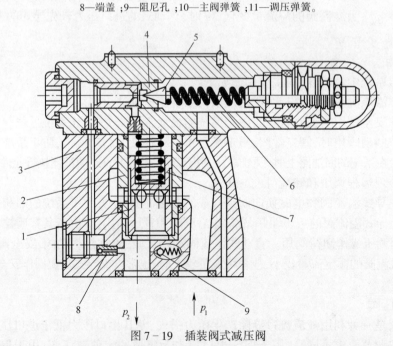

图 7-19 插装阀式减压阀

1—主阀芯;2—阀套;3—阀体;4—导阀座;5—锥阀;6—调压弹簧;7—主阀弹簧;8—阻尼孔;9—单向阀。

在弹簧力作用下位于最下端,阀的开口最大。引到先导阀前腔的控制油是阀的出口压力油,用于保证出口压力为定值。

如图7-18所示,进口P_1压力油经主阀阀口(减压缝隙)流至出口,压力为p_2。与此同时,出口P_2压力油经阀体6、端盖8上的通道进入主阀芯下腔a_2,然后经主阀芯7上的中心阻尼孔9到主阀芯上腔和先导阀的前腔a_1。在负载较小、出口压力p_2低于调压弹簧11所调定压力时,先导阀关闭,主阀芯阻尼孔9无液流通过,主阀芯上、下两腔压力相等,主阀芯在弹簧作用下处于最下端,阀口全开不起减压作用。若出口压力p_2随负载增大超过调压弹簧11调定的压力时,先导阀阀口开启,主阀出口的少量压力油经主阀芯阻尼孔9到主阀芯上腔,由先导阀溢流回油箱。因阻尼孔9的阻尼作用,主阀上下两腔出现压力差(p_2-p_1),主阀芯在压力差作用下克服弹簧力向上运动,减压口开始减小,产生压差,使出口压力减小。当出口压力p_2下降到接近先导阀的调定值时,先导阀芯和主阀芯同时处于受力平衡,出口压力稳定不变。调节先导阀调压弹簧11的预压缩量即可调节阀的出口压力p_2。

2. 功用与特点

减压阀用在液压系统中获得压力低于系统压力的二次油路,如夹紧油路、润滑油路和控制油路。必须说明的是,减压阀的出口压力还与出口的负载有关,若因负载建立的压力低于调定压力,则出口压力由负载决定,此时减压阀不起减压作用,进、出口压力相等,即减压阀保证出口压力恒定的条件是先导阀能够被出口压力所开启。

比较减压阀与溢流阀的工作原理和结构,可以将二者的差别归纳为以下3点:

(1) 减压阀为出口压力控制,保证出口压力为定值;溢流阀为进口压力控制,保证进口压力恒定。

(2) 在无压时减压阀阀口常开,进、出油口相通;溢流阀阀口常闭,进、出油口不通。

(3) 减压阀出口是有一定压力的,先导阀的溢流不可和减压出口相连,需单独引回油箱;溢流阀的出口是直接接回油箱,因此先导阀弹簧腔的泄漏油可经阀体内流道内泄至出口。

与溢流阀相同的是,减压阀亦可以在先导阀的远程调压口接远程调压阀实现远控或多级调压。

三、顺序阀

1. 功用

顺序阀用来控制多个执行元件的顺序动作。它以进口压力(内控式)或外部压力(外控式)为驱动信号,当信号压力达到阀的调定值时,阀口开启,控制通道被接通。通过改变控制方式、泄油方式和二次油路的接法,顺序阀还可构成其他功能,作背压阀、平衡阀或卸荷阀用。

2. 结构及工作原理

顺序阀的结构和工作原理与溢流阀基本相同,所不同的是顺序阀的出口不直接接回油箱,而是接到了另一个工作回路,带有一定的工作压力,因此,顺序阀的内泄漏不可直接接到出油口,而是要单独接回油箱。顺序阀也有直动式和先导式两种,且根据控制压力来源的不同,它还有内控式和外控式之分。

图7-20所示为直动式内控顺序阀的工作原理。由图可以看出,这个阀与溢流阀不同之处在于它的出口处不接油箱,而通向二次油路,因而它的泄油口L必须单独接回油箱。为了减小调压弹簧的刚度,阀内设置了控制柱塞。

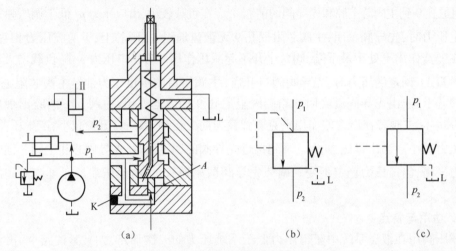

图7-20 顺序阀原理
(a)结构图;(b)顺序阀符号;(c)外控式顺序阀符号。

内控式顺序阀在其进油路压力 p_1 达到阀上部弹簧的设定压力之前,阀口一直是处于关闭状态,当达到设定压力后阀口才开启,使压力油进入二次油路,去驱动另一个执行元件。外控式顺序阀阀口的开启与否和一次油路处来的进口压力没有关系,仅取决于外来控制压力的大小。

如图7-20所示结构,将下盖转过90°,打开螺堵K接入外控油,则内控式顺序阀就可变为外控式顺序阀。

3. 性能

顺序阀的主要性能与溢流阀相仿。此外,顺序阀为使执行元件准确地实现顺序动作,要求阀的调压偏差小,故调压弹簧的刚度宜小。阀在关闭状态下的内泄漏量也要小。

4. 应用

顺序阀在液压系统中的主要应用如下:
(1)由压力控制多个执行元件的顺序动作。
(2)与单向阀组成平衡阀,在平衡回路中防止液压缸因重力作用所引起的误动作。
(3)用外控顺序阀使双泵系统的低压大流量泵卸荷。
(4)用顺序阀给液压缸设一定的回油背压,可以使液压缸的运动速度更加稳定。

四、压力继电器

压力继电器是利用油液的压力来接通和断开电气触点的液压电气转换元件。它在油液压力达到其调定值时,发出电信号,控制电气元件动作,实现液压系统的电动控制。

压力继电器有柱塞式、膜片式、弹簧管式和波纹管式四种结构形式。柱塞式压力继电器的结构和图形符号如图7-21所示,当进油口P处油液压力达到压力继电器的调定压力时,作用在柱塞1上的液压力通过顶杆2的推动,接通和断开微动开关4,发出电信号。图中L为泄油口。调整弹簧的预压缩量,可以调节继电器输出的动作压力。

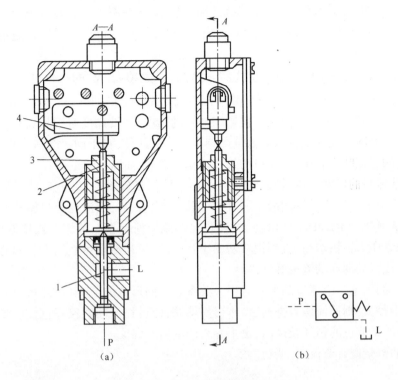

图7-21 压力继电器
(a)结构图;(b)图形符号。
1—柱塞;2—顶杆;3—调节螺钉;4—微动开关。

第四节 流量控制阀

一、流量控制原理和节流口的流量特性

1. 流量控制原理和流量控制阀的节流口形式

流量控制阀(简称流量阀)在液体流经阀口时,通过改变节流口过流断面积的大小或液流通道的长短改变液阻,进而控制通过阀口的流量,以达到调节执行元件运动速度的目的。与此相应,流量阀节流口的结构形式有近似薄壁孔和近似细长孔的两种类型。

2. 节流口的流量特性

节流口的流量取决于节流口的结构形式。由于任何一种具体的节流口都不是绝对的细长孔或薄壁孔,为此,当用A_T表示节流口的过流断面积,Δp表示节流口前后压差,C表示与节流口形状、液体流态、油液性质等因素有关的系数时,节流口的流量q_T可用下式表示:

$$q_T = CA_T\Delta p^\varphi \tag{7-5}$$

式中 φ——与节流口形状有关的节流口指数,$0.5 < \varphi < 1$。

式(7-5)即为实际节流口的流量特性方程。由该式可知,当C、Δp和φ一定时,只

要改变 A_T 的大小,就可以调节流量阀的流量。

3. 影响节流口流量稳定的因素

流量阀工作时,要求节流口一经调定(即面积 A_T 一经调定)后,流量就稳定不变。但实际上流量是有变化的,流量较小时尤其如此。由式(7-5)可看出,影响流量稳定的因素如下:

(1) 节流口前后的压差 Δp。由式(7-5)知,φ 值越大,Δp 的变化对流量 q_T 的影响越大。因此,薄壁孔式的节流口($\varphi \approx 0.5$)比细长孔式的($\varphi = 1$)的好。

(2) 油液温度。油液的温度直接影响油液的黏度,油液黏度对细长孔式节流口的流量影响较大,对薄壁孔式节流口的流量影响则很小。此外,对于同一个节流口,在小流量时,节流口的过流断面较小,节流口的长径比相对较大,油温影响也较大。

(3) 节流口的堵塞。流量阀在工作中,当系统流量较低时,节流口的过流断面通常是很小的。节流口很容易被油液中所含的金属屑、尘埃、砂土、渣泥等机械杂质和在高温高压下油液氧化所生成的胶质沉淀物、氧化物等杂质所堵塞。节流口被堵塞的瞬间,油液断流,随之压力很快增高,直到把堵塞的小孔冲开,于是流量突然加大。如此过程不断重复,就造成了周期性的流量脉动。

节流口的堵塞与节流口的形式有很大关系。不同形式的节流口,其水力半径也不一样。水力半径大,则通流能力强,孔口不容易堵塞,流量稳定性就较好;反之,则较差。此外,油液的质量或过滤精度较高时,也不容易产生堵塞现象。

常用的流量阀有节流阀、调速阀等。

二、节流阀

1. 结构及工作原理

图 7-22 是节流阀的结构及职能符号图。该阀采用轴向三角槽式的节流口形式(图 7-22(b)),主要由阀体 1、阀芯 2、推杆 3、手把 4 和弹簧 5 等件组成。油液从进油口 P_1

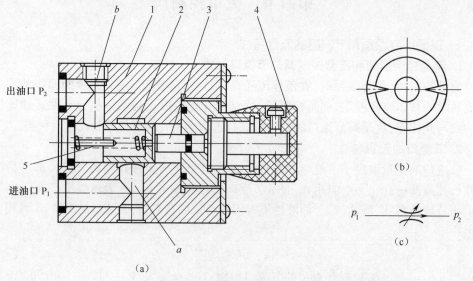

图 7-22 节流阀

流入,经孔道 a、节流阀阀口、孔道 b,从出油口 P_2 流出。调节手把 4 借助推杆 3 和弹簧 5 的作用力可使阀芯 2 做轴向移动,改变节流口过流断面积的大小,可达到调节流量的目的。阀芯 2 在弹簧 5 的推力作用下,始终紧靠在推杆 3 上。

2. 流量特性

节流阀的流量公式即为式(7-5)。节流阀的流量不仅受其过流断面的影响,也受其前后压差的影响。在液压系统工作时,因外界负载的变化将引起节流阀前后压差的变化,从而直接影响节流阀流量稳定性和工作装置的速度稳定性。

3. 最小稳定流量及其物理意义

如前所述,节流口的堵塞将直接影响流量的稳定性,节流口调得越小,越易发生堵塞现象。节流阀的最小稳定流量是指在不发生节流口堵塞现象条件下的最小稳定流量。这个值越小,说明节流阀节流口的通流性越好,允许系统的最低速度越低。在实际操作中,节流阀的最小稳定流量必须小于系统的最低速度所要求的流量值,这样系统在低速工作时,才能保证其速度的稳定性。这就是节流阀最小稳定流量的物理意义,也是选用节流阀需考虑的因素之一。

4. 应用

节流阀的主要作用是在液压系统中与溢流阀配合,组成进、出口和旁路节流调速回路,调节执行元件的运动速度。节流阀也可装在执行元件的回油路上作背压阀用,使执行元件的运行速度更加稳定。

三、调速阀

由节流阀的流量特性可以看出,节流阀的开口调定后,通过节流阀的流量是随负载的变化而变化的,因而造成执行元件速度的不稳定。所以节流阀只能应用于负载变化不大、速度稳定性要求不高的液压系统中。当负载变化较大、速度稳定性要求又较高时,应采用调速阀调速。

1. 结构和工作原理

图 7-23(a)为调速阀的工作原理图。调速阀是由定差减压阀和节流阀结合而成的组合阀。其工作原理是利用前面的减压阀保证后面节流阀的前后压差不随负载而变化,进而来保持速度稳定。当压力为 p_1 的油液流入时,经减压阀阀口 h 后压力降为 p_2,并又分别经孔道 b 和 f 进入油腔 c 和 e。减压阀出口即 d 腔,同时也是节流阀 2 的入口。油液经节流阀后,压力由 p_2 降为 p_3,压力为 p_3 的油液一部分经调速阀的出口进入执行元件(液压缸),另一部分经孔道 g 进入减压阀芯 1 的上腔 a。调速阀稳定工作时,其减压阀芯 1 在 a 腔的弹簧力、压力为 p_3 的油压力和 c、e 腔的压力为 p_2 的油压力(不计液动力、摩擦力和重力)的作用下,处在某个平衡位置上。当负载 F_L 增加时,p_3 增加,a 腔的液压力也增加,阀芯下移至一新的平衡位置,阀口 h 增大,其减压能力降低,使压力为 p_1 的入口油压少减一些,故 p_2 值相对增加。所以,当 p_3 增加时,p_2 也增加,因而差值 (p_2-p_3) 基本保持不变;反之亦然。于是通过调速阀的流量不变,液压缸的速度稳定,不受负载变化的影响。

图 7-23(b)为调速阀的职能符号,图 7-23(c)为其简化符号。

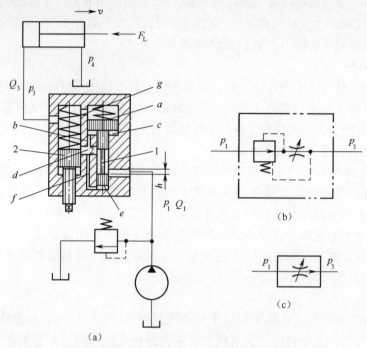

图 7-23 调速阀的工作原理图和职能符号

2. 静特性曲线

图 7-24 为调速阀与普通节流阀相比较的静特性,即阀两端的压差 Δp 与阀的流量 Q 的关系曲线。可见,在压差较小时,调速阀的性能与普通节流阀相同,即二者曲线重合。这是由于较小的压差不能使调速阀中的定差减压阀芯起作用,减压阀芯在弹簧力的作用下处在最下端,阀口最大,不起减压作用,调速阀相当于节流阀的效果。因此,调速阀正常工作时必须保证其前后压差至少为 0.4~0.5MPa,即 $\Delta p_{min} = 0.4~0.5$MPa。

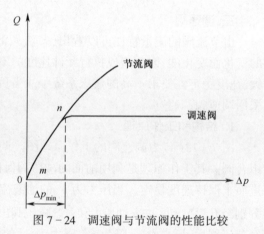

图 7-24 调速阀与节流阀的性能比较

3. 应用

调速阀的应用与普通节流阀相似,即与定量泵、溢流阀配合,组成节流调速回路;与变量泵配合,组成容积节流调速回路等。与普通节流阀不同的是,调速阀应用于速度稳定性要求较高的液压系统中。

四、其他形式的流量阀

图 7-25 是溢流节流阀的工作原理和职能符号图。该阀是由压差式溢流阀和节流阀组合而成,它也能保证通过阀的流量基本上不受负载变化的影响。来自液压泵压力为 p_1 的油液,进入阀后,一部分经节流阀 2(压力降为 p_2)进入执行元件(液压缸),另一部分经

溢流阀阀芯1的溢油口流回油箱。溢流阀阀芯上腔 a 和节流阀出口相通,压力为 p_2;溢流阀阀芯大台肩下面的油腔 b、油腔 c 和节流阀入口的油液相通,压力为 p_1。当负载 F_L 增大时,出口压力 p_2 增大,因而溢流阀阀芯上腔 a 的压力增大,阀芯下移,关小溢流口,使节流阀入口压力 p_1 增大,因而节流阀前后压差(p_1-p_2)基本保持不变;反之亦然。

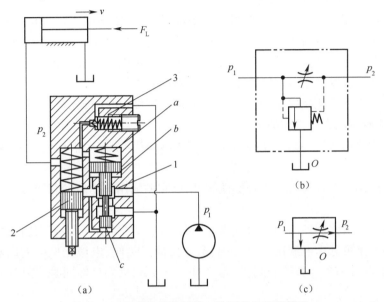

图 7-25 溢流节流阀的工作原理和职能符号

溢流节流阀上设有安全阀3。当出口压力 p_2 增大到等于安全阀的调整压力时,安全阀打开,使 p_2(因而也使 p_1)不再升高,防止系统过载。

溢流节流阀和调速阀都能使速度基本稳定,但其性能和使用范围不完全相同,主要差别如下:

(1) 溢流节流阀的入口压力即泵的供油压力 p_1 随负载 p_2 大小而变化,始终保持一恒定值压差。因此,负载大,供油压力大;负载小,供油压力也小。泵的输出功率随负载而变化,效率较采用调速阀的调速回路高,压力损失较小,发热量少。

(2) 溢流节流阀中的溢流阀阀口的压降比调速阀中的减压阀阀口的压降大;系统低速工作时,通过溢流阀阀口的流量也较大,因此作用于溢流阀阀芯上、与溢流阀上端的弹簧作用力方向相同的稳态液动力也较大。且溢流阀开口越大,液动力越大,这样相当于溢流阀阀芯上的弹簧刚度增大。因此当负载变化引起溢流阀阀芯上、下移动时,当量弹簧力(将稳态液动力考虑在弹簧力之内的作用力)变化较大,其节流阀两端压差(p_1-p_2)变化加大,引起的流量变化增加。所以溢流节流阀的流量稳定性较调速阀差,在小流量时尤其如此。因此在有较低稳定流量要求的场合不宜采用溢流节流阀,而在对速度稳定性要求不高、功率又较大的节流调速系统中,如插床、拉床、刨床中应用较多。

(3) 在使用中,溢流节流阀只能安装在节流调速回路的进油路上,而调速阀在节流调速回路的进油路、回油路和旁油路上都可应用。因此,调速阀比溢流节流阀应用更广泛。

第五节 电液比例控制阀

一、电液比例控制阀的功用及特点

电液比例控制阀是近年来出现的新型控制元件,它是将输入的电信号连续地、按比例地控制液压系统中的流量、压力和方向的控制阀,是控制精度介于普通阀和伺服阀之间的一种液压控制元件。电液比例阀与普通的液压阀相比,有如下特点:

(1)能够较容易地实现远距离或计算机程序控制。

(2)能连续和按比例控制液压系统的压力和流量,对执行元件实现位置、速度和力的控制,并能减少压力变换时的液压冲击。

(3)在构成某些复杂的液压控制系统时,能够减少系统中液压元件的数量,使油路简化。

(4)比例阀一般都具有压力补偿性能,所以它的输出压力和流量可以不受负载变化的影响。

在结构上电液比例控制阀是由直流比例电磁铁(力马达)与普通液压阀两部分组成。按其控制的参量可分为电液比例压力阀、电液比例流量阀、电液比例换向阀和电液比例复合阀等,前两种为单参数控制阀,只能控制一个参量;后两种能同时控制多个参量。

二、电液比例溢流阀

电液比例溢流阀的结构原理如图 7-26 所示,它由直流比例电磁铁和先导型溢流阀组成。

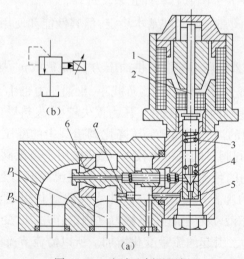

图 7-26 电液比例溢压阀
(a)结构图;(b)图形符号。

其工作原理是:当输入一个电信号时,比例电磁铁 1 便产生一个相应的电磁力,它通过推杆 2 和弹簧 3 的作用,使锥阀 4 接触在阀座 5 上,因此打开锥阀的液压力与电流成正比,形成一个比例先导压力阀。孔 a 为主阀阀芯 6 的阻尼孔,由先导式溢流阀工作原理,对溢流阀阀芯6上的受力分析可知,电液比例溢流阀进口压力的高低与输入信号电流的大小成正比,即进口油压受输入电磁铁的电流大小控制。若输入信号电流是连续按比例地或按一定程序变化,则比例溢流阀所调节的液压系统压力,也连续按比例地或按一定程序进行变化,从而将手调溢流阀,改为电信号控制。

图7-27所示为多级压力控制回路。图7-27(a)表示用电液比例阀实现多级压力控制,当以不同电流I_1、I_2、I_3、I_4和I_5输入时,溢流阀就可得到五种压力控制,它与普通溢流阀的多级压力控制(图7-27(b))相比,液压元件数量少,系统简单。若输入的是连续变化的信号则可实现连续的压力控制。

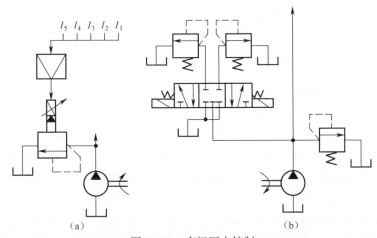

图7-27 多级压力控制
(a)电液比例溢流阀多级压力控制;(b)普通溢流阀三级压力控制。

图7-26是先导型比例溢流阀。它的先导部分是直动式比例压力阀,可直接作为小流量控制的直动式比例溢流阀使用。若与其他压力阀的主阀相结合,可组成先导型比例溢流阀、比例减压阀和比例顺序阀等元件。

电液比例溢流阀能作高精度、远距离的压力控制。由于它的响应较快且压力变换连续,因此可减少压力变换的冲击,并能减少系统中元件数量,抗污染能力强,工作可靠,价格也较低,所以电液比例溢流阀目前应用较广泛,多用于轧板机、注射成型机和液压机的液压系统中。

但电液比例控制阀增加了比例电磁铁的控制,电路较复杂,技术要求较高,成本也相应增加。

三、电液比例流量阀

电液比例流量阀是用比例电磁铁取代节流阀或调速阀的手调装置,以输入电信号来改变节流阀的开度,从而调节系统的流量。它由比例电磁铁和流量阀组合而成。比例电磁铁与节流阀组合,称为电液比例节流阀,与调速阀组合称为比例调速阀,与单向调速阀组合称为比例单向调速阀。图7-28所示为电液比例调速阀的工作原理图。图中主阀为压力补偿调速阀,节流阀阀芯3与比例电磁铁1的推杆2相连。当有电信号输入时,节流阀阀芯3在比例电磁铁1的电磁力作用下,通过推杆2与阀芯左端的弹簧5相平衡,此时对应的节流口开度h为一定值,当输入不同信号电流时,便有不同的节流口开度。由于定差减压阀4保证节流阀进、出口压力差不变,所以通过对应的节流口开度的流量也恒定。若输入的信号电流是连续按比例地或按一定程序改变,则电液比例调速阀所控制的流量也就连续地按比例地或按一定程度改变,以实现对执行元件的速度调节。

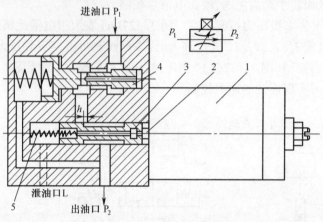

图 7-28 电液比例调速阀

图 7-29 所示为电液比例调速阀的一个应用实例,用于转塔车床的进给系统。图 7-29(a)所示为用普通调速阀实现三种进给速度的系统图,三个调速阀并联在油路中,并采用了一个非标准的三位四通电磁换向阀,控制工序间的有级调速。图 7-29(b)为用电液比例调速阀的进给系统,只要输入对应于各种速度的信号电流,就可以进行多种速度控制。比较两个液压系统,显然后者液压元件较少,系统简单,但电气结构复杂一些。

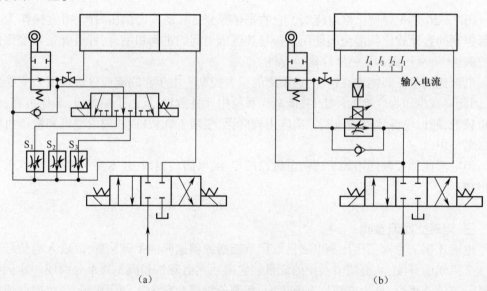

图 7-29 转塔进给系统
(a)普通调速阀调速;(b)电液比例调速阀调速。

电液比例调速阀主要用于多工位加工机床、注射成型机、抛砂机等的液压系统的速度控制,也可用于远距离速度控制和速度自动控制系统中。当输入信号电流为零时,输出流量为零,因此可作为切断油路的开关。

四、电液比例换向阀

用比例电磁铁取代电磁换向阀中的普通电磁铁,便构成直动式比例换向阀。比例电磁铁不仅可使阀芯换位,而且可使换位的行程连续地或按比例地变化,从而连接通油口间的通流面积得到连续的或按比例的变化,所以比例换向阀不但能改变液流的方向,还可以控制其速度,适用于对一般机械执行机构进行速度和位置的控制,是一种用途广泛的比例控制元件。在大流量的情况下,应采用先导型比例方向阀。电液比例换向阀不仅能像普通换向阀一样控制液流的方向,还能控制其流量。

图 7-30 所示为电液比例换向阀的结构原理。它由电液比例减压阀和液动换向阀组成。电液比例减压阀作先导级使用,以出口压力来控制液动换向阀的正反向开口量大小,从而控制液流的方向和流量的大小,其工作原理如图所示,先导级电液比例减压阀由两个比例电磁铁 2 和 4 及阀芯 3 等组成。当电磁铁 2 通入电信号时,减压阀阀芯 3 右移,供油压力 p 经右边阀口减压后,经孔道 a、b 反馈至阀芯 3 的右端,与电磁铁 2 的电磁力相平衡。因而减压后的压力与供油压力大小无关,而和输入信号电流大小成比例。减压后的油液经孔道 a、c 作用在换向阀阀芯的右端,使阀芯 5 左移,打开 P 到 B 的阀口,并压缩左端弹簧。阀芯 5 的移动量与控制油压的大小成正比,即阀口的开口大小与输入电流大小成正比。同理,当比例电磁铁 4 通电时,压力油由 P 经 A 输出。

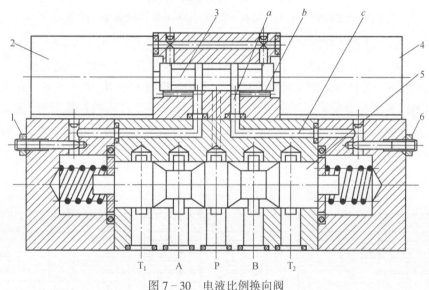

图 7-30 电液比例换向阀
1、6—节流阀;2、4—比例电磁铁;3、5—阀芯。

液动换向阀的端盖上安装有节流阀 1 和 6,用来调节换向阀的换向时间。此外,电液比例换向阀也具有不同的中位机能。

第六节 液压伺服阀

液压伺服阀在液压伺服系统中起信号转换及功率放大的作用,对系统的工作性能影响很大,所以必须对伺服阀的结构和性能有所了解,才能更好地分析液压伺服控制系统。

从结构形式上分,液压伺服阀主要有三种:滑阀、喷嘴挡板阀和射流管阀。其中以滑阀应用最普遍。

一、滑阀

1. 滑阀工作原理

滑阀按工作边数可分为单边滑阀、双边滑阀和四边滑阀,如图 7-31 所示。四边滑阀有四条控制边,四边滑阀的控制性能最好,双边次之,单边最差。因此,单边滑阀容易加工、成本低,而四边滑阀因为精度要求高,加工困难、成本高。

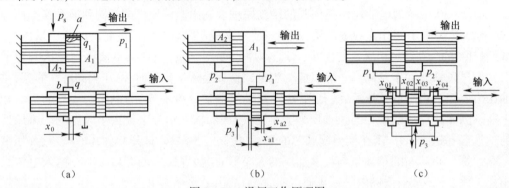

图 7-31 滑阀工作原理图
(a)单边滑阀(二通阀);(b)双边滑阀(三通阀);(c)四边滑阀(四通阀)。

滑阀在零位时有三种开口形式:正开口、零开口和负开口,如图 7-32 所示。正开口是阀芯凸肩宽度 h 小于阀套窗口宽度 H,即 $h<H$。零开口是阀芯凸肩宽度 h 与阀套窗口宽度 H 相等。负开口是阀芯凸肩宽度 h 大于阀套窗口宽度 H,即 $h>H$。阀的开口形式对其特性,特别是零位附近的特性有很大的影响。零开口阀的特性较好,流量增益是线性的,应用较多,但加工困难。正开口损耗功率大,负开口零位附近有死区,将导致稳态误差且失真,故很少采用。

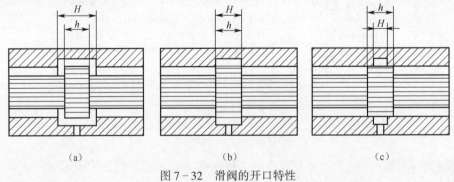

图 7-32 滑阀的开口特性
(a)正开口阀;(b)零开口阀;(c)负开口阀。

2. 滑阀的静特性

滑阀的静特性(即流量-压力特性)是指在静态情况下,滑阀负载流量 Q_L、负载压力 p 和滑阀位移 x_v 三者之间的函数关系 $Q_L = Q_L(p_L, x_v)$。它表示了滑阀本身的工作能力和性能。现以理想的零开口四边滑阀为例简述滑阀的静特性。

图 7-33 所示为理想零开口四边滑阀,假设液体不可压缩,管道无变形,滑阀无泄漏,阀匹配且对称,各阀口流量系数相等,不计管路压力损失,供油压力 p_s 恒定不变。

(1) 零开口四边滑阀的流量-压力方程和曲线。如图 7-33(a) 所示,零开口四边滑阀的阀芯从零位向右位移 x_v 时,由于各控制口是配作且对称的,因此进油控制口与回油控制口的开口量都是 x_v,则两控制口的面积都为 Wx_v,W 为面积梯度,对圆柱形周边开口滑阀,$W = \pi D$。

流进油缸的流量
$$Q_1 = C_d W x_v \sqrt{\frac{2}{\rho}(p_s - p_1)} \tag{7-6}$$

流出油缸的流量
$$Q_2 = C_d W x_v \sqrt{\frac{2}{\rho} p_2} \tag{7-7}$$

若负载油缸是双杆活塞缸,两腔有效工作面积相等,不考虑泄漏,则稳态时由以上两式可得

$$p_s - p_1 = p_2 \tag{7-8}$$

即
$$p_s = p_1 + p_2 \tag{7-9}$$

负载压力为
$$p_L = p_1 - p_2 \tag{7-10}$$

则可求得
$$p_1 = \frac{1}{2}(p_s + p_L) \tag{7-11}$$

$$p_2 = \frac{1}{2}(p_s - p_L) \tag{7-12}$$

将结果代入流量公式得

$$Q_L = C_d W x_v \sqrt{\frac{1}{\rho}(p_s - p_L)} \tag{7-13}$$

这就是零开口四边滑阀的流量-压力方程,它确定了 Q_L、p_L 和 x_v 之间的关系。由上式可见当负载压力一定时,负载流量与滑阀开口量成正比。在一定开口量下,负载流量随负载压力的增加而减少,但二者是非线性关系。

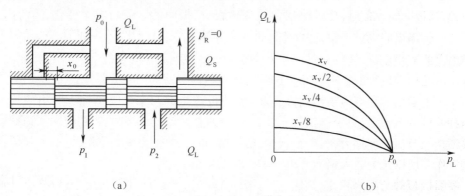

图 7-33 零开口四边滑阀流量-压力曲线

图7-33(b)是根据上述方程得到的流量-压力特性曲线。当阀芯从零位向左位移 x_v 时,同理得到反向负载流量,曲线位于第三象限,与第一象限的曲线对称于原点。

(2) 阀系数。滑阀的静特性也可以由其特性参数——阀系数表示。阀系数在分析液压伺服系统的稳定性、频率响应及其他动态特性时非常重要。

① 流量放大系数(流量增益) K_q:

$$K_q = \frac{\partial Q_L}{\partial x_v} \tag{7-14}$$

流量放大系数 K_q 表示负载压力一定时,单位阀口开度变化引起的负载流量变化的大小。流量放大系数越大,阀对负载流量的控制就越灵敏。

② 压力放大系数(压力增益) K_p:

$$K_p = \frac{\partial p_L}{\partial x_v} \tag{7-15}$$

压力放大系数表示负载流量一定时,单位阀口开度变化引起的负载压力变化的大小。压力放大系数越大,阀对负载压力降的控制就越灵敏。

③ 流量-压力系数 K_c:

$$K_c = -\frac{\partial Q_L}{\partial p_L} \tag{7-16}$$

流量-压力系数表示阀开口量一定时,单位负载压力变化引起的负载流量变化的大小。它是流量-压力曲线的斜率,始终是负的,故加负号使 K_c 总为正值。流量-压力系数越大,说明很小的负载压力变化就能引起阀流量发生较大的变化。

三个阀系数之间存在如下的关系:

$$K_q = K_c K_p \tag{7-17}$$

二、喷嘴挡板阀

喷嘴挡板阀有单喷嘴和双喷嘴两种结构形式,如图7-34(a)和(b)所示。喷嘴挡板阀由喷嘴2、挡板1、中间油室3和固定节流孔4组成。它是借助挡板和喷嘴之间的可变节流口来控制执行机构工作腔的压力,达到控制运动速度和方向的目的。下面以单喷嘴挡板阀为例,来说明喷嘴挡板阀的工作原理。压力油一路直接通液压缸的有杆腔,另一路经固定节流口进入液压缸的无杆腔,构成差动连接。喷嘴和挡板之间形成一个可变节流口,给挡板一输入信号,挡板改变位置,喷嘴与挡板间的节流口发生变化,节流阻力也就改变。若输出的流量不变,会使中间油室的压力 p_1 发生变化,若中间油室的压力不变,会使输出的流量变化,执行元件产生相应的运动。用小功率操纵挡板,即可在喷嘴挡板阀的输出端得到很大的输出功率。这就是单喷嘴挡板阀的简单工作原理。

平时更常用的是双喷嘴挡板阀,双喷嘴挡板阀是由两个单喷嘴挡板阀组成的,有两个对称的可变节流口,可控制执行元件A、B两油腔。切断负载时,当挡板向一边移动,一个喷嘴挡板节流截面加大,另一个减少,使得A、B腔的油压一个升高,另一个降低,形成差动工作。所以压力放大倍数为单喷嘴挡板的两倍。

喷嘴挡板阀与滑阀相比,其优点是:结构简单,由于运动部件惯量小,位移小,所以动态响应快,精度和灵敏度高,对油液污染不太敏感等。缺点是:零位泄漏量大,容易造成

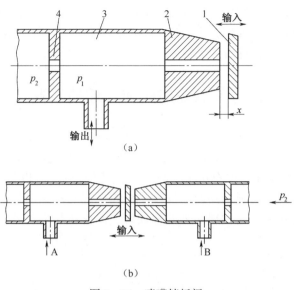

(a)

(b)

图 7-34 喷嘴挡板阀
(a)单喷嘴挡板阀;(b)双喷嘴挡板阀。
1—挡板;2—喷嘴;3—中间油室;4—固定节流孔。

损耗。故这种阀常用在小功率系统或作为伺服阀的前置放大级。

三、射流管阀

射流管阀由射流管 1 与接收器 2 组成,其工作原理如图 7-35 所示。射流管在输入信号的作用下可绕支撑中心 o 摆动。接收器上有两个接收孔道 a 和 b,两个接收孔分别与液压缸的左右两腔相通,使之产生向左或者向右的运动。当无信号输入时,即射流管的喷嘴处于两接收孔的中间位置时,两接收孔接收的射流动能相等,因此油液压力也相等,液压缸不能运动。当有信号输入、射流管偏离中间位置时,两接收孔所接收的射流动能不相等,油液压力也不相等,其中一个增加、一个减少,液压缸便向着射流管偏转的方向移动,直到射流管端部锥形喷嘴又处于 a、b 两孔道中间对称位置时停止。

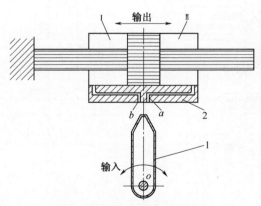

图 7-35 射流管阀的工作原理
1—射流管;2—接收器。

173

射流管阀的优点:构造简单、动作灵敏、抗污染能力强、对液体的洁净度不敏感、工作较可靠。缺点:喷嘴运动部件惯量大、动态响应慢。故射流管阀适用于功率较小的伺服系统,常用作两级伺服阀的前置放大级。

第七节 叠加阀和二通插装阀

根据安装形式的不同,阀类元件曾制成多种结构形式。管式连接和法兰式连接的阀,占用的空间较大,装拆和维修保养都不太方便,现在已用得越来越少。相反,板式连接和插装式连接的阀则日益占有优势。板式连接的液压阀,可以将它们安装到集成块上,利用集成块上的孔道实现油路间的连接。将阀做成叠装式的结构,直接叠加在一起构成系统,这就是近年来快速发展起来的叠加阀。而模块化的阀芯,被插装在阀块中的结构称为插装阀。

一、叠加阀

叠加阀是在板式阀集成化基础上发展起来的一种新型元件。每个叠加阀不仅起到单个阀的功用,还起到油流通道的作用。由叠加阀组成的液压系统,只要将相应的叠加阀叠合在底板与标准板式换向阀之间,用螺栓结合即成。叠加阀的上下两面都是平面,便于叠积安装。

叠加阀在结构和连接上与板式阀不同。如溢流阀,在叠加阀上除了 P 口和 O 口外,还有 A、B 油口,这些油口自阀的底面贯通到顶面,而且同一通径的各类叠加阀的 P、A、B、O 油口间的相对位置都是和相匹配的标准板式换向阀相一致的。

图 7-36 所示为叠加阀及其回路。换向阀在最上面,与执行元件连接的底板在最下方,而叠加阀则安装在换向阀与底板之间。

叠加阀的结构有单功能的,也有复合功能的。

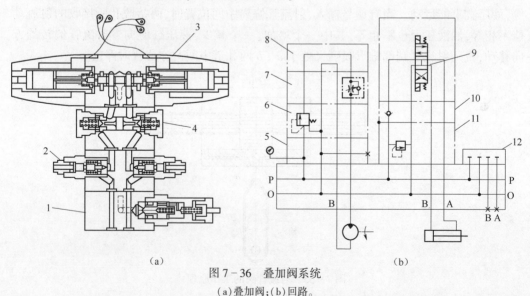

(a) (b)

图 7-36 叠加阀系统

(a)叠加阀;(b)回路。

1—溢流阀;2—流量阀;3—电磁阀;4—单向阀;5—安装压力表的板;6—顺序阀;
7—单向进油节流阀;8—顶板;9—换向阀;10—单向阀;11—溢流阀;12—备用回路盲板。

由叠加阀组成的系统有很多优点:结构紧凑,占地面积小,系统的设计、制造周期短,系统更改时增减元件方便迅速,配置灵活,工作可靠。

但叠加阀由于结构限制,所能够组成的液压回路功能是有限的,超出叠加阀构成范围的液压系统,还得由板式阀组成的集成块来完成。

二、插装阀

插装阀是以插装单元为主阀,配以适当的盖板和不同的先导控制阀组合而成的具有一定控制功能的组件。它可以组成压力控制阀、流量控制阀和方向控制阀。在高压大流量的液压系统中,插装阀应用最广。如今的插装元件已标准化,将几个插装式元件集合便可组成复合阀。和普通液压阀比较,它有如下优点:

(1) 通流能力大,特别适用于大流量的场合。它的最大通径可达 200~250mm,通过的流量可达 10000L/min。

(2) 阀芯动作灵敏。

(3) 密封性好,泄漏小。

(4) 结构简单,易于实现标准化。

从工作原理而言,插装阀就是一个液控单向阀。图 7-37(a)所示为插装阀的插装式元件的结构,图 7-37(b)为其符号图。由图可见,插装式元件由阀套 1、阀芯 2 和弹簧 3 组成。A、B 为主油路通口,C 为控制油路通口。设 A、B、C 油口的压力及其作用面积分别为 p_A、p_B、p_C 和 A_1、A_2、A_3,$A_3=A_1+A_2$,F_S 为弹簧作用力。如不考虑阀芯的重量和液流的液动力,则当 $p_A A_1+p_B A_2>p_C A_3+F_S$ 时,阀芯开启,油路 A、B 接通。

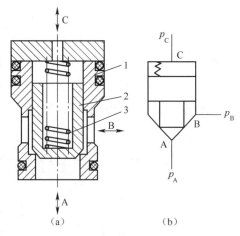

图 7-37 插装阀
(a)结构图;(b)符号图。
1—阀套;2—阀芯;3—弹簧。

如阀的 A 口通压力油,B 口为输出口,则改变控制口 C 的压力便可控制 B 口的输出。当控制口 C 接油箱时,则 A、B 接通;当控制口 C 通控制压力 p_C,且 $p_C A_3+F_S>p_A A_1+p_B A_2$ 时,阀芯关闭,A、B 不通。

二通插装阀通过不同的盖板和各种先导阀组合,便可构成方向控制阀、压力控制阀和流量控制阀。

图 7-38 所示为二通插装阀组成方向控制阀的几个例子。图 7-38(a)为单向阀。当 $p_A>p_B$ 时,阀芯关闭,A、B 不通;而当 $p_B>p_A$ 时,阀芯开启,油液可从 B 流向 A。图 7-38(b)用作二位二通阀。当电磁铁断电时,阀芯开启,A、B 接通,电磁铁通电时,阀芯关闭,A、B 不通。图 7-38(c)用作二位三通阀。当电磁铁断电时,A、O 接通;电磁铁通电时,A、P 接通。图 7-38(d)用作二位四通阀。电磁铁断电时,P 和 B 接通,A 和 O 接通;电磁铁通电时,P 和 A 接通,B 和 O 接通。

对插装阀的控制腔 C 进行压力控制,便可构成压力控制阀。图 7-39 所示为插装阀用作压力控制阀的示意图。图 7-39(a)中,如 B 接油箱,则插装阀起溢流阀作用;B 接另一油口,则插装阀起顺序阀作用。图 7-39(b)中,用常开式滑阀阀芯作减压阀,B 为一次

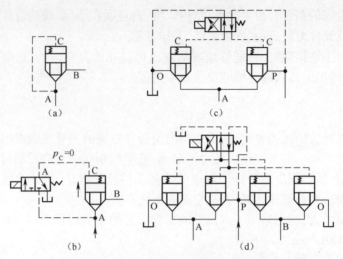

图 7-38 插装阀用作方向控制阀的示意图
(a)单向阀;(b)二位二通阀;(c)二位三通阀;(d)二位四通阀。

压力油 p_1 进口,A 为出口。由于控制油取自 A 口,因而能得到恒定的二次压力 p_2,所以这里的插装阀用作减压阀。图 7-39(c)中,插装阀的控制腔再接一个二位二通电磁阀,当电磁铁通电时,插装阀便用作卸荷阀。

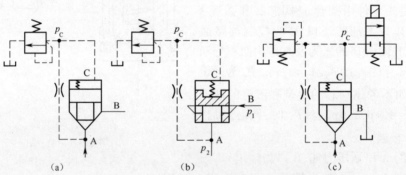

图 7-39 插装阀用作压力控制阀的示意图
(a)溢流阀或顺序阀;(b)减压阀;(c)卸荷阀。

图 7-40 所示为插装阀用作流量控制阀的示意图。在阀的顶盖上有阀芯升高限位装置,通过调节限位装置的位置,便可调节阀口通流截面的大小,从而调节流量。图 7-40(a)中插装阀用作节流阀,而图 7-40(b)中则用作调速阀。

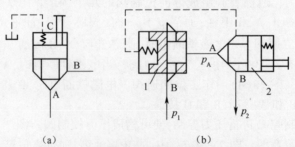

图 7-40 插装阀用作流量控制阀的示意图
(a)节流阀;(b)调速阀。

第八节　电液数字阀

用计算机的数字信息直接控制的液压阀,称为电液数字阀,简称数字阀。数字阀可直接与计算机接口,不需要数/模转换器。与比例阀、伺服阀相比,这种阀结构简单、工艺性好、价格低廉、抗污染能力强、重复性好、工作稳定可靠、功率小,故在机床、飞行器、注塑机、压铸机等领域得到了应用。由于它将计算机和液压技术紧密结合起来,因而其应用前景十分广阔。

用数字量进行控制的方法很多,目前常用的是增量控制法和脉宽调制控制法两种。相应地按控制方式可将数字阀分为增量式数字阀和脉宽调制式数字阀两类。

一、增量式数字阀

这种阀由步进电动机带动工作。步进电动机直接用数字量控制,其转角与输入的数字式信号脉冲数成正比,其转速随输入的脉冲频率而变化;当输入反向脉冲时,步进电动机将反向旋转。

步进电动机在脉冲数信号的基础上,使每个采样周期的步数较前一采样周期增减若干步,以保证所需的幅值。由于步进电动机是通过增量控制方式进行工作的,所以它所控制的阀称为增量式数字阀。按用途不同,增量式数字阀又有数字流量阀、数字方向流量阀和数字压力阀之分。

1. 增量式数字流量阀

1) 数字节流阀

图 7-41 所示为直控式(由步进电动机直接控制)数字节流阀。步进电动机 4 按计算机的指令而转动,通过滚珠丝杠 5 变为轴向位移,使节流阀芯 6 打开阀口,从而控制流量。该阀有两个面积梯度不同的节流口,阀芯移动时首先打开右节流口 8,由于非全周边通流,故流量较小;继续移动时打开全周边通流的左节流口 7,流量增大。阀开启时的液动力可抵消一部分向右的液压力。此阀从节流阀芯 6、阀套 1 和连杆 2 的相对热膨胀中获得了温度补偿。零位移传感器 3 的作用是每个控制周期结束时,控制阀芯自动返回零位,以保证每个工作周期都从零位开始,提高阀的重复精度。

图 7-42 所示为先导式(步进电动机经液压先导控制)数字节流阀的符号图(其结构原理见图 7-43(b)数字调速阀中的节流阀部分)

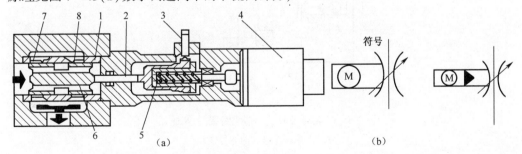

图 7-41　直控式数字节流阀
(a)结构图;(b)符号。
1—阀套;2—连杆;3—零位移传感器;4—步进电动机;
5—滚珠丝杠;6—节流阀芯;7—左节流口;8—右节流口。

图 7-42　先导式数字节流阀符号

2) 数字调速阀

(1) 溢流型压力补偿数字调速阀。在直控式数字节流阀前面并联一个溢流阀,并使溢流阀芯两端分别受节流阀进出口液压的控制,即可构成溢流型压力补偿的直控式数字调速阀,如图 7-43(a) 所示。

图 7-43(b)、(c) 所示为溢流型压力补偿的先导式数字调速阀。步进电动机旋转时,通过凸轮或螺纹机构带动挡板 4 做往复运动,从而改变喷嘴 3 与挡板 4 之间的可变液阻,改变了喷嘴前的先导压力(即 B 腔压力)p_B,使节流阀芯 2 跟随挡板 4 运动,因 B 面积是 A 面积的两倍,所以当 $p_B = \dfrac{p_A}{2}$ (p_A 为 A 腔压力)时,节流阀芯 2 停止运动,该调速阀的流量与节流阀芯 2 的位移成正比。溢流阀芯 7 的左、右端分别受节流阀进、出口油压的控制,溢流阀的控制腔受 T 口液压的控制,当执行元件的负载口 A (或 B)与 P 接通的同时,也与 T 口相通,所以溢流阀的溢流压力随负载压力的增加(或降低)而相应增加(或降低),从而保证节流阀进、出口压差恒定,消除了负载压力对流量的影响。

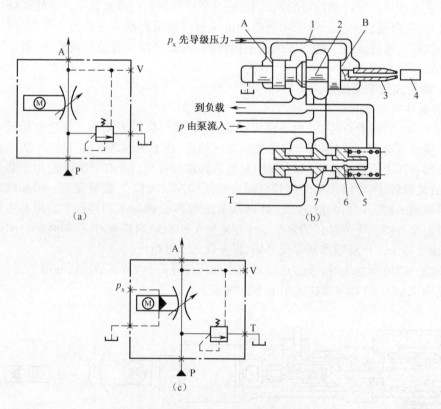

图 7-43 溢流型压力补偿数字数字调速器
(a)直控式;(b)、(c)先导式。
1、6—节流孔;2—节流阀芯;3—喷嘴;4—挡板;5—弹簧;7—溢流阀芯。

(2) 减压型压力补偿数字调速阀。分别在直控式和先导式数字节流阀前面串联一个减压阀,并使减压阀芯两端分别受节流阀进、出口液压的控制,即可构成减压型压力补偿的直控式(图 7-44(a))和先导式(图 7-44(b))数字调速阀。

2. 增量式数字方向流量阀

图 7-45 所示为先导式数字方向流量阀,其结构与电液换向阀类似,也是由先导阀和主阀(液动换向阀)两部分组成,只是以步进电动机取代了电磁先导阀中的电磁铁。通过控制步进电动机的旋转方向和角位移的大小,不仅可以改变这种阀的液流方向,而且可以控制各油口的输出流量。为了使输出流量不受负载压力变化的影响,在主阀阀口并联一个溢流阀,且使溢流阀阀芯两端分别受主阀口 P、T 液压的控制,溢流阀的控制腔受 L 口液压的控制,当执行元件的负载口 A (或 B)与 P 接通的同时,也与 L 口相通,所以溢流阀的溢流压力随负载压力的增减而增减,从而保证主阀口 P、T 压差恒定,消除了负载压力对流量的影响。

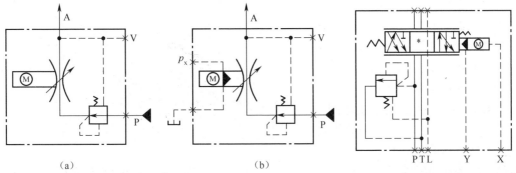

图 7-44 减压型压力补偿数字调速阀
(a)直控式;(b)先导式。

图 7-45 先导式数字方向流量阀
(根据系统的要求,可设计成多种不同的中位机能)

3. 增量式数字压力阀

将普通压力阀(包括溢流阀、减压阀和顺序阀)的手动机构改用步进电动机控制,即可构成数字压力阀。步进电动机旋转时,由凸轮或螺纹等机构将角位移转换成直线位移,使弹簧压缩,从而控制压力。

4. 增量式数字阀在数控系统中的应用

如图 7-46 所示,计算机发出需要的脉冲序列,经驱动电源放大后使步进电动机工作。每个脉冲使步进电动机沿给定方向转动一个固定的步距角,再通过凸轮或螺纹等机构使转角转换成位移量,带动液压阀的阀芯(或挡板)移动一定的距离。因此,根据步进电动机原有的位置和实际行走的步数,可使数字阀得到相应的开度。

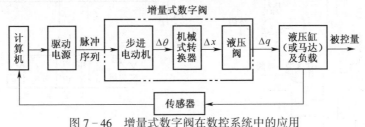

图 7-46 增量式数字阀在数控系统中的应用

二、脉宽调制式数字阀——快速开关型数字阀

这种阀可以直接用计算机进行控制。由于计算机是按二进制工作的,最普通的信号可量化为两个量级的信号,即"开"和"关"。控制这种阀的开与关以及开和关的时间长度(脉宽),即可达到控制液流的方向、流量或压力的目的。由于这种阀的阀芯多为锥阀、球阀或喷嘴挡板阀,均可快速切换,而且只有开和关两个位置,故称为快速开关型数字阀,简称快速开关阀。

1. 快速开关型数字阀的典型结构

这种阀的结构形式多种多样,这里仅介绍使用较多的三种典型结构。

(1) 二位二通电磁锥阀式快速开关型数字阀。如图7-47所示,当螺管电磁铁4不通电时,衔铁2在弹簧3的作用下使锥阀1关闭;当电磁铁4有脉冲电信号通过时,电磁吸力使衔铁带动锥阀1开启。阀套5上的阻尼孔6用以补偿液动力。

(2) 二位三通电液球式快速开关型数字阀。如图7-48所示,它是由先导级(二位四通电磁球式换向阀)和第二级(二位三通液控球式换向阀)组合而成。力矩马达通电时衔铁偏转,推动先导级球阀2向下运动,关闭油口P,而先导级左边的球阀1压在上边位置,L_2与T通,L_1与P通;相应地第二级的球阀3向下关闭,球阀4向上关闭,使得A与P通,T封闭。反之,交换线圈的

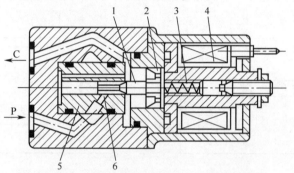

图7-47 二位二通电磁锥阀快速开关型数字阀
1—锥阀;2—衔铁;3—弹簧;4—螺管电磁铁;
5—阀套;6—阻尼孔。

通电方向,情况将相反,A与T通,P封闭。这种阀也有用电磁铁代替力矩马达的。

(3) 喷嘴挡板式快速开关型数字阀。如图7-49所示,由两个电磁线圈1、3控制挡板(浮盘)向左或向右运动,从而改变喷嘴与挡板之间的距离,使之或开或关,压力p_1和

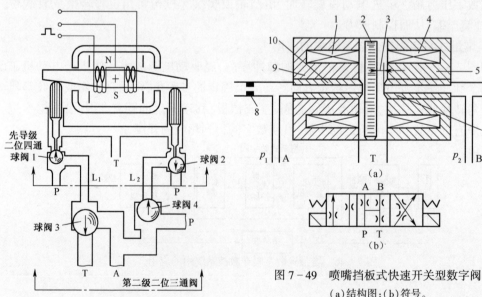

图7-48 二位三通电磁球式快速开关型数字阀

图7-49 喷嘴挡板式快速开关型数字阀
(a)结构图;(b)符号。
1、4—电磁线圈;2—挡板(浮盘);3—吸合气隙;
5、9—轭铁;6、8—固定阻尼;7、10—喷嘴。

p_2 得到控制(当两个电磁线圈都失电时,浮盘处于中间位置,使 $p_1 = p_2$),以组成不同的工况进行工作。显然,该阀只能控制对称执行元件。

2. 脉宽调制式数字阀在数控系统中的应用

由计算机发出的脉冲信号,经脉宽调制放大后送入快速开关数字阀中的电磁铁(或力矩马达),通过控制开关阀开启时间的长短来控制流量。在做两个方向运动的系统中需要两个快速开关数字阀分别控制不同方向的运动,如图 7-50 所示。

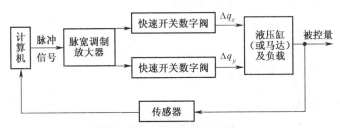

图 7-50 脉宽调制式数字阀在数控系统中的应用

3. 数控系统中输入信号的脉宽调制

脉宽调制信号是具有恒定频率、开启时间比率不同的信号,如图 7-51(a)所示。脉宽时间 t_p 对采样时间 T 的比值称为脉宽占空比。用脉宽信号对连续信号进行调制,可将图 7-51 中的连续信号 1 调制成脉宽信号 2。如果所要求的连续信号是一条水平线(图 7-51(b)中的直线 1),经调制后的脉宽信号如图 7-51(b)中的脉冲线 2 所示,显然,此时每个脉冲的脉宽相等,开启时间比率相同。如果调制的量是流量,且阀全开时的流量为 q_n,则每个采样周期的平均流量 $q = \dfrac{q_n t_p}{T}$ 就与连续信号处的流量相对应。显然,数控用的快速开关数字阀的平均流量小于该阀连续工况下的最大流量。这虽使阀的体积增加,但提高了可靠性。在确定快速开关阀的规格时,应注意这个问题。必须指出,脉宽时间 t_p 应大于流量稳定下来所需的时间。

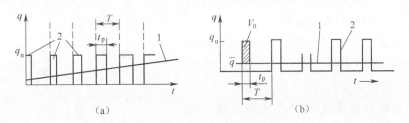

图 7-51 信号的脉宽调制
(a)连续信号为斜线;(b)连续信号为水平线。
1—连续信号;2—脉宽调制信号。

例 题

例 7-1 图示为某溢流阀的流量-压力特性曲线。当定量泵输出的流量 $Q_p = 10\text{L/min}$ 全部通过该阀时,其调定压力 $p_t = 50 \times 10^5 \text{Pa}$,开启压力 $p_c = 40 \times 10^5 \text{Pa}$。试问:

(1) 当溢流阀的溢流量 $Q=4\text{L/min}$ 时,溢流损失功率 ΔP 和执行元件的有效功率 P 各为多少?

(2) 当溢流量为 1L/min 时,溢流阀的稳定性如何?

解:(1) 当溢流量 $Q=4\text{L/min}$ 时,所对应的溢流阀进口压力(即泵输出压力),可由流量-压力特性曲线查得 $p=49\times10^5\text{Pa}$。所以,此时的溢流损失为

$$\Delta P = p\cdot Q = \frac{49\times10^5\times4\times10^{-3}}{60}(\text{W}) = 327\text{W}$$

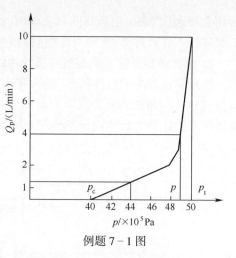

例题 7-1 图

执行元件的有效功率为

$$P = p(Q_p - Q) = \frac{49\times10^5\times(10-4)\times10^{-3}}{60}(\text{W}) = 490\text{W}$$

(2) 若溢流量为 1L/min 时,从流量-压力特性曲线可得泵输出压力为 $44\times10^5\text{Pa}$。但该点对应的特性曲线形状为平缓段,只要溢流量稍有变化,就会引起较大的压力波动,因而该工作点的稳定性能较差。通常,为使溢流阀有较好的稳压性能,希望溢流阀的工作压力高于特性曲线拐点处压力,即最小溢流量应大于 $2\sim3\text{L/min}$,使其对应的特性曲线段较陡。而当溢流量为 4L/min 时,泵的输出压力为 $49\times10^5\text{Pa}$;若溢流量增至 10L/min,泵的输出压力为 $50\times10^5\text{Pa}$。可见,在较陡曲线段溢流阀有较好的稳压性能。

例 7-2 图示回路中,溢流阀的调整压力 $p_Y=5\text{MPa}$,减压阀的调整压力 $p_J=2.5\text{MPa}$。试分析下列各种情况,并说明减压阀阀口处于什么状态?

(1) 当泵压力 $p_B=p_Y$ 时,夹紧缸使工件夹紧后,A、C 点的压力为多少?

(2) 当泵压力由于工作缸快进,压力降到 $p_B=1.5\text{MPa}$ 时(工件原先处于夹紧状态),A、C 点的压力各为多少?

(3) 夹紧缸在未夹紧工件前做空载运动时,A、B、C 三点的压力各为多少?

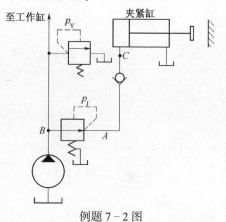

例题 7-2 图

解:(1) 工件夹紧时,夹紧缸压力即为减压阀调整压力,$p_A=p_C=2.5\text{MPa}$。减压阀开口很小,这时仍有一部分油通过减压阀阀芯的小开口(或三角槽),将先导阀打开而流出,减压阀阀口始终处于工作状态。

(2) 泵的压力突然降到 1.5MPa 时,减压阀的进口压力小于调整压力 p_J,减压阀阀口全开而先导阀处于关闭状态,阀口不起减压作用,$p_A=p_B=1.5\text{MPa}$。单向阀后的 C 点压力,由于原来夹紧缸处于 2.5MPa,单向阀在短时间内有保压作用,故 $p_C=2.5\text{MPa}$,以免夹紧的工件松动。

(3) 夹紧缸做空载快速运动时，$p_C=0$。A 点的压力如不考虑油液流过单向阀造成的压力损失，$p_A=0$。因减压阀阀口全开，若压力损失不计，则 $p_B=0$。由此可见，夹紧缸空载快速运动时将影响到泵的工作压力。

例 7-3 图(a)、(b)所示为液动阀换向回路。在主油路中装一个节流阀，当活塞运动到行程终点时切换控制油路中的电磁阀 3，然后利用节流阀的进出口压差来切换液动阀 4，实现液压缸的换向。试判断图示两种方案是否都能正常工作？

答：在(a)图方案中，溢流阀 2 装在节流阀 1 的后面，节流阀始终有油液流过。活塞在行程终了后，溢流阀处于溢流状态，节流阀出口处的压力和流量为定值，控制液动阀换向的压力差不变。因此，(a)图方案可以正常工作。

在(b)图方案中，压力推动活塞到达终点后，泵输出的油液全部经溢流阀 2 回油箱，此时不再有油液流过节流阀，节流阀两端压力相等。因此，建立不起压力差使液动阀动作，此方案不能正常工作。

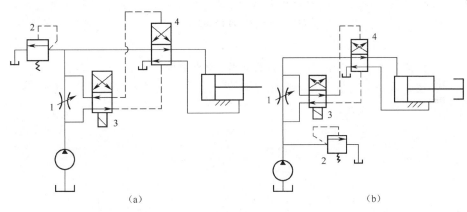

例题 7-3 图

例 7-4 图示回路中，减压阀调定压力为 p_J，负载压力为 p_L，试分析下述各情况下，减压阀进、出口压力的关系及减压阀口的开启状况。

(1) $p_Y < p_J, p_J > p_L$；
(2) $p_Y > p_J, p_J > p_L$；
(3) $p_Y > p_J, p_J = p_L$；
(4) $p_Y > p_J, p_L = \infty$。

解：(1) 当 $p_Y < p_J, p_J > p_L$ 时，即负载压力小于减压阀调定值，溢流阀调定值也小于减压阀调定值。此时，减压阀口处于全开状态，进口压力、出口压力及负载压力基本相等。

(2) 当 $p_Y > p_J, p_J > p_L$ 时，即负载压力仍小于减压阀调定值，溢流阀调定值大于减压阀调定值。此时，与(1)情况相同，减压阀口处于小开口的减压工作状态，其进口压力、出口压力及负载压力基本相等。

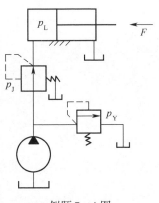

例题 7-4 图

(3) 当 $p_Y > p_J, p_J = p_L$ 时，即负载压力等于减压阀调定值，而溢流阀调定值仍大于减压阀调定值。此时,减压阀口处于小开口的减压工作状态,其进口压力等于溢流阀调定值,出口压力等于负载压力。

(4) 当 $p_Y > p_J$, $p_L = \infty$ 时,即负载压力相当大(为液压缸运动到行程终点时),此时,减压阀口处于基本关闭状态,只有少量油液通过阀口流至先导阀;进口压力等于溢流阀调定值,出口压力等于减压阀调定值。

习 题

1. 控制阀有哪些共同点?应具备哪些基本要求?
2. 若把先导式溢流阀的远程控制口当成泄漏口接回油箱,这时液压系统会产生什么现象?
3. 若单杆液压缸两腔工作面积相差很大,当小腔进油大腔回油得到快速运动时,大腔回油量很大。为避免选用流量很大的二位四通阀,常增加一个大流量的液控单向阀旁通排油。试画出油路图。
4. 图示回路中的电液换向阀不能正常工作,指出故障的原因并改正之。
5. 图示溢流阀的调定压力为 4MPa,若阀芯阻尼小孔造成的损失不计,试判断下列情况下压力表读数各为多少?

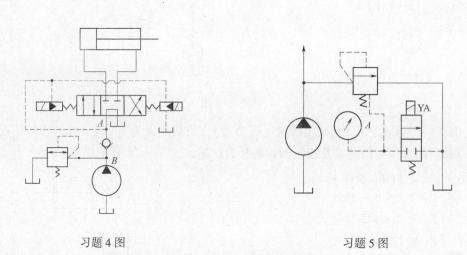

习题 4 图　　　　　　　　　习题 5 图

(1) YA 断电,且负载为无限大时;
(2) YA 断电,且负载压力为 2MPa 时;
(3) YA 得电,且负载压力为 2MPa 时。

6. 换向阀在液压系统中起什么作用?什么是换向阀的"位"与"通"?各油口分别接在什么油路上?

7. 若减压阀在使用中不起减压作用,原因是什么?又如出口压力调不上去,原因是什么?

8. Y 型溢流阀与减压阀的铭牌丢掉了,在不拆开阀的情况下,如何判断哪个是溢流阀,哪个是减压阀?

9. 图示系统中,两个溢流阀串联使用,已知每个溢流阀单独使用时的调整压力分别为 $p_{Y1}=20\times10^5\text{Pa}$, $p_{Y2}=40\times10^5\text{Pa}$,若溢流阀卸荷时的压力损失忽略不计,试判断在二位二通阀不同工况下,A 点和 B 点的压力各为多少?

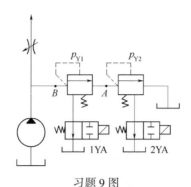

习题9图

10. 顺序阀能否作溢流阀用?溢流阀可以作顺序阀用吗?

11. 如图所示,液压系统中溢流阀的调整压力分别为 $p_A=3\text{MPa}$、$p_B=1.4\text{MPa}$、$p_C=2\text{MPa}$。试求:

(1) 系统的外负载无限大时,泵的输出压力为多少?

(2) 如将溢流阀 B 的远程控制口堵死,泵输出的压力是多少?

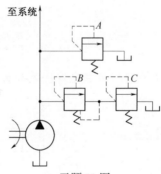

习题11图

12. 二位四通电磁阀能否作二位三通或二位二通阀用?应如何连接?

13. 减压阀为什么能降低系统某一支路的压力和保持恒定的压力。

14. 图示夹紧回路中,已知溢流阀的调整压力 $p_Y=50\times10^5\text{Pa}$,减压阀的调整压力 $p_J=25\times10^5\text{Pa}$。试分析:

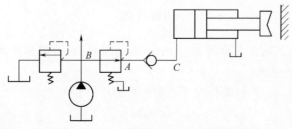

习题14图

(1) 夹紧缸在未夹紧工件前做空载运动时，A、B、C 三点压力各为多少？

(2) 夹紧缸使工件夹紧后，泵出口压力为 $50×10^5$Pa，A、C 点压力各为多少？

(3) 夹紧缸使工件夹紧后，泵出口压力突然降至为 $15×10^5$Pa，这时 A、C 点压力各为多少？

15. 试比较溢流阀、减压阀和顺序阀的异同点。

16. 图示回路，活塞在上升时，如将换向阀切换到中位，重物迅速停止并不下滑；活塞下降时，如将换向阀切换到中位，重物会缓慢下滑，下滑的速度和换向阀的泄漏量有关，但过了一段时间，重物就停止下滑了。试解释这两种现象，并提出改进的方法（提示：分析问题时，注意单向阀能否迅速关闭）。

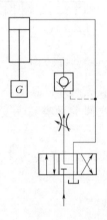

习题 16 图

17. 如图(a)、(b)所示，节流阀同样串联在液压泵和执行元件之间，调节节流阀的通流面积，能否改变执行元件的运动速度？为什么？

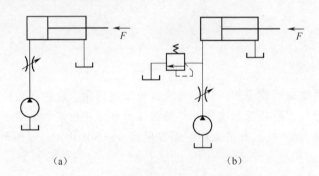

(a)　　　　(b)

习题 17 图

18. 试根据调速阀的工作原理进行分析：调速阀进、出油口能否反接？进、出油口接反后将会出现怎样的情况？

19. 各类阀的进、出口如果接反了，阀还能工作吗？对系统产生什么影响，逐一分析之。

20. 节流阀的最小稳定流量有什么意义？影响其数值的因素主要有哪些？

21. 在进行液压回路设计时,选用换向阀应考虑哪些问题?

22. 图示的两个系统中,各溢流阀的调整压力分别为 $p_A = 4\mathrm{MPa}$, $p_B = 3\mathrm{MPa}$, $p_C = 2\mathrm{MPa}$,如系统的外负载趋于无限大,泵的工作压力各为多少?对图(a)的系统,要求说明溢流量是如何分配的?

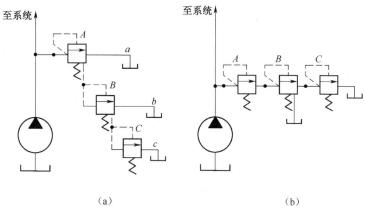

习题 22 图

23. 图示的减压回路,已知缸无杆腔、有杆腔的面积为 $100\mathrm{cm}^2$、$50\mathrm{cm}^2$,最大负载 $F_1 = 14\times10^3\mathrm{N}$,$F_2 = 4250\mathrm{N}$,背压 $p = 1.5\times10^5\mathrm{Pa}$,节流阀 2 的压差 $\Delta p = 2\times10^5\mathrm{Pa}$,求:

(1) A、B、C 各点的压力(忽略管路阻力);

(2) 泵和阀 1、2、3 应选用多大的额定压力?

(3) 若两缸的进给速度分别为 $v_1 = 3.5\mathrm{cm/s}$,$v_2 = 4\mathrm{cm/s}$,泵和各阀的额定流量应选多大?

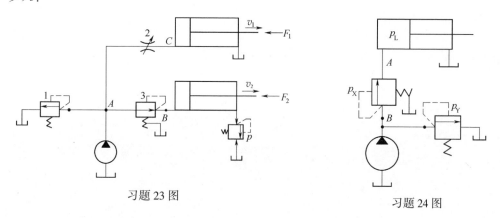

习题 23 图　　　　　　习题 24 图

24. 图示回路,顺序阀的调整压力 $p_X = 3\mathrm{MPa}$,溢流阀的调整压力 $p_Y = 5\mathrm{MPa}$,问在下列情况下,A、B 点的压力等于多少?

(1) 液压缸运动时,负载压力 $p_L = 4\mathrm{MPa}$;

(2) 如负载压力 p_L 变为 $1\mathrm{MPa}$;

(3) 如活塞运动到右端位时。

25. 先导式顺序阀的工作原理和先导式溢流阀基本相同,但顺序阀泄漏量大得多,严重时可达 10L/min 以上。试分析泄漏大的原因。

26. 如图所示,开启压力分别为 2×10^5Pa、3×10^5Pa、4×10^5Pa 三个单向阀实现串联(图(a))或并联(图(b)),当 O 点刚有油液流过时,P 点压力各为多少?

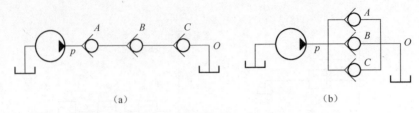

习题 26 图

27. 在缸的回油路上,用减压阀在前、节流阀在后相互串联的方法,能否起到和调速阀相同的作用,使缸的活塞的运动速度得到稳定呢?使用时要注意什么?而如将它们(减压阀在前、节流阀在后的串联)装在缸的进油路或旁油路上,活塞运动速度能稳定吗?

28. 比例阀是如何工作的?

29. 比例换向阀为什么可实现压力、流量和方向的多参数控制?

30. 比例电磁铁和普通电磁换向阀用的电磁铁有什么区别?

31. 滑阀式伺服阀按工作边数可分为几类?哪种控制性能最好?

32. 什么是滑阀式伺服阀的正开口、零开口和负开口?各有何特点?

33. 简述喷嘴挡板阀和射流管阀的工作原理。

34. 液压伺服阀的功用是什么?常用的伺服阀有哪些?

第八章 液压基本回路

一套液压系统不论多么复杂,都可以看作一些液压基本回路的组合。所谓液压基本回路是指由一些液压元件组成的、完成某些特定功能的典型回路。例如:用来调节执行元件(液压缸或液压马达)速度的调速回路;用来控制系统全局或局部压力的调压回路、减压回路或增压回路;用来改变执行元件运动方向的换向回路等。熟悉和掌握这些回路的构成、工作原理、性能及其应用,是正确分析和合理设计液压系统的基础。

第一节 速度控制回路

速度控制回路主要讨论液压执行元件的速度调节和速度换接过程中的问题,主要有调速回路、快速回路和速度换接回路。

一、调速回路

在液压系统中,调速回路性能往往对系统的整个性能起着决定性的影响,特别是那些对执行元件的运动要求较高的液压系统(如机床液压系统等)尤其如此。因此,调速回路在液压系统中占有突出的地位。

在液压系统中往往需要调节液压执行元件的运动速度,以适应主机的工作循环需要。液压系统中的执行元件主要是液压缸和液压马达,其速度或转速与输入的流量及自身的几何参数有关。在不考虑油液压缩性和泄漏的情况下,液压缸的速度为

$$v = \frac{q}{A}$$

液压马达的转速为

$$n = \frac{q}{V_M}$$

式中　q——输入液压缸或液压马达的流量;

　　　A——液压缸的有效面积;

　　　V_M——液压马达的排量。

由以上两式可以看出,要调节或控制液压缸和液压马达的工作速度,可以通过改变进入执行元件的流量或改变执行元件液压缸的有效面积(或液压马达的排量)来实现。对于确定的液压缸来说,通过改变其有效作用面积来调速是不现实的,只能用改变输入到液压缸流量的方法来调速。对变量马达来说,既可以用改变输入流量的办法来调速,也可以通过改变马达排量的方法来调速。目前常用的调速回路主要有以下几种:

(1)节流调速回路。采用定量泵供油,通过改变回路中流量控制元件通流截面面积的大小来控制输入或流出执行元件的流量,以调节其速度。

(2) 容积调速回路。通过改变回路中变量泵或变量马达的排量的方式来调节执行元件的运动速度。

(3) 容积节流调速回路。采用压力反馈式变量泵供油,由流量控制元件改变流入或流出执行元件的流量来调节速度。同时,又使变量泵的输出流量与通过流量控制元件的流量相匹配。

下面主要讨论节流调速回路和容积调速回路。

(一) 节流调速回路

节流调速回路由定量泵、溢流阀、流量控制阀和执行元件组成。通过改变流量控制阀节流口的通流截面面积来调节和控制输入或输出执行元件的流量实现速度调节,这种方法称为节流调速。按节流阀在回路中的安装位置不同分为进口节流调速回路、出口节流调速回路和旁路节流调速回路三种基本形式。

分析三种形式的节流调速回路的性能时,执行元件以液压缸为例,也适用于液压马达。节流阀的阀口采用薄壁小孔。为了分析问题方便起见,分析性能时不考虑油液的泄漏损失、压力损失和机械摩擦损失,以及油液的压缩性影响。

1. 进口节流调速回路

1) 回路的组成

如图 8-1 所示,将节流阀安装在定量泵与液压缸之间,通过调节节流阀节流口的大小,调节进入液压缸的流量,来调节液压缸的运动速度,定量泵输出的多余流量经溢流阀溢回油箱。由于节流阀是串联在液压缸的进油路上,故称为进口节流调速回路。

2) 工作原理

如图 8-1 所示,定量泵输出的流量 q_p 是恒定的,一部分流量 q_1 经节流阀输入给液压缸左腔,用于克服负载 F,推动活塞右移,另一部分泵输出的多余流量 Δq 经溢流阀溢回油箱,其流量满足关系式:

$$q_p = q_1 + \Delta q \tag{8-1}$$

从流量关系式不难看出,节流阀必须与溢流阀配合使用才能起调速作用,输入液压缸的流量越少,从溢流阀溢回油箱的流量越多。由于溢流阀在进口节流调速回路中起溢流作用,因此处于常开状态,泵的出口压力与负载无关,它等于溢流阀的调整压力,其值基本恒定。

从图 8-1 可看出活塞运动速度取决于进入液压缸的流量 q_1 和液压缸进油腔的有效面积 A_1,即

$$v = \frac{q_1}{A_1} \tag{8-2}$$

根据连续性方程,进入液压缸的流量 q_1 等于通过节流阀的流量,而通过节流阀的流量可由节流阀的流量特性方程决定,即

$$q_1 = CA_T \Delta p^{\varphi}$$

式中　A_T——节流阀节流口的通流面积;

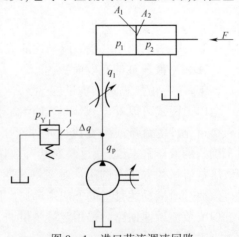

图 8-1　进口节流调速回路

C ——与节流阀节流口形状和液体黏性等有关的系数;

Δp ——节流阀进、出油口两端压差;

φ ——节流阀指数,一般在 0.5~1 之间,近似薄壁孔时,接近于 0.5,近似细长孔时,接近于 1。

节流阀出口压力与液压缸进油腔的压力 p_1 相等,它取决于负载的大小,而节流阀进口压力与泵的出口压力相等,它等于溢流阀的调整压力,因而节流阀的压差 Δp 为

$$\Delta p = p_p - p_1 \tag{8-3}$$

因此,活塞的运动速度为

$$v = \frac{CA_T (p_p - p_1)^{\varphi}}{A_1} \tag{8-4}$$

从式(8-4)可看出,活塞的运动速度与 p_1 有关,当活塞克服负载等速运动时,活塞受力平衡方程式为

$$p_1 A_1 = p_2 A_2 + F \tag{8-5}$$

式中 p_1 ——液压缸进油腔压力;

p_2 ——液压缸回油腔压力;

A_1 ——液压缸进油腔有效面积;

A_2 ——液压缸有杆腔有效面积;

F ——负载。

$$p_1 = \frac{p_2 A_2 + F}{A_1} = p_2 \frac{A_2}{A_1} + \frac{F}{A_1}$$

若液压缸回油压力 $p_2 = 0$,则有

$$p_1 = \frac{F}{A_1}$$

于是

$$\Delta p = p_p - \frac{F}{A_1}$$

则活塞的运动速度为

$$v = \frac{CA_T (p_p A_1 - F)^{\varphi}}{A_1^{1+\varphi}} \tag{8-6}$$

式(8-6)为进口节流调速回路的速度负载特性公式。公式中泵的出口压力 p_p 等于溢流阀的调整压力,由于溢流阀处于常开状态,因此压力恒定。必须注意,调节溢流阀的压力时,应考虑最大负载时的压力、节流阀正常工作的最小压力差、进回油管的压力损失等,调得过小不能驱动较大的负载,而调得过大则功率损失会很大。

3) 进口节流调速性能

(1) 速度负载特性。活塞的运动速度 v 与负载 F 的关系,称为速度负载特性。从式(8-6)可看出,负载加大,液压缸运动速度降低;负载减小,液压缸运动速度加快。速度随负载变化的程度不同,表现出速度负载特性曲线的斜率不同,常用速度刚性 k_v 来评定,即

$$k_v = -\frac{\partial F}{\partial v} = -\frac{1}{\tan\theta}$$

它表示负载变化时回路阻抗速度变化的能力。以活塞运动速度 v 为纵坐标，负载 F 为横坐标，将式(8-6)按节流口的不同通流面积 A_T 作图，可描绘成图8-2所示的曲线，称为速度负载特性曲线。曲线表明速度 v 随负载 F 变化的规律，曲线越陡，说明负载变化对速度影响越大，即速度刚性差。当节流阀通流面积一定时，随着负载增加，活塞运动速度按抛物线规律下降，重载区的速度刚性比轻载区的速度刚性差($\Delta v_1 < \Delta v_2$)。同时还可看出，活塞运动速度与节流阀通流面积成正比，通流面积越大，速度越高。在相同负载情况下工作时，节流阀通流面积大的速度刚性要比通流面积小的速度刚性差，即高速时的速度刚性差($\Delta v_1 < \Delta v_3$)。由于节流阀的节流口采用薄壁小孔，可将节流阀的节流口调至最小，得到最小稳定流量，故液压缸可获得极低的速度；若将节流口调至最大，可获得最高运动速度。采用进口节流调速，液压缸的调速范围大，可达1∶100。

(2) 最大承载能力。当节流阀的通流面积和溢流阀的调定值一定时，负载 F 增加，工作速度 v 减小，当负载 F 增加到溢流阀的调定值($F/A_1 = p_Y$)时，工作速度为零，活塞停止运动，液压泵输出流量全部经溢流阀溢回油箱。由图8-2可看出，此时液压缸的最大承载能力 $F_{max} = p_Y A_1$ 不变，也就是说液压缸最大承载能力不随节流阀通流面积的改变而改变，称为恒推力调速(对于液压马达而言称为恒转矩调速)。

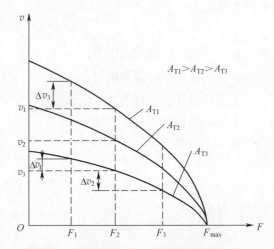

图8-2 速度负载特性曲线

(3) 功率特性。液压泵输出总功率为

$$P_p = p_p q_p \tag{8-7}$$

液压缸输出有效功率为

$$P = Fv = p_1 q_1 = p_1 C A_T \sqrt{p_Y - p_1} \tag{8-8}$$

功率损失为

$$\Delta P = p_Y \Delta q + \Delta p q_1 \tag{8-9}$$

式中 Δq ——溢流阀溢流量；

Δp ——节流阀前后压差；

q_1 ——通过节流阀的流量。

当不计管路能量损失时，进口节流调速回路的功率损失由溢流损失 $p_Y \Delta q$ 和节流损失 $\Delta p q_1$ 两部分组成。当系统以低速、轻载工作时，液压缸输出有效功率极小；当液压缸工作压力 $p_1 = 0$ 时，液压缸输出有效功率为0；当 $p_1 = p_Y$ 时，因节流阀两端压差为0，进入液压缸的流量为0，液压缸停止运动，即 $v = 0$，液压缸输出有效功率也为0。

对式(8-8)求导可知,当 $p_1 = \frac{2}{3}p_Y$ 时,液压缸输出有效功率最大。

(4) 效率。调速回路的效率是液压缸输出的有效功率与液压泵输出的总功率之比,即

$$\eta = \frac{p_1 q_1}{p_p q_p} \tag{8-10}$$

当 $p_1 = \frac{2}{3}p_Y$ 时,效率最高。由于 $q_1 < q_p$,根据有关公式推导 $\eta < 0.385$;当系统以低速、轻载工作时,$\eta \ll 0.385$。可见进口节流调速回路效率是很低的。

4) 进口节流调速特点

在工作中液压泵的输出流量和供油压力不变,而选择液压泵的流量必须按执行元件的最高速度所需流量选择,供油压力按最大负载情况下所需压力考虑,因此泵输出功率较大。但液压缸的速度和负载却常常是变化的,当系统以低速、轻载工作时,有效功率很小,相当大的功率消耗在节流损失和溢流损失上,功率损失转换为热能,使油温升高。特别是节流后的热油液直接进入液压缸,会加大管路和液压缸的泄漏,影响液压缸的运动速度。

节流阀安装在执行元件的进油路上,回油路无背压,当负载消失时,工作部件会产生前冲现象,也不能承受负负载。为提高运动部件的平稳性,需要在回油路上增设一个 0.2~0.3MPa 的背压阀。节流阀安装在进油路上,启动时冲击较小。节流阀节流口通流面积可由最小调至最大,所以调速范围大。

5) 应用

由前面的分析可知,进口节流调速回路工作部件的运动速度随外负载的变化而变化,难以得到稳定的速度,回路的效率低,因此进口节流调速回路不适宜用在负载大、速度高或负载变化较大的场合。其在低速、轻载下速度刚性较好,所以适用于负载变化较小的小功率液压系统中,如车床、镗床、磨床、钻床、组合机床等机床的进给运动和一些辅助运动。

2. 出口节流调速回路

1) 回路的组成

如图8-3所示,将节流阀串联在液压缸的回油路上,即安装在液压缸与油箱之间,由节流阀调节排出液压缸的流量,从而调节活塞的运动速度。进入液压缸的流量受排出流量的限制,因此由节流阀调节排出液压缸的流量,也就调节了进入液压缸的流量。定量泵输出的多余油液经溢流阀流回油箱,溢流阀处于工作状态。

2) 工作原理

在出口节流调速回路中,液压缸的运动速度 v 为

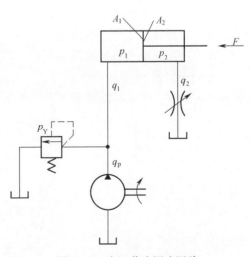

图8-3 出口节流调速回路

$$v = \frac{q_2}{A_2} = \frac{q_1}{A_1} \tag{8-11}$$

溢流阀的溢流量 Δq 为

$$\Delta q = q_p - q_1 \tag{8-12}$$

式中 v ——液压缸活塞的运动速度；
  q_p ——液压泵输出流量；
  q_1 ——进入液压缸的流量；
  q_2 ——排出液压缸的流量；
  A_1 ——液压缸无杆腔有效面积；
  A_2 ——液压缸有杆腔有效面积。

液压缸排出的流量 q_2 等于通过节流阀的流量 q_T，即

$$q_2 = q_T = CA_T \Delta p^{\varphi}$$

式中 A_T ——节流阀节流口的通流面积；
  C ——流量系数；
  Δp ——节流阀进、出油口两端压力差；
  φ ——与节流口形状有关的指数，$0.5 < \varphi < 1$。

因此活塞的运动速度 v 为

$$v = \frac{CA_T \Delta p^{\varphi}}{A_2} \tag{8-13}$$

由图 8-3 可知，节流阀的出口直接接油箱，故节流阀的进、出口压力差为

$$\Delta p = p_2 \tag{8-14}$$

根据油缸活塞受力平衡方程，可求出 p_2，即

$$p_2 = \frac{p_1 A_1 - F}{A_2}$$

式中 p_1 ——液压缸进油腔压力；
  p_2 ——液压缸回油腔压力；
  A_1 ——液压缸无杆腔有效面积；
  A_2 ——液压缸有杆腔有效面积；
  F ——负载。

这里 $p_1 = p_Y = p_p$，液压缸的进油压力等于溢流阀的调整压力，也是泵的出口压力。因此

$$p_p A_1 = F + \Delta p A_2 \tag{8-15}$$

$$\Delta p = \frac{p_p A_1 - F}{A_2}$$

将 Δp 代入式(8-13)得

$$v = \frac{CA_T \left(\dfrac{p_p A_1 - F}{A_2} \right)^{\varphi}}{A_2} \tag{8-16}$$

将式(8-16)进行整理得

$$v = \frac{CA_\mathrm{T}(p_\mathrm{p}A_1 - F)^\varphi}{A_2^{1+\varphi}} \qquad (8-17)$$

式(8-17)为出口节流调速的速度公式。由于进入液压缸的流量小于泵输出的流量,因此系统在工作时,溢流阀是常开的,将泵输出的多余流量溢回油箱。泵的出口压力等于溢流阀的调整压力,其值为恒定。

3) 出口节流调速性能

进口节流调速公式(8-6)和出口节流调速公式(8-17)相比较,基本相同,若液压缸为双杆活塞缸(即 $A_1 = A_2$),其公式就完全相同了,因此它们的速度负载特性和最大承载能力也相同,出口节流调速回路也存在溢流损失和节流损失,因此功率损失较大,回路效率较低,与进口节流调速回路的功率特性和效率相同。

4) 出口节流调速特点

出口节流调速性能与进口节流调速性能相同,但与进口节流调速相比还有其许多特点:

(1) 由于节流阀安装在液压缸与油箱之间,液压缸排油腔排出的油液经节流阀流回油箱,这样温度升高的油液可进入油箱冷却,冷却后的油液重新进入泵和液压缸,降低了系统的温度,减少系统的泄漏。

(2) 节流阀安装在回油路上,液压缸回油腔具有背压力,提高了执行元件的运动平稳性。出口节流调速比进口节流调速低速平稳性好,因此出口节流调速可获得更小的稳定速度。若进口节流调速回路的回油路加背压阀,进口节流调速回路可获得更低的稳定速度。

(3) 液压缸排油腔存在背压,因此有承受负值负载的能力。由于背压力的存在,在负值负载作用下,液压缸的速度仍然会受到限制,不会产生失控现象。

(4) 出口节流调速回路,回油腔压力较高,轻载工作时,回油腔的背压力有时比进油压力还高,由受力平衡方程式 $p_1 A_1 = F + p_2 A_2$ 可知,若 $F \to 0$ 时,由于 $A_1 > A_2$,所以 $p_1 < p_2$,背压力 p_2 增大,造成密封摩擦力增大,密封件磨损加剧,使泄漏增加,因此其效率比进口节流调速回路还低。如 $A_1/A_2 = 2$,回油腔的压力将是进油腔压力的两倍,这对液压缸回油腔和回油管道的强度和密封提出了更高的要求。

(5) 液压缸停止运动后,排油腔的油液经节流阀缓慢地流回油箱而造成空隙。再启动时,泵输出流量全部进入液压缸,活塞以较快的速度前冲一段距离,直到消除回油腔中的空隙并形成背压为止。启动时的前冲危害较大,会引起冲击振动、损坏机件。对于进口节流调速的回路,启动时只要关小节流阀就可避免启动前冲。

5) 应用

出口节流调速广泛用于功率不大、有负值负载和负载变化不大的情况;或者要求运动平稳性相对较高的液压系统中,如铣床、钻床、平面磨床、轴承磨床和进行精密镗削的组合机床。由于出口节流调速有启动冲击,且在轻载工作时,背压力很大,影响密封和强度,故实际应用中普遍采用进口节流调速,并在回油路上加一背压阀以提高运动的平稳性。

3. 旁路节流调速回路

1) 回路的组成

如图 8-4 所示,将节流阀安装在与液压缸并联的支路上,液压泵输出的流量一部分进入液压缸,另一部分经节流阀流回油箱,通过调节节流阀节流口的大小,来控制进入液压缸的流量的大小,实现对液压缸运动速度的调节。由于节流阀安装在支路上,所以称为旁路节流调速回路。

2) 工作原理

节流阀安装在液压泵出口与油箱之间,定量泵输出的流量 q_p 分两部分:一部分 q_T 通过节流阀回油箱;另一部分 q_1 进入液压缸,使活塞获得一定的

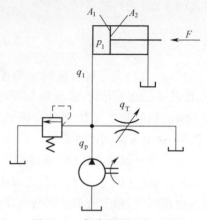

图 8-4 旁路节流调速回路

运动速度。通过调节节流阀的通流面积,即可调节进入液压缸的流量,从而实现调速。液压缸的运动速度取决于节流阀流回油箱的流量,流回油箱的流量越多,则进入液压缸的流量就越少,液压缸活塞的运动速度就越慢;反之,活塞的运动速度就越快。这里的溢流阀处于关闭状态,作安全阀使用,其调定压力大于克服最大负载所需的压力。液压泵的供油压力等于液压缸进油腔压力,其值取决于负载的大小。在旁路节流调速回路中,活塞的运动速度为

$$v = \frac{q_1}{A_1} = \frac{q_p - q_T}{A_1} \qquad (8-18)$$

式中 q_1——进入液压缸流量;

q_p——泵输出流量;

q_T——通过节流阀流量,$q_T = CA_T \Delta p^\varphi$;

A_1——液压缸无杆腔有效面积。

由图 8-4 可知,节流阀出口接油箱,所以节流阀两端压差 Δp 等于液压缸进油腔压力 p_1,即

$$\Delta p = p_1 \qquad (8-19)$$

活塞的受力平衡方程式为

$$p_1 A_1 = F + p_2 A_2$$

式中 p_1——进油腔压力;

p_2——回油腔背压力;

F——负载;

A_1——无杆腔有效面积;

A_2——有杆腔有效面积。

若 $p_2 = 0$,则

$$p_1 = \frac{F}{A_1}$$

活塞的运动速度为

$$v = \frac{q_p - CA_T\left(\dfrac{F}{A_1}\right)^\varphi}{A_1} \quad (8-20)$$

3) 调速性能

(1) 速度负载特性。式(8-20)为旁路节流调速回路速度公式。将式(8-20)按不同的节流阀通流面积 $A_{T_1} < A_{T_2} < A_{T_3}$，画出速度负载特性曲线，如图 8-5 所示。分析式(8-20)和图 8-5 所示曲线可以看出速度负载特性如下：

节流阀开口为零时，泵输出流量全部进入液压缸，活塞运动速度最快。当负载一定时，节流阀通流面积越小，活塞运动速度越高。当节流阀全部打开时，泵输出流量全部溢回油箱，进入液压缸的流量为零，活塞停止运动。

当节流阀通流面积一定时，负载增加，活塞运动速度显著减慢。旁路节流调速回路速度受负载变化的影响比进口、出口节流调速有明显的增大，因而速度稳定性最差。

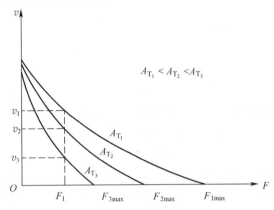

图 8-5 速度负载特性曲线

从图 8-5 可看出，节流阀通流面积越大曲线越陡，也就是说负载稍有变化，对速度就产生较大影响。当通流面积一定时，负载越大，速度刚性越好；而负载一定时，节流阀通流面积越小（即活塞运动速度越高），速度刚性越好。通过对曲线的分析可得出：活塞运动速度越高，负载越大，速度刚性较高，这点与进口、出口节流调速恰恰相反。

(2) 最大承载能力。从图 8-5 可看出，旁路节流调速回路的最大承载能力随着节流阀通流面积的增大而减小，即回路低速时承载能力差，调速范围也小。

(3) 功率特性。液压泵输出功率为

$$P_p = p_p q_p = p_1 q_p \quad (8-21)$$

泵的供油压力 p_p 随负载（p_1 为负载压力）变化而变化，因而泵的输出功率也随负载而变。

液压缸的有效功率为

$$P_1 = p_1 q_1 = p_1(q_p - q_T) = p_1\left(q_p - CA_T\left(\dfrac{F}{A_1}\right)^\varphi\right) \quad (8-22)$$

通过节流阀损失的功率为

$$\Delta P = p_1 q_T = p_1 CA_T\left(\dfrac{F}{A_1}\right)^\varphi \quad (8-23)$$

可见，由于定量泵的供油量不变，节流阀通流面积越小，输入液压缸的流量越大，活塞运动速度越高。当负载一定时，有效功率将随活塞运动速度 v 增大而增大，而损失的功率将减小。

(4) 效率。旁路节流调速回路的效率为

$$\eta = \frac{p_1 q_1}{p_p q_p} = \frac{p_1 q_1}{p_1 q_p} = \frac{q_1}{q_p} = 1 - \frac{q_T}{q_p} \qquad (8-24)$$

从式(8-24)可看出,旁路节流调速回路只有节流损失,而无溢流损失。进入液压缸的流量 q_1 越接近泵输出流量 q_p,效率越高。也就是说,活塞运动速度越高,系统效率越高。

4) 旁路节流调速回路特点

旁路节流调速回路速度负载特性比进口、出口节流调速更差,即速度刚性最差,同时压力增加也会使泵的泄漏增加,泵的容积效率降低,因此,回路运动的稳定性较差;回路效率较高,油液温升较小,经济性好;由于低速承载能力差,只能用于高速范围,调速范围小。

5) 应用

旁路节流调速回路在高速、重负载下工作时,功率大、效率高,因此适用于动力较大、速度较高而速度稳定性要求不高,且调速范围小的液压系统中,例如牛头刨床的主运动传动系统,锯床进给系统等。

4. 节流调速回路的速度稳定问题

采用节流阀的节流调速回路存在两个方面的不足:一是回路速度刚性差;二是回路中的节流阀无法实现随机调节。针对第一个问题应设法使油液流经节流阀的前后压力差不随负载而变,从而保证通过节流阀的流量稳定。通过节流阀的流量由通过节流阀的开口大小决定,执行元件需要多大速度就将节流阀开口调至多大。为实现这种目的,经常采用调速阀或溢流节流阀组成节流调速回路,以提高回路的速度稳定性。

按调速阀安装位置不同,用调速阀组成的节流调速回路也有进口、出口、旁路节流调速回路三种形式,如图 8-6(a)、(b)、(c)所示,它们的回路构成、工作原理与采用节流阀组成的节流调速回路基本相同。由于调速阀本身能在负载变化的条件下保证节流阀两端压差基本不变,从而使活塞运动速度稳定,因而回路的速度刚性大为提高。用调速阀组成的调速回路,由于油液流经调速阀时存在节流损失和定差减压阀的功率损失,因此回路功率损失较大,效率更低,发热量更大。

采用溢流节流阀(旁通型调速阀)的节流调速回路,溢流节流阀只能安装在进油路上,如图 8-7 所示。液压泵的供油压力是随负载而变化的,负载小,供油压力低,反之则相反,这样就使节流阀前后压差基本上保持不变,从而保证通过节流阀的流量不变,即活塞运动速度 v 不变。因此采用溢流节流阀的节流调速回路,其功率损失小,效率比采用调速阀节流调速回路高,而流量稳定性较调速阀差。若安装在回油路或旁路节流调速回路中(图 8-8),由于溢流节流阀出口压力为零(接油箱),则进口压力使差压式溢流阀开口达到最大值,使回油不经节流阀而直接从差压式溢流阀流回油箱,此时溢流节流阀不起调速作用。

采用调速阀和溢流节流阀的调速回路,回路功率损失较大,效率低,也只适用于功率较小的液压系统中。

针对第二个问题,可以采用电液比例流量阀代替普通流量阀,电液比例流量阀可以方便地改变输入电信号的大小,实现自动且远程调速。同时,由于电液比例流量阀能始终保证阀芯输出位移与输入信号成正比,因此较普通流量阀有更好的速度调节特性和抗负载干扰能力,回路的速度稳定性更高。若检测被控元件的运动速度并转换为电信号,再反馈回来与输入信号相比较,构成闭环控制回路,则可大大提高速度控制精度。

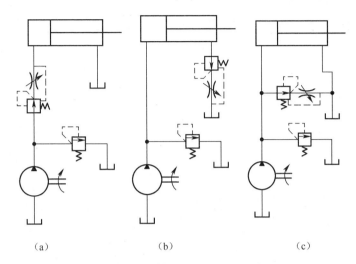

图 8-6 采用调速阀的调速回路

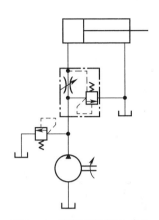

图 8-7 溢流节流阀组成的进口节流调速回路

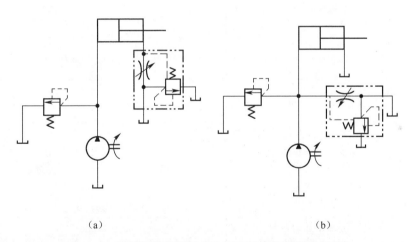

图 8-8 用溢流节流阀组成的出口和旁路节流调速回路

5. 三种节流调速回路的比较

三种节流调速回路的比较见表 8-1。

表 8-1 三种节流调速回路的比较

项目		节 流 方 法		
		进口节流调速回路	出口节流调速回路	旁路节流调速回路
基本形式		见图 8-1	见图 8-3	见图 8-4
主要参数	p_1 液压缸进油压力	$p_1 = \dfrac{F}{A_1}$(随负载变化)	$p_1 = p_Y = $ 常数	$p_1 = \dfrac{F}{A_1}$(随负载变化)

199

续表

项目	节流方法		
	进口节流调速回路	出口节流调速回路	旁路节流调速回路
泵的工作压力 p_p	$p_p = p_Y = $ 常数	$p_p = p_Y = $ 常数	$p_p = p_1$（变量）
节流阀两端压差 Δp	$\Delta p = p_p - p_1$	$\Delta p = p_2 = \dfrac{p_p A_1 - F}{A_2}$	$\Delta p = p_1$
活塞运动速度 v	$v = \dfrac{q_1}{A_1}$	$v = \dfrac{q_2}{A_2} = \dfrac{q_1}{A_1}$	$v = \dfrac{q_1}{A_1} = \dfrac{q_p - q_T}{A_1}$
液压泵输出功率 P	$P = p_p q_p = $ 常数	$P = p_p q_p = $ 常数	$P = p_1 q_p$（变量）
溢流阀工作状态	$\Delta q = q_p - q_T$ $= q_p - vA_1$ （溢流）	$\Delta q = q_p - q_1$ $= q_p - vA_1$ （溢流）	不溢流（作安全阀用）
调速范围	较大，可达100以上	由于回油路可以获得比进油路更低的稳定速度，故调速范围比进油路的稍大些	由于低速不稳定，调速范围小
速度负载特性	速度随负载而变化，速度稳定性差	同左	速度随负载而变化，速度稳定性很差
运动平稳性	因无背压，运动平稳性较差	运动平稳性好	运动平稳性很差
承受负值负载能力	不能	能	不能
承载能力	最大负载由溢流阀调整压力决定，属于恒转矩或恒推力调速，能够克服的最大负载为常数，不随节流阀通流面积的改变而改变	同左	最大承载能力随节流阀通流面积增大而减小，低速时承载能力差
功率及效率	功率消耗与负载、速度无关，低速轻载时效率低、发热大	同左	功率消耗随负载增大而增大。效率较高，发热小

（主要参数）

总之，节流调速回路具有结构简单、工作可靠、成本低和使用维修方便等优点，并且能获得极低的运动速度，因此得到广泛应用。但也存在一些缺点，由于存在节流损失和溢流损失，所以功率损失较大，效率较低；又由于功率损失转为热量，使油温升高，影响系统工作的稳定性。通常节流调速多用于小功率的液压系统中，例如机床的进给系统。

（二）容积调速回路

容积调速回路是指通过改变变量泵或变量马达的排量来调节执行元件的运动速度的回路。在这种回路中，液压泵输出的油液直接进入执行元件，没有溢流损失和节流损失，工作压力随负载变化而变化，因此效率高、发热少。

容积调速回路按油液循环方式的不同有开式回路和闭式回路两种。开式回路中的液压泵从油箱吸油后输入执行元件,执行元件排出的油液直接返回油箱,油液能得到较好的冷却,但油箱的结构尺寸大,与外界有空气交换,容易使空气和脏物侵入回路,影响系统的正常工作。闭式回路中的液压泵将油液输入执行元件的进油腔,又从执行元件的回油腔处吸油。这种回路结构紧凑,减少了空气侵入的可能性,采用双向液压泵时还可以很方便地变换执行元件的运动方向。缺点是散热条件差,同时为了补偿回路中的泄漏,补偿执行元件进油腔与回油腔之间的流量差额,需要设置补油装置。

容积调速回路按所用执行元件的不同而有泵-缸式回路和泵-马达式回路两类。泵-缸式回路用得较少,泵-马达式回路使用得较多,在泵-马达式回路中采用闭式回路的较多。

1. 泵-缸式容积调速回路

泵-缸式的开式容积调速回路如图8-9所示。这里活塞的运动速度通过改变变量泵1的排量来调节,回路中的最大压力则由安全阀2限定。

当不考虑液压泵以外的元件和管道的泄漏时,这种回路的活塞运动速度为

$$v = \frac{q_p}{A_1} = \frac{q_T - k_1 \frac{F}{A_1}}{A_1} \quad (8-25)$$

式中 k_1——泄漏系数;

其余符号意义同前。

将式(8-25)按不同的 q_T 值作图,可得一组平行直线,如图8-10所示。由图可见,由于变量泵有泄漏,活塞运动速度会随着负载的加大而减小。负载增大至某值时,在低速下会出现活塞停止运动的现象(图8-10中 F_1 点),此时,变量泵的理论流量与泄漏量相等。因此,这种回路在低速下的承载能力很差。

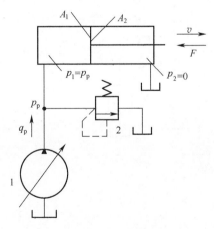

图8-9 泵-缸开式容积调速回路
1—变量泵;2—安全阀。

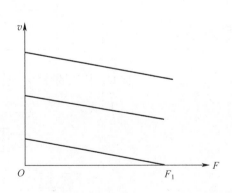

图8-10 泵-缸式容积调速回路的机械特性

这种调速回路的速度刚性表达式为

$$k_v = \frac{A_1^2}{k_1} \quad (8-26)$$

这说明这种回路的 k_v 不受负载影响,加大液压缸的有效工作面积,减小泵的泄漏,都可以提高回路的速度刚性。

这种回路的调速特性可用下式表示：

$$R_C = 1 + \frac{R_p - 1}{1 - \dfrac{k_1 F R_p}{A_1 q_{tmax}}} \tag{8-27}$$

式中 R_p——变量泵变量机构的调节范围；

q_{tmax}——变量泵最大理论流量；

其他符号意义同前。

式(8-27)表明,该回路的调速范围除了与泵的变量机构调节范围有关外,还受负载、泵的泄漏系数等因素影响。

泵-缸闭式容积调速回路如图8-11所示。图中双向变量泵7驱动液压缸,泵与缸之间组成闭式回路。改变泵的排量可调节液压缸的速度,改变泵的输出方向可使液压缸换向(换向过程比使用换向阀平稳,但换向时间长)。两个安全阀6和8用以限制油缸每个方向的最高压力；换向时,换向阀3变换工作位置,辅助泵1输出的低压油一方面改变液动阀4的工作位置,并作用在变量泵定子的控制缸 a 或 b 上,使变量泵改变输油方向,另一方面又接通变量泵的吸油路,补偿封闭油路中的泄漏,并使吸油路保持一定压力以改善变量泵吸油情况。辅助泵输出的多余油液经溢流阀2回油箱,变量泵只在换向过程中通过单向阀5和9直接从油箱吸油。

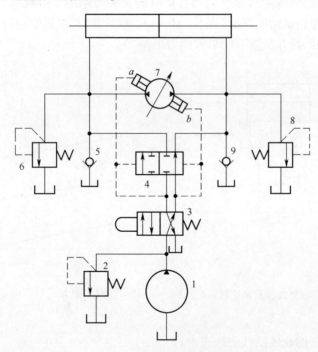

图8-11 泵-缸闭式容积调速回路
1—辅助泵；2—溢流阀；3—换向阀；4—液动阀；5、9—单向阀；
6、8—安全阀；7-变量泵。

这种闭式回路的各项工作特性与前述开式回路完全相同。

泵-缸式容积调速回路适用于负载功率大、运动速度高的场合,例如大型机床的主运动系统或进给运动系统。

2. 泵-马达式容积调速回路

泵-马达式容积调速回路有变量泵-定量马达、定量泵-变量马达及变量泵-变量马达三种组合形式。它们普遍用于一些工程机械、行走机械以及静压无级变速装置中。

1) 变量泵-定量马达式调速回路

图 8-12(a)所示为闭式循环的变量泵-定量马达式调速回路。回路由补油泵 1、溢流阀 2、单向阀 3、变量泵 4、安全阀 5 和定量马达 6 组成。在这种回路中,液压泵的转速 n_p 和液压马达排量 V_M 是恒量,改变液压泵排量 V_p 可使马达转速 n_M 和输出功率 P_M 随之成比例地变化。马达的输出转矩 T_M 和回路的工作压力 p 都由负载转矩决定,不因调速而发生变化,所以这种回路常称作恒转矩调速回路。该回路的工作特性曲线($n_M - V_p$, $T_M - V_p$ 及 $P_M - V_p$)如图 8-12(b)所示。另外,由于泵和马达处的泄漏不容忽视,这种回路的速度刚性是要受负载变化影响的,在全载下马达的输出转速降落量可达 10%~25%,而在邻近 $V_p = 0$ 处实际的 n_M、T_M 和 P_M 也都等于零。

这种回路的调速范围是很大的,一般可达 40 左右。当回路中泵和马达都能双向作用时,马达可以实现平稳地反向。这种回路在小型内燃机车、液压起重机、船用绞车等的有关装置上都得到了应用。

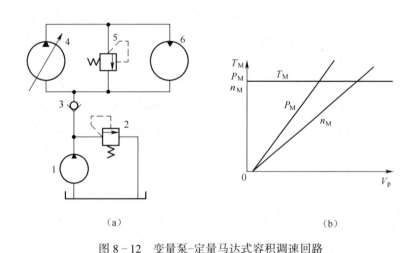

图 8-12 变量泵-定量马达式容积调速回路
(a) 回路;(b) 工作特性。
1—补油泵;2—溢流阀;3—单向阀;4—变量泵;5—安全阀;6—定量马达。

2) 定量泵-变量马达式调速回路

定量泵-变量马达式调速回路与图 8-12(a)类似,只是变量泵 4 换成定量泵,定量马达 6 换成变量马达。在这种回路中,液压泵转速 n_p 和排量 V_p 都是恒量,改变液压马达排量 V_M 时,马达的输出转矩 T_M 和输出转速 n_M 都会改变。增大马达的排量,输出转矩会增加,而输出转速会降低。马达的输出功率 P_M 和回路工作压力 p 都由负载功率决定,不因调速而发生变化,所以这种回路常称作恒功率调速回路。该回路的工作特性曲线

(n_M-V_M，T_M-V_M 及 P_M-V_M）如图 8-13 所示。由于泵和马达处的泄漏损失和摩擦损失，这种回路在邻近 $V_M=0$ 处的实际 n_M、T_M 和 P_M 也都等于零。

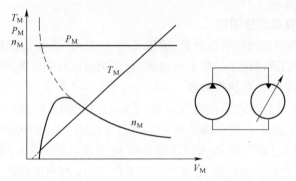

图 8-13 定量泵-变量马达式容积调速回路的工作特性

这种回路的调速范围很小，一般不大于 3。它不能用来使马达反向（用改变马达排量的办法使它通过 $V_M=0$ 点来实现马达反向，将因 n_M 须跨越高转速区而保证不了平稳的转换，所以是不采用的）。这种回路在造纸、纺织等行业的卷取装置中得到了应用，它使卷件在不断加大直径的情况下基本上保持被卷材质的线速度和拉力恒定不变。

3）变量泵-变量马达式调速回路

图 8-14(a) 所示为带有补油装置的闭式双向变量泵-变量马达容积调速回路。该回路的马达转速的调节分成低速和高速两段进行。在低速段，使马达的排量最大，通过调节变量泵的排量来改变马达的转速，这一段实质上就是变量泵-定量马达调速。在高速段，将变量泵的排量调至最大，改变液压马达的排量来调节马达的转速，实质上就是定量泵-变量马达调速。因此，这种回路的工作特性就是上述两种回路工作特性的综合，见图 8-14(b)。这种回路的调速范围很大，等于泵的调速范围 R_p 和马达调速范围 R_M 的乘积，即 $R_C = R_p R_M$，调速范围可达 100 左右。这种回路适用于大功率的液压系统，特别适用于系统中有两个或多个液压马达要求共用一个液压泵又能各自独立进行调速的场合，如港口起重运输机械、矿山采掘机械等处。

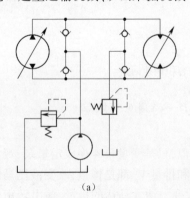
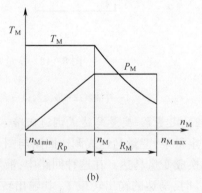

(a)　　　　　　　　　(b)

图 8-14　变量泵-变量马达式容积调速回路
(a)回路；(b)工作特性。

(三) 容积节流调速回路

容积调速回路虽然效率高、发热少,但存在速度负载特性软的问题。调速阀节流调速回路的速度负载特性好,但回路效率低。容积节流调速回路就试图发挥二者的优势。

容积节流调速回路采用压力补偿变量泵供油,用流量控制阀调节进入或流出液压缸的流量来控制其运动速度,并使变量泵的输出量自动地与液压缸所需流量相适应。这种调速回路没有溢流损失,效率较高,速度负载特性也比容积调速回路的好,常用于速度范围大、功率不太大的场合。常见的容积节流调速回路有两种。

1. 限压式变量泵和调速阀组成的调速回路

图 8-15(a)所示为限压式变量泵和调速阀组成的调速回路。该回路由限压式变量泵 1、调速阀 2、安全阀 5、背压阀 4 及油缸 3 组成。由限压式变量泵 1 供油,压力油经调速阀 2 进入液压缸 3 无杆腔,回油经背压阀 4 返回油箱。液压缸的运动速度由调速阀来调节。设泵的流量为 q_p,则稳定工作时 $q_p = q_1$。如果关小调速阀,则在关小阀口的瞬间,q_1 减小,而此时液压泵的输出量还未来得及改变,于是 $q_p > q_1$,因回路中阀 5 为安全阀,没有溢流,故必然导致泵出口压力 p_p 升高,该压力反馈使得限压式变量泵的输出流量自动减少,直至 $q_p = q_1$(节流阀开口减小后的 q_1);反之亦然。由此可见,调速阀不仅能调节进入液压缸的流量,而且可以作为反馈元件,将通过阀的流量转换成压力信号反馈到泵的变量机构,使泵的输出流量自动地和阀的开口大小相适应,没有溢流损失。这种回路中的调速阀也可装在回油路上。

图 8-15(b)所示为这种回路的调速特性,由图可见,回路虽无溢流损失,但仍有节流损失,其大小与液压缸的工作腔压力 p_1 有关。液压缸工作腔压力的正常工作范围是

$$p_2 \frac{A_2}{A_1} \leqslant p_1 \leqslant (p_p - \Delta p) \tag{8-28}$$

式中 Δp ——保持调速阀正常工作所需的压差,一般应在 0.5MPa 以上;

p_2 ——液压缸回油背压。

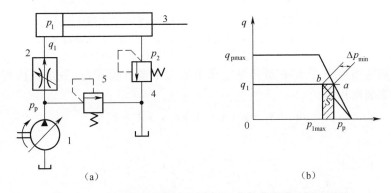

图 8-15 限压式变量泵和调速阀组成的容积节流调速回路

(a)容积节流调速回路;(b)调速特性曲线。

1—限压式变量泵;2—调速阀;3—油缸;4—背压阀;5—安全阀。

当 $p_1 = p_{1max}$ 时,回路中的节流损失为最小(图 8-15(b)中阴影面积 S),此时泵的工作点为 a,液压缸的工作点为 b,若 p_1 减小(即负载减小,b 点向左移动),则节流损失加

大。这种调速回路的效率为

$$\eta_C = \frac{\left(p_1 - p_2 \dfrac{A_2}{A_1}\right)q_1}{p_p \cdot q_p} = \frac{p_1 - p_2 \dfrac{A_2}{A_1}}{p_p} \tag{8-29}$$

式(8-29)中没有考虑泵的泄漏。由于泵的输出流量越小,泵的压力 p_p 就越高;负载越小, p_1 便越小,所以该调速回路在低速轻载场合效率很低。

2. 差压式变量泵和节流阀组成的调速回路

图 8-16 所示为差压式变量泵和节流阀组成的容积节流调速回路,由差压式变量泵 1、节流阀 2、安全阀 5、背压阀 4 和液压缸 3 组成。通过节流阀 2 控制进入液压缸 3 的流量 q_1,并使变量泵 1 输出流量 q_p 自动和 q_1 相适应。若某时刻 $q_p > q_1$,泵出口压力 p_p 升高,则差压式变量泵的控制缸在左侧的推力大于右侧的推力,定子右移,减小偏心距,从而使泵的排量减小;反之,当 $q_p < q_1$ 时,定子左移,使泵的排量增大。由此可见,回路会自动调节使 $q_p = q_1$。

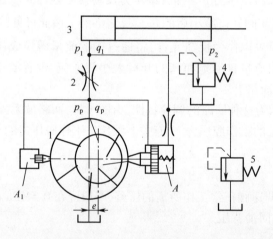

图 8-16 差压式变量泵和节流阀组成的容积节流调速回路
1—差压式变量泵;2—节流阀;3—液压缸;4—背压阀;5—安全阀。

在这种调速回路中,作用在液压泵定子上的力平衡方程式为(变量机构右活塞杆的面积与左柱塞面积相等)

$$p_p \cdot A_1 + p_p(A - A_1) = p_1 \cdot A + F_s$$

即

$$p_p - p_1 = \frac{F_s}{A} \tag{8-30}$$

式中 F_s——变量泵控制缸中的弹簧力。

由式(8-30)可知,节流阀前后压差 $\Delta p = p_p - p_1$ 基本上由作用在泵变量机构控制活塞上的弹簧力来确定。由于弹簧刚度很小,工作中伸缩量的变化也很小,所以 F_s 基本恒定,即 Δp 也近似为常数,所以通过节流阀的流量仅与阀的开口大小有关,不会随负载而变化,这与调速阀的工作原理是相似的。因此,这种调速回路的性能和前述回路不相上下,它的调速范围仅受节流阀调节范围的限制。此外,该回路能补偿由负载变化引起的泵的泄漏变化,因此它在低速小流量的场合使用性能更好。在这种调速回路中,不但没有溢流损失,而且泵的供油压力随负载而变化,回路中的功率损失也只有节流阀处压降 Δp 所造成的节流损失一项,因而它的效率更高,且发热少。其回路的效率为

$$\eta_c = \frac{p_1 \cdot q_1}{p_p \cdot q_p} = \frac{p_1}{p_1 + \Delta p} \tag{8-31}$$

由式(8-31)可知,只要适当控制 Δp(Δp 为节流阀前后的压力差,一般 $\Delta p \approx 0.3\text{MPa}$),就可以获得较高的效率。故这种回路适用于负载变化大、速度较低的中小功率场合。

二、快速运动回路

工作机构在一个工作循环过程中,在不同的阶段要求有不同的运动速度和承受不同的负载,如空行程速度要求较高,负载则几乎为零。在液压系统中,常常要根据工作要求决定液压泵的流量和额定压力。快速运动回路是在不增加系统功率消耗的情况下,提高工作机构空行程的运动速度,以提高生产率或充分利用功率。一般采用差动缸、双泵供油、充液增速和蓄能器回路来实现。

1. 液压缸差动连接快速运动回路

图8-17所示的液压缸差动连接快速回路,是利用液压缸的差动连接来实现的。当换向阀处于右位时,液压缸有杆腔的回油和液压泵供油合在一起进入液压缸无杆腔,使活塞快速向右运动。差动连接与非差动连接的速度之比为 $v_1'/v_1 = A_1/(A_1 - A_2)$。当活塞两端有效面积比为 2∶1 时,快进速度将是非差动连接时的两倍。这种回路结构简单,应用较多,但液压缸的速度加快有限,有时仍不能满足快速运动的要求,常常需要和其他方法联合使用。在差动回路中,泵的流量和液压缸有杆腔排出的流量合在一起流过的阀和管路应按合成流量来选择其规格,否则会导致压力损失过大,泵空载时供油压力过高。

2. 双泵供油快速运动回路

图8-18所示为低压大流量泵1和高压小流量泵2组成的双联泵作动力源。外控顺序阀3(卸载阀)和溢流阀5分别设定双泵供油和小流量泵2供油时系统的最高工作压力。换向阀6处于图示位置,系统压力低于卸载阀3调定压力时,两个泵同时向系统供油,活塞快速向右运动;换向阀6处于右位,系统压力达到或超过卸载阀3的调定压力,大流量泵1通过阀3卸载,单向阀4自动关闭,只有小流量泵向系统供油,活塞慢速向右运动。卸载阀3的调定压力至少应比溢流阀5的调定压力低10%~20%,大流量泵1卸载减少了动力消耗,回路效率较高。这种回路常用在执行元件快进和工进速度相差较大的场合。

3. 充液增速回路

1) 自重充液快速运动回路

自重充液快速运动回路用于垂直运动部件质量较大的液压系统。如图8-19(a)示,手动换向阀1处于右位时,由于运动部件的自重,活塞快速下降,由单向节流阀2控制下降速度。此时因液压泵供油不足,液压缸上腔出现负压,充液油箱(上位油箱)4通过液控单向阀(充液阀)3向液压缸上腔补油;当运动部件接触到工件后,负载增加,液压缸上

腔压力升高,充液阀3关闭,此时只靠液压泵供油,活塞运动速度降低。回程时,换向阀左位接入回路,压力油进入液压缸下腔,同时打开充液阀3,液压缸上腔回油进入上位油箱4。为防止回程时油液向上冲击上位油箱上的空气滤清器,在充液阀上部需要设置挡板。为防止上位油箱油液满后溢出,必须设置溢流管与下位油箱连通。

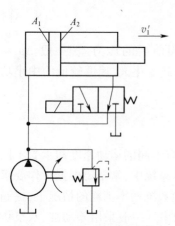

图8-17 液压缸差动连接
快速运动回路

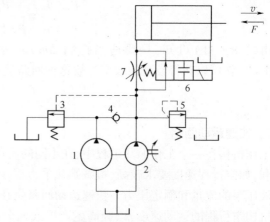

图8-18 双泵供油快速运动回路
1—低压大流量泵;2—高压小流量泵;3—外控顺序阀;
4—单向阀;5—溢流阀;6—换向阀;7—节流阀。

2) 增速缸的增速回路

对于卧式液压缸不能利用运动部件自重充液做快速运动,而采用增速缸或辅助缸的方案。图8-19(b)是采用增速缸的快速运动回路。增速缸由活塞缸与柱塞缸复合而成。当换向阀处于左位时,压力油经柱塞孔进入增速缸小腔1,推动活塞快速向右移动,大腔2所需油液由充液阀3从油箱吸取,活塞缸右腔的油液经换向阀回油箱。当执行元件运动到与工件接触时,负载增加,回路压力升高,打开顺序阀4,高压油关闭充液阀3,并进入增速缸大腔2,活塞转换成慢速运动,活塞有效面积增加,推力增大。当换向阀处于右位时,压力油进入活塞缸右腔,同时打开充液阀3,大腔2的回油排回油箱,活塞快速向左退回。这种回路功率利用比较合理,但增速比受增速缸尺寸的限制,结构比较复杂。

3) 采用辅助缸的快速运动回路

如图8-19(c)所示,当泵向成对设置的辅助缸2供油时,带动主缸1的活塞快速向左运动,主缸1右腔由充液阀3从充液油箱4补油,直至压板触及工件后,油压上升,打开顺序阀5,压力油进入主缸,转为慢速运动,此时主缸和辅助缸同时对工件加压。主缸左腔油液经换向阀回油箱。回程时压力油进入主缸左腔,主缸右腔油液通过充液阀3排回充液油箱4,辅助缸回油经换向阀回油箱。这种回路简单易行,常用于冶金机械。

4. 采用蓄能器的快速运动回路

对某些间歇工作且停留时间较长的液压设备(如冶金机械),以及对某些工作速度存在快、慢两种速度的液压设备(如组合机床),常采用蓄能器和定量泵共同组成的油源,如图8-20所示。其中定量泵可选较小的流量规格,在系统不需要流量或工作速度很低时,泵的全部流量或大部分流量进入蓄能器储存待用,在系统工作或要求快速运动时,由泵和蓄能器同时向系统供油。图8-20所示的油源工作情况取决于蓄能器工作压力的大

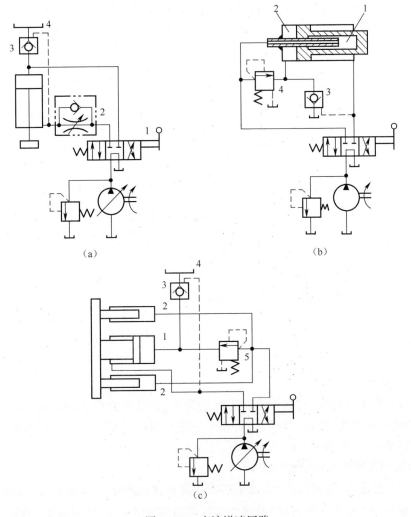

图 8-19 充液增速回路
(a) 自重充液快速运动回路;
1—手动换向阀;2—单向节流阀;3—液控单向阀(充液阀);4—充液油箱(上位油箱)。
(b) 采用增速缸的快速运动回路;
1—增速缸小腔;2—增速缸大腔;3—充液阀;4—顺序阀。
(c) 采用辅助缸的快速运动回路。
1—主缸;2—辅助缸;3—充液阀;4—充液油箱;5—顺序阀。

小。一般设定三个压力值:$p_1 > p_2 > p_3$,p_1 为蓄能器的最高压力,由安全阀 8 限定。当蓄能器的工作压力 $p \geqslant p_2$ 时,电接触式压力表 6 上限触点发令,使阀 3 电磁铁 2YA 得电,液压泵通过阀 3 卸载(或发令液压泵停机),蓄能器的压力油经 5 向系统供油,供油量的大小可通过系统中的流量控制阀进行调节。当蓄能器工作压力 $p < p_2$ 时,电磁铁 1YA 和 2YA 均不得电,液压泵和蓄能器同时向系统供油或液压泵同时向系统和蓄能器供油;当蓄能器的工作压力 $p \leqslant p_3$ 时,电接触式压力表 6 下限触点发令,阀 5 电磁铁 1YA 得电,阀 5 相当于单向阀,液压泵除向系统供油外,还可向蓄能器供油。设计时,若根据系统工作

循环要求,合理地选取液压泵的流量、蓄能器的工作压力范围和容积,则可获得较高的回路效率。

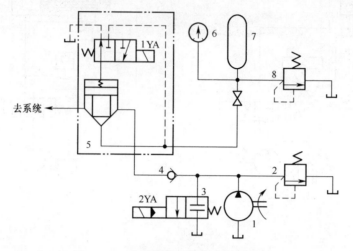

图 8-20 采用蓄能器的快速运动回路
1—液压泵;2—溢流阀;3—电磁换向阀;4—单向阀;
5—插装阀(单向阀);6—电接触式压力表;7—蓄能器;8—安全阀。

三、速度换接回路

在某些工作循环过程中,由于不同工况的要求,常常需要由一种速度切换为另一种速度,可以是两种工作速度的切换,也可以是快速与慢速的切换。切换过程在连续的工作状态下自动完成,切换时要求运动平稳、无冲击。

1. 快进和工进速度的切换回路

图 8-21 是采用单向行程节流阀来实现速度切换的回路。当电磁阀 3 通电时,泵 1 输出的压力油进入缸 7 左腔,右腔回油经行程节流阀 4、阀 3 左位回油箱,活塞向右快速运动,当活塞右行至某预定位置时,在运动部件上的行程挡块 6 压下阀 4 的触头时,节流阀的开口减小,缸右腔回油速度变慢,进入回油节流调速状态,活塞慢速工作进给。工作进给行程结束时,挡块压下终点行程开关 8,并发讯使换向阀 3 电磁铁断电,换向阀 3 复位(图示位置),压力油经单向阀 5 供给缸 7 右腔,活塞向左快速退回。

采用这种回路,只要挡块斜度设计正确,就可使节流口缓慢关小而获得柔和的切换速度。若将挡块设计成阶梯形,还可以获得多种工进速度。这种回路速度切换比较平稳,切换精度也较高,但单向行程节流阀的安装位置不能任意布置,行程挡块 6 的设计要求较高,且速度改变后需重新设计,速度切换点变化后,也要重新设计。

图 8-22 是用机动换向阀(行程阀)来实现速度切换的回路。如图 8-22 所示,缸 3 右腔回油经行程阀 4 和阀 2 流往油箱,活塞向右快速运动。当运行到速度切换点时,挡块压下阀 4,使其通路切断,这时,缸右腔回油必须经节流阀 6 才能回油箱,进入回油节流调速状态,活塞向右慢速运动,调节阀 6 的开口大小即可改变工作进给速度。由于工进时,挡块必须一直压住行程阀,因此活塞快速退回时,压力油须经单向阀 5 进入缸右腔,这种回路只要挡块斜度设计合理,就可使行程阀的通路逐渐切断,避免切换时出现冲击,

因此换接精度及平稳性都较高。

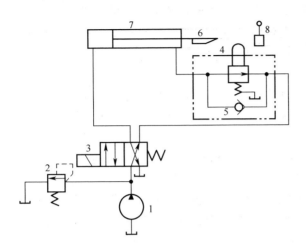
图 8-21 用单向行程节流阀的速度切换回路
1—泵；2—溢流阀；3—电磁换向阀；4—行程节流阀；
5—单向阀；6—行程挡块；7—油缸；8—行程开关。

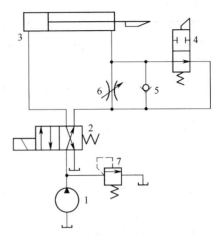
图 8-22 机动换向阀的速度切换回路
1—液压泵；2—电磁换向阀；3—油缸；4—行程阀；
5—单向阀；6—节流阀；7—溢流阀。

2. 两种工作速度的切换回路

图 8-23(a)是用两个调速阀并联来实现两种工作速度切换的回路。在图示位置，压力油经调速阀 5、换向阀 7，进入液压缸左腔，得第 I 种工进速度。当阀 7 切换至右位工作

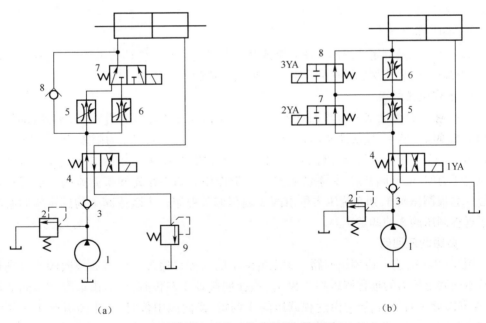

(a)   (b)

图 8-23 两种工作速度的切换回路
(a) 1—液压泵；2—溢流阀；3—单向阀；4—换向阀；
5—调速阀 I；6—调速阀 II；7—换向阀；8—单向阀；9—背压阀。
(b) 1—液压泵；2—溢流阀；3—单向阀；4—换向阀；5—调速阀 I；
6—调速阀 II；7—换向阀；8—换向阀。

时,压力油经调速阀6、阀7进入缸,得第Ⅱ种工进速度。这种调速回路的特点是两种速度可任意调节,互不影响。但一个调速阀工作时,另一个调速阀出口油路被切断,调速阀中没有油流过,使减压阀的减压口开度最大。当换向阀7切换到使它工作时,运动部件会出现前冲现象。为解决这个问题,可在回油路上增加背压阀9、单向阀8用于退回时通油。

图8-23(b)是两个调速阀串联的速度切换回路,在图示位置,当电磁铁2YA通电时,活塞向右运动,压力油经调速阀5、换向阀8进入缸左腔,活塞得第Ⅰ种工进速度,其速度由阀5调定。当2YA、3YA同时通电时,压力油必须经阀5和阀6才能进入缸左腔,活塞得第Ⅱ种工进速度,其速度值由阀6调定。在这种情况下,阀6开口必须小于阀5开口,也就是第Ⅰ工进速度大于第Ⅱ工进速度。当2YA断电,3YA通电时,压力油经阀7、阀6进入缸左腔,阀6开口调节不受5限制。两种工进速度可任意调节。当1YA通电,2YA、3YA断电时,活塞快速退回。这种回路的特点是阀5一直处于工作状态,速度切换时不会产生前冲现象,运动比较平稳。

第二节 压力控制回路

压力控制回路利用压力控制阀控制整个液压系统或局部油路的压力,以满足液压系统执行元件所需要的力或转矩。压力控制回路一般包括调压回路、减压回路、增压回路、卸荷回路、保压回路、平衡回路等。

一、调压回路

调压回路就是调定或限制液压系统或某一部分的最高工作压力的回路,包括调压回路、多级调压回路、比例阀调压回路等。一般由溢流阀来实现这一功能。

1. 远程调压回路

图8-24(a)为最基本的调压回路。当改变节流阀2的开口来调节液压缸速度时,溢流阀1处于溢流状态,使液压泵出口的压力稳定在溢流阀1调定压力附近,溢流阀1作定压阀用。若系统中无节流阀,溢流阀1则作安全阀用,当系统工作压力达到或超过溢流阀调定压力时,溢流阀开启,对系统起安全保护作用。如果在先导型溢流阀1的遥控口上接一远程调压阀3,则系统压力可由阀3远程调节控制。主溢流阀1的调定压力必须大于远程调压阀3的调定压力。

2. 多级调压回路

图8-24(b)为三级调压回路。主溢流阀1的遥控口通过三位四通换向阀4分别接具有不同调定压力的远程调压阀2和3。当换向阀处于左位时,压力由远程调压阀2调定;换向阀处于右位时,压力由远程调压阀3调定;换向阀中位时,由主溢流阀1来调定系统最高压力。主溢流阀1的调定压力必须大于远程调压阀2和3的调定压力。

3. 无级调压回路

图8-24(c)为通过电液比例溢流阀进行无级调压的比例调压回路。根据执行元件工作过程各个阶段的不同要求,调节输入比例溢流阀1的电流,即可达到调节系统工作压力的目的。

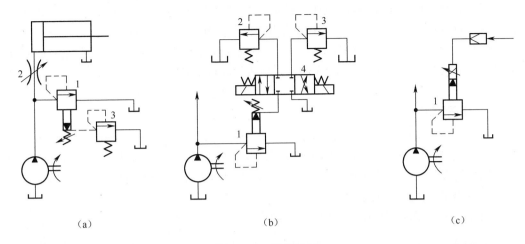

图 8-24 调压回路
(a) 基本的调压回路；
1—溢流阀；2—节流阀；3—远程调压阀。
(b) 三级调压回路；
1—主溢流阀；2、3—远程调压阀；4—换向阀。
(c) 比例调压回路。
1—电液比例溢流阀。

二、减压回路

减压回路的功用是使系统中的某一分支油路具有低于系统压力调定值的稳定工作压力，如机床液压系统中的工件夹紧回路、导轨润滑回路等。常见的减压回路是把定值减压阀串联到需要低压的分支油路上，如图 8-25(a) 所示。单向阀防止主油路压力降低（低于减压阀调整压力）时油液倒流，作短时保压之用。减压回路也可以采用两级或多级减压。在图 8-25(b) 所示回路中，先导型减压阀 1 的远控口接一远控溢流阀 2，则阀 1、阀 2 各获得一种低压。但要注意，阀 2 的调整压力要低于阀 1 的调定压力。

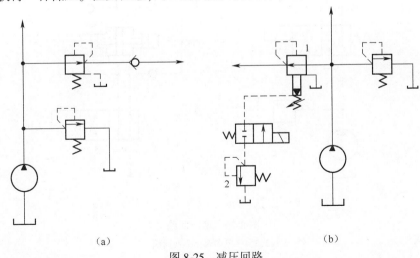

图 8-25 减压回路
1—先导型减压阀；2—远控溢流阀。

为了使减压回路工作可靠,减压阀的最低调整压力不应小于 0.5MPa,最高调整压力至少应比系统压力小 0.5MPa。该压力是为保证减压阀正常工作的最低压力差。当减压分支回路中的执行元件需要调速时,调速元件应安放在减压阀的后面,以避免减压阀泄漏(指油液由减压阀泄油口流回油箱)而影响执行元件的速度。

三、增压回路

增压回路的功用在于使液压系统中某一支路获得比系统压力高的压力。利用增压回路,液压系统可以采用压力较低的液压泵来获得较高压力的压力油。增压回路中实现油液压力放大的元件主要是增压缸。主要用在需要压力较高、流量不大的场合。

1. 单作用增压缸增压回路

图 8-26(a)所示为用增压缸的单作用增压回路。在图示位置,系统供油压力 p_1 进入增压缸的大活塞腔,在小活塞腔得到所需较高压力 p_2;二位四通电磁换向阀右位接入系统,增压缸返回,辅助油箱中的油液经单向阀补入小活塞腔。该回路只能间歇增压,所以称为单作用增压回路。

2. 双作用增压缸增压回路

图 8-26(b)所示为采用双作用增压缸的增压回路,它能连续输出高压油。在图示位置,液压泵输出油液经换向阀 5、单向阀 1 进入增压缸左端大、小活塞腔,右端大活塞腔通油箱,右端小活塞腔增压后的高压油经单向阀 4 输出,此时单向阀 2、3 被关闭。当增压缸活塞移到右端时,换向阀得电换向,增压缸活塞向左移动。同理,左端小活塞腔输出的高压油经单向阀 3 输出。增压缸的活塞连续往复运动,两端交替输出高压油,实现连续增压。

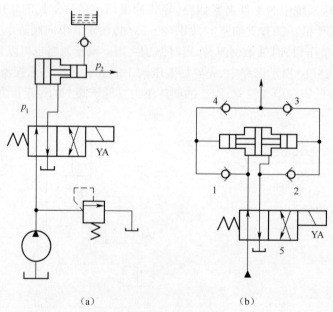

图 8-26 增压回路
1、2、3、4—单向阀;5—换向阀。

四、卸荷回路

卸荷回路是在液压系统的执行元件短时间不运动时,不频繁启、停驱动泵的原动机,而使泵在很小的功率输出下运转的回路。泵的输出功率等于压力与输出流量的乘积,因此卸荷的方法使泵在出口压力接近零压下运行,或者使变量泵在排量接近零的状态下运行,前者称为压力卸荷,后者称为流量卸荷。常见的卸荷回路有以下几种。

1. 主换向阀卸荷的回路

采用主换向阀卸荷,主要是利用换向阀的中位机能使液压泵和油箱连通进行卸荷。因此,主阀必须采用中位机能为 M 型、H 型或 K 型的换向阀。图 8 - 27 是采用 M 型三位四通换向阀的卸荷回路。

这种卸荷方法比较简单,但只适用于单缸和流量较小的液压系统,用于压力大于 3.5MPa、流量大于 40L/min 的液压系统时,易产生液压冲击。

2. 用二位二通滑阀的卸荷回路

图 8 - 28 所示为用二位二通电磁滑阀使液压泵卸荷的回路。电磁阀 2 通电,液压泵即卸荷。由于受电磁铁吸力的限制,这种卸荷方式通常只用于液压泵流量在 63L/min 以下的场合。

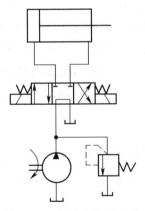

图 8 - 27 换向阀卸荷回路

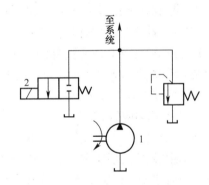

图 8 - 28 二位二通滑阀卸荷回路

3. 用液控顺序阀的卸荷回路

在双泵供油的液压系统中,常采用图 8 - 29 所示的卸荷回路,即在快速行程时,两液压泵同时向系统供油,进入工作行程阶段后,由于压力升高,打开液控顺序阀使低压大流量泵 1 卸荷。

4. 用溢流阀的卸荷回路

图 8 - 30 是用先导式溢流阀卸荷的回路。采用小型的二位二通阀 3,将先导式溢流阀 2 的遥控口接通油箱,即可使液压泵卸荷。

5. 限压式变量泵的卸荷回路

限压式变量泵的卸荷回路为流量卸荷,如图 8 - 31 所示,当液压缸 3 活塞运动到行程终点或换向阀 2 处于中位时,限压式变量泵 1 的压力升高,流量减少,当压力接近限压式变量泵调定的极限值时,泵输出的流量只补充液压缸或换向阀的泄漏,回路实现保压卸荷。系统中的溢流阀 4 作安全阀用。

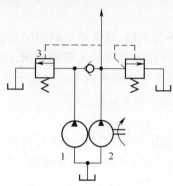 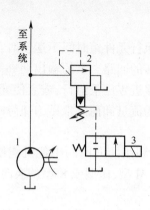 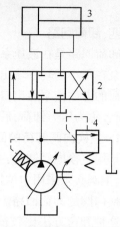

图 8-29　液控顺序阀卸荷回路
1—低压大流量泵；2—高压小流量泵；
3—液控顺序阀。

图 8-30　溢流阀卸荷回路
1—液压泵；2—先导式溢流阀；
3—换向阀。

图 8-31　限压式变量泵卸荷回路
1—限压式变量泵；2—换向阀；
3—液压缸；4—溢流阀。

五、保压回路

保压回路是要求执行机构进口或出口油压维持恒定的回路。在此过程中，执行机构维持不动或移动速度几乎为零。保压性能主要是指保压时间和压力稳定性两个指标。因此，保压回路就是试图保持高压腔油液的压力，一方面可以通过减少高压腔油液的泄漏，另一方面是弥补高压腔泄漏的方法。最简单的保压回路是使用密封性能较好的液控单向阀的回路，当要求保压时间长时，则采用补油的办法来保持回路中压力的稳定。常见的保压回路有以下几种。

1. 液控单向阀保压

如图 8-32 所示，在主缸的进油路上串联一个液控单向阀，利用单向阀的密封性能来保压。采用液控单向阀保压，在 20MPa 的压力下保压 10min，压力降不超过 2MPa。这种保压回路适用于保压要求不高、保压时间较短的场合。

在回路中接入电接点压力表 5 可以实现自动补油的保压。当换向阀 3 右位接入回路时，压力油经换向阀 3、液控单向阀 4 进入液压缸 6 上腔。当压力达到要求的调定值时，电接点压力表 5 发出电信号，使阀 3 切换至中位，这时液压泵卸荷，液压缸上腔由液控单向阀 4 进行保压。当液压缸上腔的压力下降至预定值时，电接点压力表 5 又发出电信号并使阀 3 右位接入回路，液压泵又向液压缸上腔供油，使其压力回升，实现补油保压。当换向阀 3 左位接入回路时，阀 4 打开，活塞向上快速退回。这种保压回路保压时间长，压力稳定性较高，适用于保压性能要求较高的液压系统，如液压机液压系统。

2. 辅助泵保压

如图 8-33 所示，在回路中增设一台小流量高压泵 2 作为辅助泵，当加压过程完毕要求保压时，由压力继电器发讯，电液换向阀 3 的电磁铁断电，换向阀 3 处于中位，主泵 1 卸荷，辅助泵 2 继续向主缸供油，维持压力稳定。由于辅助泵 2 只需补偿泄漏量，排量可尽量小。保压稳定性取决于溢流阀 5 的性能，保压时间没有限制。

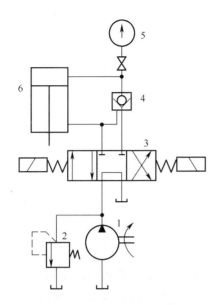
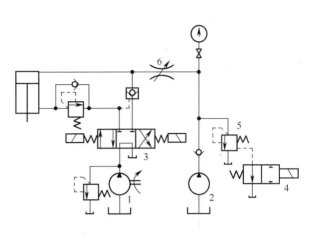

图 8-32 自动补油的保压回路
1—定量泵；2—液流阀；3—换向阀；
4—液控单向阀；5—电接触式压力表；
6—液压缸。

图 8-33 用辅助泵的保压回路
1—主泵；2—辅助泵；3—电液换向阀；4—换向阀；
5—溢流阀；6—节流阀。

3. 蓄能器保压

采用蓄能器的保压回路既能节约功率,压力又基本不变。如图 8-34 所示,蓄能器与主缸相通,补偿系统泄漏。蓄能器出口设有单向节流阀,其作用是防止换向阀切换时,蓄能器突然泄压而造成冲击。这种保压回路保压性能好、工作可靠、压力稳定,但需装设蓄能器,增加设备费用,在 24h 内,压力下降不超过 0.2MPa。

六、平衡回路

液压平衡回路是为了防止立式液压缸与垂直运动的工作部件由于自重而自行下落造成冲击而在回路上设置适当的阻力,产生一定的背压使其平稳下降的回路。其广泛应用于工程机械、起重机械以及一些具有垂直运动部件的场合。平衡回路要求结构简单、闭锁性能好、工作可靠。平衡回路工作过程中,均有三种运动状态,即举重上升、承载静

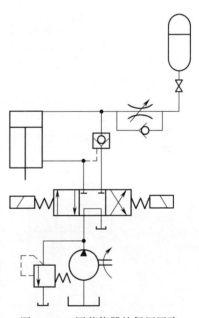

图 8-34 用蓄能器的保压回路

止、负载下行。在承载静止过程中,要求闭锁性能好。在负载下行过程中,要保证活塞在重力负载的作用下平稳下降,必须满足两个方面的平衡,一方面是力的平衡问题,另一方面是速度的平稳问题(流量连续问题)。

图 8-35(a)所示为采用单向顺序阀的平衡回路。这里的顺序阀为内控内泄的顺序

阀,起背压阀的作用,其压力调定应按照运动部件的自重设置。当换向阀处于中位时,液压缸即可停在任意位置,但由于顺序阀的泄漏,悬停时运动部件总要缓缓下降。当换向阀处于左位时,油缸下腔的由自重产生的压力打开顺序阀,平稳下行。运动部件质量发生变化,要调整顺序阀以平衡新的负载。当把顺序阀的打开压力调得较高时,可以满足一定的重物质量的变化,但在质量较小的时候,需要上腔加压活塞才能下行。当把顺序阀的打开压力调得较低时,重物增加会使活塞自动下滑。因此,这种回路适用于运动部件质量不大、变化不大、停留时间较短的系统。

图 8-35(b)所示为采用外控单向顺序阀的平衡回路。该回路中,由于采用外控顺序阀,只有上腔给压力时才能下行,可以克服图 8-35(a)回路中可能发生的误动作,比较安全可靠。此回路的背压由单向节流阀产生,对应不同重物负载的变化,需要对应调节节流口的大小。其余性能与 8-35(a)回路的相似。

图 8-35(c)所示为采用液控单向阀的平衡回路。由于液控单向阀采用锥面密封,泄漏量小,故其闭锁性能好,活塞能够较长时间停止不动。回油路上串联单向节流阀,平衡背压靠节流阀实现,节流阀口的大小与重物负载的质量有关。节流阀口小,系统运行平稳,但需在上腔施加压力活塞才能下行;节流阀口大,则可能会造成运动部件由于自重加速下降,上腔失压,液控单向阀关闭。液控单向阀关闭后又建立压力,再次打开,运动部件抖动下降,造成"点头现象"。

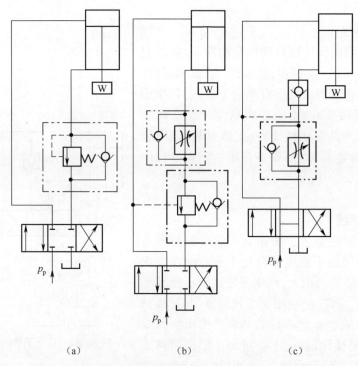

(a)　　　　　　(b)　　　　　　(c)

图 8-35　平衡回路

上述三个回路适用于垂直运行部件质量基本不变的机构,如液压机的滑块。对于变负载的机构,如液压起重机的变幅机构油缸、起重卷扬滚筒等负载随时变化的机构,如果采用上述机构,只能按最大负载调定背压。这样,在轻载情况下,就需要在上腔施加压力,无法利用重物的势能做功,反而要消耗一部分能量。

除上述三种回路外,实践中有采用专用远控平衡阀的平衡回路,如图 8-36 所示。远控平衡阀是一种特殊结构的外控顺序阀,它不但具有很好的密封性,能起到长时间的锁闭定位作用,而且阀口大小能自动适应不同载荷对背压的要求,保证了活塞下降速度的稳定性不受载荷变化的影响。

七、泄压回路

很多大型液压机均有保压要求,保压时由于主机的弹性变形、油的压缩和管道的膨胀而储存了一部分能量,故保压后必须泄压,泄压过快,将引起液压系统剧烈的冲击、振动和噪声,甚至会使管路和阀门破裂。泄压回路的功能在于使执行元件高压腔中的压力缓慢地释放,以免泄压过快而引起剧烈的冲击和振动。泄压回路又叫作释压回路。

1. 延缓换向阀切换时间的泄压回路

采用带阻尼器的中位滑阀机能为 H 型或 Y 型的电液换向阀控制液压缸的换向。当液压缸保压完毕要求反向回程时,由于阻尼器的作用,换向阀延缓换向过程,使换向阀在中位停留时液压缸高压腔通油箱泄压后再换向回程。这种回路适用于压力不太高、油液的压缩量较小的系统。

2. 用顺序阀控制的泄压回路

回路采用带卸载阀芯的液控单向阀实现保压与泄压,泄压压力和回程压力均由顺序阀控制。如图 8-37 所示,保压完毕后手动换向阀 3 左位接入回路,此时液压缸上腔压力油没有泄压,压力油将顺序阀 5 打开,泵 1 进入液压缸下腔的油液经顺序阀 5 和节流阀 6 回油箱,由于节流阀的作用,回油压力(可调至 2MPa 左右)虽不足以使活塞回程,但可以打开液控单向阀 4 的卸载阀芯,使缸上腔泄压。当上腔压力降低至低于顺序阀 5 的调定压力(一般调至 2~4MPa),顺序阀 5 关闭,泵 1 压力上升,顶开液控单向阀 4 的主阀芯,使活塞回程。

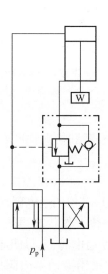

图 8-36 采用远控平衡阀的平衡回路

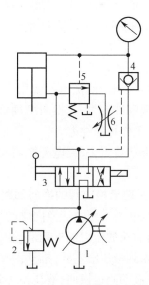

图 8-37 用顺序阀控制的泄压回路

第三节 方向控制回路

通过控制进入执行元件液流的通、断或变向来实现液压系统执行元件的启动、停止或改变运动方向的回路称为方向控制回路,主要包括换向回路、锁紧回路和制动回路。

一、换向回路

换向回路用于控制液压系统中液流的方向,从而改变执行元件的运动方向。为此,要求换向回路应具有较高的换向精度、换向灵敏度和换向平稳性。运动部件的换向多采用换向阀来实现;在容积调速的闭式回路中,可以利用双向变量泵控制油流方向来实现液压缸的换向。

采用二位四通(五通)、三位四通(五通)换向阀换向是最普遍应用的换向方法,尤其在自动化程度要求较高的组合机床液压系统中应用更为广泛。二位阀只能使执行元件正、反向运动,而三位阀有中位,不同中位机能可使系统获得不同的性能。

1. 采用电磁换向阀的换向回路

图8-38是利用三位四通电磁换向阀的换向回路。按下启动按钮,1YA通电,液压缸活塞向右运动,当碰上限位开关2时,2YA通电、1YA断电,换向阀切换到右位工作,液压缸右腔进油,活塞向左运动。当碰上限位开关1时,1YA通电,2YA断电,换向阀切换到左位工作,液压缸左腔进油,活塞又向右运动。这样往复变换换向阀的工作位置,就可自动变换活塞的运动方向。当1YA和2YA都断电时,活塞停止运动。由此可以看出,采用电磁换向阀可以非常方便地组成自动换向系统,通过改变限位开关与电磁铁的通、断电关系,可以组成不同的自动系统。

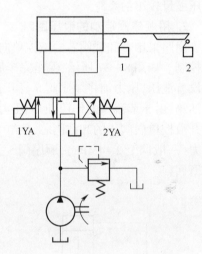

图8-38 电磁换向阀换向回路
1、2—限位开关。

这种换向回路的优点是使用方便、价格便宜。其缺点是换向冲击力大、换向精度低、不宜实现频繁的换向、工作可靠性差。

由于上述特点,采用电磁换向阀的换向回路适用于低速轻载和换向精度要求不高的场合。

2. 采用电液换向阀的换向回路

图8-39为采用电液换向阀的换向回路。当1YA通电时,三位四通电磁换向阀左位工作,控制油路的压力油推动液动阀阀芯右移,液动阀处于左位工作状态,泵输出流量经液动阀输入到液压缸左腔,推动活塞右移。当1YA断电、2YA通电时,三位四通电磁换向阀换向,使液动阀也换向,液压缸右腔进油,推动活塞左移。采用液动换向阀换向,换向过程更平稳。注意图中单向阀为背压阀。

对于流量较大、换向平稳性要求较高的液压系统,除采用电液换向阀换向回路外,还经常采用手动、机动换向阀作为先导阀,以液动换向阀为主阀的换向回路。图8-40所示为手动换向阀(先导阀)控制液动换向阀的换向回路。回路中由辅助泵2提供低压控制油,通过手动换向阀来控制液动阀阀芯动作,从而实现主油路换向。当手动换向阀处于中位时,液动阀在弹簧力作用下也处于中位,主油泵1卸荷。这种回路常用于要求换向平稳性高,且自动化程度不高的液压系统中。

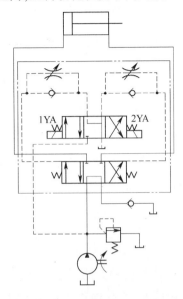
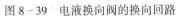
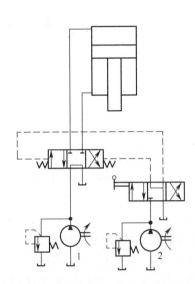

图8-39 电液换向阀的换向回路　　　图8-40 手动换向阀控制液动换向阀的换向回路
　　　　　　　　　　　　　　　　　　　　1—主油泵;2—辅助泵。

图8-41是用行程换向阀作为先导阀控制液动换向阀的机动、液压操纵的换向回路。利用活塞上的撞块操纵行程阀5阀芯移动,来改变控制压力油的油流方向,从而控制二位四通液动换向阀阀芯移动方向,以实现主油路换向,使活塞正、反两方向运动。活塞上两个撞块不断地拨动二位四通行程阀5,就可实现活塞自动地连续往复运动。图中减压阀4用于减低控制油路的压力,使液动阀6阀芯移动时得到合理的推力。二位二通电磁换向阀3用来使系统卸荷,当1YA通电时,泵卸荷,液压缸停止运动。这种回路的特点是换向可靠,不像电磁换向时需要通过微动开关、压力继电器等中间环节,就可实现液压缸自动的连续往复运动。

但行程阀必须配置在执行元件附近,不如电磁阀灵活。这种方法换向性能也差,当执行元件运动速度过低时,因瞬时失去动力,使换向过程终止;当执行元件运动速度过高时,又会因换向过快而引起换向冲击。

3. 双向变量泵换向回路

在容积调速回路中,常常利用双向变量泵直接改变输油方向,以实现液压缸或液压马达的换向,如图8-42所示。这种换向回路比普通换向阀换向平稳,多用于大功率的液压系统中,如龙门刨床、拉床等液压系统。

二、锁紧回路

锁紧回路的功能是通过切断执行元件的进油、出油通道,使液压执行机构能在任意位置停留,且不会因外力作用而移动位置。以下是几种常见的锁紧回路。

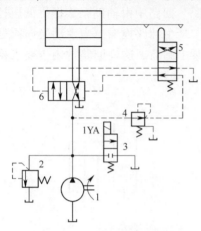

图 8-41 用行程换向阀控制液动
换向阀的换向回路

1—液压泵;2—溢流阀;3—电磁换向阀;
4—减压阀;5—行程阀;6—液动换向阀。

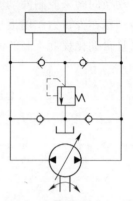

图 8-42 双向变量泵换向回路

1. 用换向阀中位机能锁紧

图 8-43 所示为采用三位换向阀 O 型(或 M 型)中位机能锁紧的回路。其特点是结构简单,不需增加其他装置,但由于滑阀环形间隙泄漏较大,故其锁紧效果不太理想,一般只用于锁紧要求不太高或只需短暂锁紧的场合。

2. 用液控单向阀锁紧

图 8-44 所示为采用液控单向阀(又称液压锁)的锁紧回路。当换向阀 3 处于左位时,压力油经左边液控单向阀 4 进入液压缸 5 左腔,同时通过控制口打开右边液控单向阀,使液压缸右腔的回油可经右边的液控单向阀及换向阀流回油箱,活塞向右运动;反

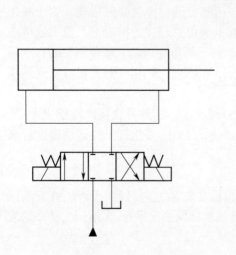

图 8-43 换向阀锁紧回路

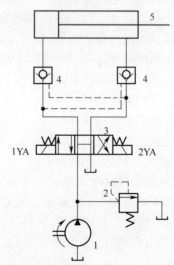

图 8-44 用液控单向阀的锁紧回路

1—液压泵;2—溢流阀;3—换向阀;4—液控单向阀;5—液压缸。

之,活塞向左运动。到了需要停留的位置,只要使换向阀处于中位,因阀的中位为 H 型机能,所以两个液控单向阀均关闭,液压缸双向锁紧。由于液控单向阀的密封性好(线密封),液压缸锁紧可靠,其锁紧精度主要取决于液压缸的泄漏。为了保证锁紧迅速、准确,换向阀应采用 H 型或 Y 型中位机能。这种回路广泛应用于工程机械、起重运输机械等有较高锁紧要求的场合,如起重机支腿油路和飞机起落架的收放油路上。

3. 用制动器锁紧

采用控制进出油路的锁紧回路都无法解决因执行元件内泄漏而影响锁紧的问题,特别是在用液压马达作为执行元件的场合,由于马达的内泄漏比较大,若要求完全可靠的锁紧,则必须采用制动器。

一般制动器都采用弹簧上闸制动、液压松闸的结构。制动器液压缸与工作油路相通,当系统有压力油时,制动器松开;当系统无压力油时,制动器在弹簧力作用下上闸锁紧。

制动器液压缸与主油路的连接方式有三种,如图 8-45 所示。

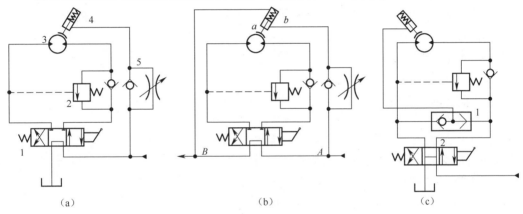

图 8-45 用制动器的制动回路
(a) 单作用制动器液压缸;
1—换向阀;2—顺序阀;3—马达;4—制动器液压缸;5—单向节流阀。
(b) 双作用制动器液压缸;
(c) 制动器缸通过梭阀与起升马达的进出油路相连。
1—梭阀;2—换向阀。

图 8-45(a)中,制动器液压缸 4 为单作用缸,它与起升液压马达的进油路相连接。采用这种连接方式,起升回路必须放在串联油路的最末端,即起升马达的回油直接通回油箱。若将该回路置于其他回路之前,则当其他回路工作而起升回路不工作时,起升马达的制动器也会被打开,因而容易发生事故。制动器回路中的单向节流阀的作用是制动时快速,松闸时滞后。这样可防止开始起升负载时因松闸过快而造成负载先下滑然后再上升的现象。

图 8-45(b)中,制动器液压缸为双作用缸,其两腔分别与起升马达的进、出油路相连接。这种连接方式使起升马达在串联油路中的布置位置不受限制,因为只有在起升马达工作时,制动器才会松闸。

图 8-45(c)中,制动器缸通过梭阀 1 与起升马达的进出油路相连接。当起升马达工作时,不论是负载起升或下降,压力油均会经梭阀与制动器缸相通,使制动器松闸。为使

起升马达不工作时制动器缸的油与油箱相通而使制动器上闸,回路中的换向阀必须选用H型机能的阀。显然,这种回路也必须置于串联油路的最末端。

第四节 多缸工作控制回路

在液压系统中,如果由一个油源给多个液压缸供油,这些液压缸会因压力和流量的彼此影响而在动作上相互牵制,必须使用一些特殊的回路才能实现预定的动作要求,常见的这类回路有以下四种。

一、顺序动作回路

顺序动作回路的功用是使多缸液压系统中的各个液压缸严格地按规定的顺序动作。图8-46所示为一种使用顺序阀的顺序动作回路。当换向阀2左位接入回路且顺序阀6的调定压力大于液压缸4的最大前进工作压力时,压力油先进入液压缸4的左腔,实现动作①。当这项动作完成后,系统中压力升高,压力油打开顺序阀6进入液压缸5的左腔,实现动作②。同样地,当换向阀2右位接入回路且顺序阀3的调定压力大于液压缸5的最大返回工作压力时,两液压缸按③和④的顺序向左返回。很明显,这种回路顺序动作的可靠性取决于顺序阀的性能及其压力调定值:后一个动作的压力必须比前一个动作压力高出0.8~1MPa。顺序阀打开和关闭的压力差值不能过大,否则顺序阀会在系统压力波动时造成误动作,引起事故。由此可见,这种回路只适用于系统中液压缸数目不多、负载变化不大的场合。

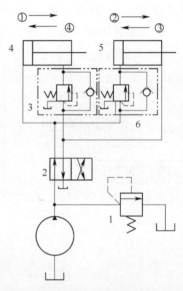

图8-46 使用顺序阀的顺序动作回路
1—溢流阀;2—换向阀;
3,6—顺序阀;4,5—液压缸。

图8-47(a)所示是一种使用电磁阀的顺序动作回路。这种回路以液压缸2和5的行程位置为依据来实现相应的顺序动作。其操作过程见图8-47(b)中的动作循环表。这种回路的可靠性取决于电气行程开关3、4、6和7及电磁阀1YA、2YA、3YA和4YA的质量,对变更液压缸的动作行程和动作顺序来说都比较方便。因此它在机床液压系统中得到了广泛的应用,特别适合于顺序动作的位置精度要求较高、动作循环经常要求改变的场合。

二、同步回路

同步回路的功用是保证系统中的两个或多个液压缸在运动中的位移量相同或以相同的速度运动。在多缸液压系统中,影响同步精度的因素是很多的,例如,液压缸外负载、泄漏、摩擦阻力、制造精度、结构弹性变形以及油液中含气量,都会使运动不同步。同步回路要尽量克服或减少这些因素的影响。

图8-48是一种带补正装置的串联液压缸同步回路。图中两液压缸5和7的有效工

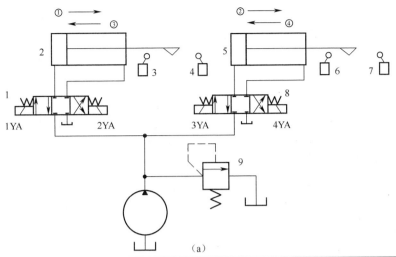

图 8-47 使用电磁阀的顺序动作回路
(a)回路图;(b)动作循环表。
1、8—换向阀;2、5—液压缸;3、4、6、7—行程开关;9—溢流阀。

作面积相等,但是两缸油腔连通处的泄漏会使两个活塞产生同步位置误差。若不是在回路中设置了专门的补正装置,在每次行程端点处及时消除这项误差,它就会不断地积累起来,在后续的循环中发生越来越大的影响。补正装置的作用原理如下:当两缸活塞同时下行时,若缸 5 活塞先到达行程端点,则行程开关 4 被挡块压下,电磁铁 1YA 通电,换向阀 3 左位接入回路,压力油经换向阀 3 和液控单向阀 6 进入缸 7 上腔,进行补油,使其活塞继续下行到达行程端点。反之,若缸 7 活塞先到达行程端点,则行程开关 8 被挡块压下,电磁铁 2YA 通电,换向阀 3 右位接入回路,液控单向阀 6 打开,缸 5 下腔与油箱接通,使其活塞继续下行到达行程端点。

液压缸串联式同步回路只适用于负载较小的液压系统。

当液压系统有高的同步精度要求时,必须采用由比例调速阀或伺服阀组成的同步回路,图 8-49 所示是其一例。图中的伺服阀 6 根据两个位移传感器 3 和 4 的反馈信号持续不断地控制其阀口的开度,使通过的流量与通过换向阀 2 阀口的流量相同,从而保证了两个液压缸获得双向的同步运动。

这种同步回路的同步精度很高,但由于伺服阀必须通过与换向阀相同的较大的流量,规格尺寸要选得很大,因此价格昂贵。这种同步回路适用于两个液压缸相距较远而同步精度又要求很高的场合。

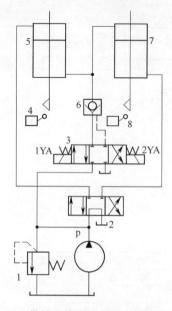
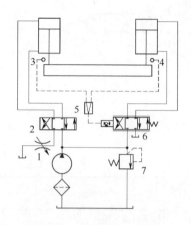

图 8-48 带补正装置的串联液压缸同步回路
1—溢流阀;2、3—换向阀;4、8—行程开关;
5、7—液压缸;6—液控单向阀。

图 8-49 使用电液伺服阀的同步回路
1—节流阀;2—换向阀;3、4—位移传感器;
5—伺服放大器;6—电液伺服阀;7—溢流阀。

三、多缸快慢速互不干扰回路

多缸快慢速互不干扰回路的功用是防止液压系统中的几个液压缸因速度快慢的不同(工作压力不同)而在动作上相互干扰。

图 8-50 所示是一种通过双泵供油来实现多缸快慢速互不干扰的回路。图中的液压缸 6 和 7 各自要完成"快进→工进→快退"的自动工作循环。其作用情况如下:当电磁铁 3YA、4YA 通电且 1YA、2YA 断电时,两个缸都作差动连接,由大流量泵 12 供油使活塞快速向右运动。这时如某一个液压缸,例如缸 6,先完成了快进运动,通过挡块和行程开关实现了快慢速换接(1YA 通电、3YA 断电),这个缸就改由小流量泵 1 来供油,经调速阀 3 获得慢速工进运动,不受液压缸 7 的运动影响。当两缸都转换成工进,都由泵 1 供油之后,若某一个液压缸,例如缸 6 先完成了工进运动,通过挡块和行程开关实现了反向换接(1YA 和 3YA 都通电),这个缸就改由大流量泵 12 来供油,使活塞快速向左返回;这时缸 7 仍由泵 1 供油继续进行工进,不受缸 6 运动的影响。当所有电磁铁都断电时,两缸才都停止运动。由此可见,这个回路之所以能够防止多缸的快慢运动互不干扰,是由于快速和慢速各由一个液压泵来分别供油,通过相应电磁阀进行控制的缘故。

四、多缸卸荷回路

多缸卸荷回路的功用在于使液压泵在各个执行元件都处于停止位置时自动卸荷,而当任一执行元件要求工作时又立即由卸荷状态转换成工作状态。图 8-51 所示是这种回路的一种串联式结构。由图可见,液压泵的卸荷油路只有在各换向阀都处于中位时才能接通油箱,任一换向阀不在中位时液压泵都会立即恢复压力油的供应。

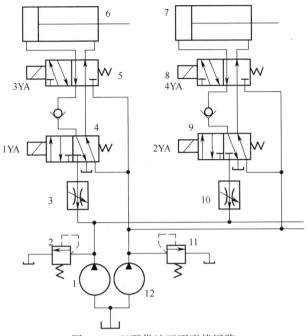

图 8-50 双泵供油互不干扰回路

1—小流量泵；2、11—溢流阀；3、10—调速阀；4、5、8、9—电磁换向阀；6、7—液压缸；12—大流量泵。

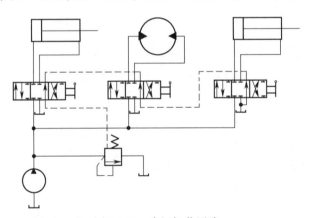

图 8-51 多缸卸荷回路

这种回路对液压泵卸荷的控制十分可靠。但当执行元件数目较多时，卸荷油路较长，使泵的卸荷压力增大，影响卸荷效果。这里的换向阀常常采用多路换向阀，常用于工程机械上。

例 题

例 8-1 在图示的调速阀节流调速回路中，已知：$q_p = 25\text{L/min}$，$A_1 = 100\text{cm}^2$，$A_2 = 50\text{cm}^2$，F 由零增至 30000N 时活塞向右移动速度基本无变化，$v = 20\text{cm/min}$，如调速阀要求的最小压差 $\Delta p_{min} = 0.5\text{MPa}$，试问：(1) 溢流阀的调整压力 p_Y 是多少（不计调压偏差）？泵的工作压力是多少？(2) 液压缸可能达到的最高工作压力是多少？(3) 回路的最高效率是多少?

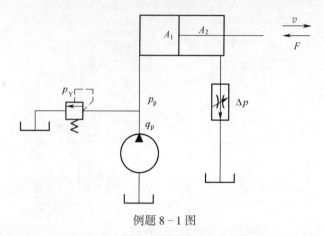

例题 8-1 图

解:(1)溢流阀应保证回路在 $F = F_{max} = 30000$N 时仍能正常工作,根据液压缸受力平衡式

$$p_p A_1 = p_2 A_2 + F_{max} = \Delta p_{min} A_2 + F_{max}$$

得

$$p_p = 3.25 \text{ MPa}$$

进入液压缸大腔的流量 $q_1 = A_1 v = \dfrac{100 \times 20}{10^3} (\text{L/min}) = 2\text{L/min}$,小于 q_p,溢流阀处于正常溢流状态,所以泵的工作压力 $p_p = p_Y = 3.25$MPa。

(2) 当 $F = F_{min} = 0$ 时,液压缸小腔中压力达到最大值,由液压缸受力平衡式 $p_p A_1 = p_{2max} A_2$,故

$$p_{2max} = \frac{A_1}{A_2} p_p = \frac{100}{50} \times 3.25 (\text{MPa}) = 6.5 \text{ MPa}$$

(3) $F = F_{max} = 30000$N,回路的效率最高:

$$\eta = \frac{Fv}{p_p q_p} = \frac{30000 \times \dfrac{20}{10^2}}{3.25 \times 10^6 \times \dfrac{25}{10^3}} = 0.074 = 7.4\%$$

例 8-2 图示为两液压系统,已知两液压缸无杆腔面积皆为 $A_1 = 40\text{cm}^2$,有杆腔面积皆为 $A_2 = 20\text{cm}^2$,负载大小不同,其中 $F_1 = 8000$N, $F_2 = 12000$N,溢流阀的调整压力 $p_Y = 35 \times 10^5$Pa,液压泵的流量 $q_p = 32$L/min。节流阀开口不变,通过节流阀的流量 $Q = C \cdot a \cdot \sqrt{\dfrac{2}{\rho} \Delta p}$,设 $C = 0.62, \rho = 900$kg/m³, $a = 0.05$cm²,求各液压缸活塞运动速度。

解:(1)在图(a)回路中,负载的大小决定了液压缸左腔压力,可知:

缸 I 的工作压力 $p_1 = \dfrac{F_1}{A_1} = \dfrac{8000}{40 \times 10^{-4}} (\text{Pa}) = 20 \times 10^5$Pa

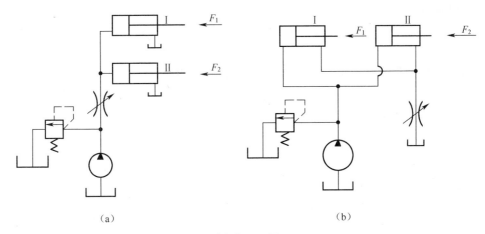

例题 8-2 图

缸 II 的工作压力 $p_2 = \dfrac{F_2}{A_1} = \dfrac{12000}{40 \times 10^{-4}}(\text{Pa}) = 30 \times 10^5 \text{Pa}$

两缸的动作顺序：

缸 I 先动，缸 II 不动。此时，流过节流阀的流量为

$$Q = C \cdot a \cdot \sqrt{\dfrac{2}{\rho}\Delta p} = 0.62 \times 0.05 \times 10^{-4} \times \sqrt{\dfrac{2}{900} \times (35-20) \times 10^5}\,(\text{m}^3/\text{s})$$
$$= 1.79 \times 10^{-4}\,\text{m}^3/\text{s} = 10.74\,\text{L/min}$$

缸 I 的运动速度为 $v_1 = \dfrac{Q}{A_1} = \dfrac{10.74 \times 10^3}{40}(\text{cm/min}) = 268.5\,\text{cm/min}$

缸 I 到达终端停止运动后，缸 II 才能运动，此时，流过节流阀的流量为

$$Q = C \cdot a \cdot \sqrt{\dfrac{2}{\rho}\Delta p} = 0.62 \times 0.05 \times 10^{-4} \times \sqrt{\dfrac{2}{900} \times (35-30) \times 10^5}\,(\text{m}^3/\text{s})$$
$$= 0.10 \times 10^{-3}\,\text{m}^3/\text{s} = 6\,\text{L/min}$$

缸 II 的运动速度为 $v_2 = \dfrac{Q}{A_1} = \dfrac{6 \times 10^3}{40}(\text{cm/min}) = 150\,\text{cm/min}$

(2) 在图(b)回路中，活塞受力方程：$p_Y A_1 = R + \Delta p A_2$。

系统为回油路调速回路，油缸进油腔压力始终保持为溢流阀调定值 p_Y，故在平衡状态时，负载小的活塞运动产生的背压力高，这个背压力又加在负载大的活塞 II 有杆腔，使活塞 II 不能运动，直至活塞 I 到达终点，背压力减小，活塞 II 才能开始运动。

缸 I 先动，缸 II 不动，此时，节流阀上的压降为

$$\Delta p = \dfrac{p_Y A_1 - F_1}{A_2} = \dfrac{35 \times 10^5 \times 40 \times 10^{-4} - 8000}{20 \times 10^{-4}}(\text{Pa}) = 30 \times 10^5\,\text{Pa}$$

流过节流阀的流量为

$$Q = C \cdot a \cdot \sqrt{\dfrac{2}{\rho}\Delta p} = 0.62 \times 0.05 \times 10^{-4} \times \sqrt{\dfrac{2}{900} \times 30 \times 10^5}\,(\text{m}^3/\text{s})$$
$$= 0.25 \times 10^{-3}\,\text{m}^3/\text{s} = 15\,\text{L/min}$$

故缸 I 的运动速度为
$$v_1 = \frac{Q}{A_2} = \frac{15 \times 10^3}{20}(\text{cm/min}) = 750\text{cm/min}$$

缸 I 运动至终端后,缸 II 开始运动。此时节流阀上的压降为
$$\Delta p = \frac{p_Y A_1 - F_2}{A_2} = \frac{35 \times 10^5 \times 40 \times 10^{-4} - 12000}{20 \times 10^{-4}}(\text{Pa}) = 10 \times 10^5 \text{Pa}$$

流过节流阀的流量为
$$Q = C \cdot a \cdot \sqrt{\frac{2}{\rho}\Delta p} = 0.62 \times 0.05 \times 10^{-4} \times \sqrt{\frac{2}{900} \times 10 \times 10^5}(\text{m}^3/\text{s})$$
$$= 0.146 \times 10^{-3} \text{m}^3/\text{s} = 8.76\text{L/min}$$

故缸 II 的运动速度为
$$v_2 = \frac{Q}{A_2} = \frac{8.76 \times 10^3}{20}(\text{cm/min}) = 438\text{cm/min}$$

例 8 - 3 如图所示,油泵为限压式变量泵,已知油缸无杆腔面积 $A_1 = 50\text{cm}^2$,有杆腔面积 $A_2 = 25\text{cm}^2$,求负荷 $F = 20\text{kN}$ 时活塞运动速度 v_1,活塞快退时的速度 $v_{快}$(不考虑泄漏损失)。

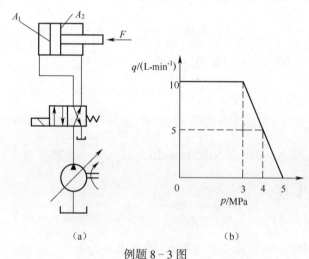

例题 8 - 3 图
(a)液压系统;(b)液压泵调定后的特性曲线。

解:$F = 20\text{kN}$ 时,无杆腔压力为
$$p_1 = \frac{F}{A_1} = \frac{2 \times 10^4}{50}(\text{N/cm})^2 = 400\text{ N/cm}^2 = 40 \times 10^5 \text{Pa} = 4\text{MPa}$$

当 $p = 4\text{MPa}$ 时,由流量-压力特性曲线查得输出流量 $q = 5\text{L/min}$。

活塞运动速度为
$$v_1 = \frac{q}{A_1} = \frac{5 \times 10^3}{50}(\text{cm/min}) = 100\text{cm/min} = 1\text{m/min}$$

活塞快退时,因无负载作用(不考虑摩擦损失)$p = 0$,变量泵输出最大流量 $q_{max} = 10\text{L/min}$,所以活塞快速运动速度为

$$v_{快} = \frac{q_{max}}{A_2} = \frac{10 \times 10^3}{25}(\text{cm/min}) = 400\text{cm/min} = 4\text{m/min}$$

例 8-4 图示定位夹紧系统,已知定位压力要求为 $10 \times 10^5 \text{Pa}$,夹紧力要求为 $3 \times 10^4 \text{N}$,夹紧缸无杆腔面积 $A_1 = 100 \text{cm}^2$,试回答下列问题:(1)A、B、C、D 各元件名称、作用及其调整压力;(2)系统的工作过程。

解:(1)现将 A、B、C、D 各元件的名称、作用及其调整压力列表如下:

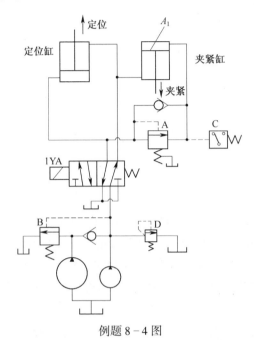

例题 8-4 图

标 号	项 目		
	名 称	作 用	调整压力
A	内控外泄式顺序阀	保证先定位、后夹紧的顺序动作	略大于 $10 \times 10^5 \text{Pa}$
B	卸荷阀(外控内泄式顺序阀)	定位、夹紧动作完成后,使大流量泵卸荷	略大于 $10 \times 10^5 \text{Pa}$
C	压力继电器	当系统压力达到夹紧压力时,发讯控制其他元件动作	$30 \times 10^5 \text{Pa}$
D	溢流阀	夹紧后,起稳压溢流作用	$30 \times 10^5 \text{Pa}$

(2)系统的工作过程:当 1YA 通电,换向阀在左位工作时,双泵供油,定位油缸动作,实现定位;当定位动作结束后,压力升高,升至顺序阀 A 的调整压力值,A 阀打开,夹紧缸运动;当夹紧压力达到所需要夹紧时,B 阀使大流量泵卸荷,小流量泵继续供油,补偿泄漏,以保持系统压力,夹紧力由溢流阀 D 控制;同时,压力继电器 C 发讯,控制其他相关元件动作。

例 8-5 在图(a)所示回路中,两溢流阀的压力调整值分别为 $p_{Y1} = 2\text{MPa}$,$p_{Y2} =$

10MPa,试求:(1)活塞往返运动时,泵的工作压力各为多少?(2)如 p_{Y1} = 12MPa,活塞往返运动时,泵的工作压力各为多少?(3)图(b)所示回路能否实现两级调压?这两个回路中所使用的溢流阀有何不同?

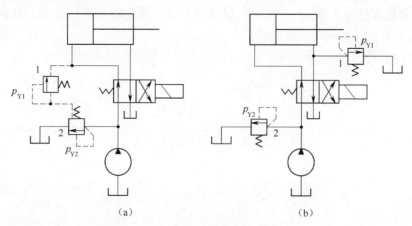

例题 8-5 图

解:(1)图(a)中,活塞向右运动时,溢流阀 1 由于进出口压力相等,始终处于关闭状态,不起作用,故泵的工作压力由溢流阀 2 决定,即 $p_p = p_{Y2}$ = 10MPa。

当图(a)中活塞向左运动时,与溢流阀 2 的先导阀并联着的溢流阀 1 出口压力降为 0,于是泵的工作压力便由两个溢流阀的压力调整值小的那个来决定,即 $p_p = p_{Y1}$ = 2MPa。

(2) 活塞向右运动时,泵的工作压力同上,仍为 10MPa,活塞向左运动时,改为 $p_p = p_{Y2}$ = 10MPa。

(3) 图(b)所示回路能实现图(a)所示回路相同的两级调压。阀型选择上,图(a)中的溢流阀 1 可选用流量规格小的远程调压阀,溢流阀 2 必须选用先导式溢流阀;图(b)中的两个溢流阀都须采用先导式溢流阀,或直动式溢流阀,视工作压力而定。

例 8-6 图示液压系统,液压缸的有效面积 $A_1 = A_2 = 100cm^2$,缸Ⅰ负载 F_1 = 35000N,缸Ⅱ运动时负载为零。不计摩擦阻力、惯性力和管路损失。溢流阀、顺序阀和减压阀的调整压力分别为 $40 \times 10^5 Pa$、$30 \times 10^5 Pa$ 和 $20 \times 10^5 Pa$。求在下列三种工况下 A、B、C 三点的压力:(1)液压泵启动后,两换向阀处于中位;(2)1YA 通电,液压缸Ⅰ活塞运动时及活塞运动到终端后;(3)1YA 断电,2YA 通电,液压缸Ⅱ活塞运动时,及活塞碰到固定挡块时。

解:(1) 液压泵启动后,两换向阀处于中位时:顺序阀处于打开状态;减压阀的先导阀打开,减压阀口关小,A 点压力变高,溢流阀打开,这时

$$p_A = 40 \times 10^5 Pa, p_B = 40 \times 10^5 Pa, p_C = 20 \times 10^5 Pa$$

(2) 1YA 通电,液压缸Ⅰ活塞移动时

$$p_B = \frac{F_1}{A_1} = \frac{35000}{100 \times 10^{-4}} (Pa) = 35 \times 10^5 Pa$$

$p_A = p_B = 35 \times 10^5 Pa$(不考虑油液流经顺序阀的压力损失),$p_C = 20 \times 10^5 Pa$。

活塞运动到终点后,B、A 点压力升高至溢流阀打开,这时

$$p_B = p_A = 40 \times 10^5 Pa$$

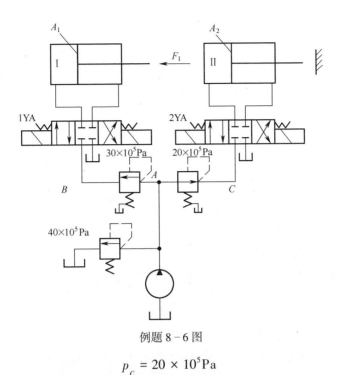

例题 8-6 图

$$p_C = 20 \times 10^5 \text{Pa}$$

(3) 1YA 断电,2YA 通电,液压缸 Ⅱ 的活塞运动时

$$p_C = 0$$

$p_A = 0$(不考虑油液流经减压阀的压力损失),$p_B = 0$。

活塞碰到固定挡块时

$$p_C = 20 \times 10^5 \text{Pa}, p_A = p_B = 40 \times 10^5 \text{Pa}$$

例 8-7 如图所示的液压系统,可完成的工作循环为"快进-工进-快退-原位停止泵卸荷",要求填上电磁铁动作顺序表。若工进速度 $v = 5.6 \text{cm/min}$,液压缸直径 $D = 40\text{mm}$,活塞杆直径 $d = 25\text{mm}$,节流阀的最小流量为 50mL/min,问系统是否可以满足要求?若不能满足要求应做何改进?

解:(1)明确电磁铁动作顺序。

图示液压系统为出口节流调速回路。三位四通电磁换向阀为 P 型中位机能。当活塞快进时,1YA 和 2YA 断电,3YA 和 4YA

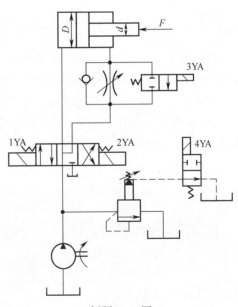

例题 8-7 图

通电。这时三位四通电磁换向阀处于中位,使液压缸左、右腔相通,构成差动连接回路,活塞快速向右运动,完成了快进动作。

工进时要求速度慢,这时 1YA 和 4YA 通电,而 2YA 和 3YA 断电,回油速度由节流阀控制。由于采用了回油节流调速,溢流阀溢流,可以起到稳定系统压力的作用。

快退时,2YA 和 4YA 通电,1YA 和 3YA 断电,液压泵输出的油液经换向阀和单向阀输入给液压缸右腔;液压缸左腔的油液经三位四通换向阀,直接流回油箱。

原位停止时,1YA、2YA、3YA 和 4YA 都断电,液压泵卸荷。

完成工作循环的电磁铁动作顺序表如下:

工作循环	电磁铁			
	1YA	2YA	3YA	4YA
快进	-	-	+	+
工进	+	-	-	+
快退	-	+	-	+
停止	-	-	-	-

(2) 系统是否满足要求。

若工进速度 $v=5.6\mathrm{cm/min}$ 时,要求通过节流阀的流量为

$$q = vA = v \cdot \frac{\pi}{4} \cdot (D^2 - d^2) = 5.6 \times \frac{\pi}{4} \times (4^2 - 2.5^2)(\mathrm{cm}^3/\mathrm{min}) = 43\mathrm{mL/min}$$

节流阀的最小稳定流量已知是 50mL/min,但要求的最小流量 $q=43\mathrm{mL/min}$,因此不能满足最低速度 $v=5.6\mathrm{cm/min}$ 的要求,应选用更小的最小稳定流量的节流阀,即节流阀的最小稳定流量 $q_{\min} < 43\mathrm{mL/min}$。如改为进口节流调速,满足速度 $v=5.6\mathrm{cm/min}$,则流量为

$$q = vA = v \cdot \frac{\pi}{4} \cdot D^2 = 5.6 \times \frac{\pi}{4} \times 4^2 (\mathrm{cm}^3/\mathrm{min}) = 70.4\mathrm{mL/min}$$

可以满足要求。由此可知,对于单出杆的液压缸,在无杆腔侧调速,用同样的节流阀可获得更小的稳定速度。

例 8-8 图示进口节流调速系统,节流阀为薄壁孔型,流量系数 $C=0.67$,油的密度 $\rho=900\mathrm{kg/m}^3$,溢流阀的调整压力 $p_Y = 12 \times 10^5 \mathrm{Pa}$,泵流量 $q=20\mathrm{L/min}$,活塞面积 $A_1 = 30\mathrm{cm}^2$,负载 $F=2400\mathrm{N}$。试分析节流阀从全开到逐渐调小过程中,活塞运动速度如何变化及溢流阀的工作状况。

解:液压缸工作压力为

$$p_1 = \frac{F}{A_1} = \frac{2400}{30 \times 10^{-4}} (\mathrm{Pa}) = 8 \times 10^5 \mathrm{Pa}$$

液压泵工作压力为

$$p_\mathrm{p} = p_1 + \Delta p$$

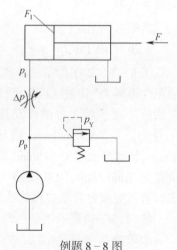

例题 8-8 图

式中 Δp ——节流阀前后压差,其大小与通过节流阀的流量有关。

当 $p_\mathrm{p} < p_Y$ 时,溢流阀处于关闭状态,泵流量全部进入液压缸。此时如将节流阀开口逐渐关小,活塞运动速度并不因节流阀开口面积改变而发生变化,但是泵工作压力在逐渐升高。

234

当 $p_p = p_Y$ 时,溢流阀开启,部分油液通过溢流阀流回油箱,泵工作压力保持在 12×10^5Pa 而不再继续升高。只有在溢流阀处于常开工况后,节流阀开口变化,活塞运动速度也随之变化。

取 $\Delta p = p_Y - p_1 = (12-8)\times10^5(\text{Pa}) = 4\times10^5$Pa,代入节流小孔流量公式

$$Q = C \cdot a \cdot \sqrt{\frac{2}{\rho}\Delta p}$$

得 $a = \dfrac{Q}{C \cdot \sqrt{\dfrac{2}{\rho}\Delta p}}$

$= \dfrac{20\times10^{-5}/60}{0.67\times\sqrt{\dfrac{2}{900}\times4\times10^5}}(\text{cm}^2)$

$= 0.167\text{cm}^2$

当节流阀开口面积 $a>0.167\text{cm}^2$ 时,溢流阀处于关闭状态,调节 a 大小不会引起活塞运动速度变化。

$$v = \frac{Q}{A_1} = \frac{20\times10^3}{30}(\text{cm/min}) = 667\text{cm/min}$$

当节流阀开口面积 $a<0.167\text{cm}^2$ 时,溢流处于开启状态,调节 a 大小,便会使活塞运动速度得到改变。

例 8-9 图示为大吨位液压机常用的一种泄压回路。其特点为液压缸下腔油路上装置一个由上腔压力控制的顺序阀(卸荷阀)。活塞向下工作行程结束时,换向阀可直接切换到右位使活塞回程,这样就不必使换向阀在中间位置泄压后再切换。分析该回路工作原理后说明:(1)换向阀 1 的中位有什么作用?(2)液控单向阀(充液阀)4 的功能是什么?(3)开启液控单向阀的控制压力 p_k 是否一定要比顺序阀调定压力 p_x 大?

解:工作原理:活塞工作行程结束后换向阀 1 切换至右位,高压腔的压力通过单向节流阀 2 和换向阀 1 与油箱接通进行泄压。当缸上腔压力高于顺序阀 3 的调定压力(一般为 $(20\sim40)\times10^5$Pa)时,阀处于开启状态,泵的供油通过阀 3 排回油箱。只有当上腔逐渐泄压到低于顺序阀 3 的调定压力时,顺序阀关闭,缸下腔才升压并打开液控单向阀使活塞回程。

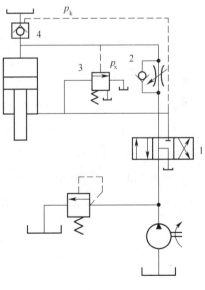

例题 8-9 图

(1) 换向阀 1 的中位作用:当活塞向下工作行程结束进行换向时,在阀的中位并不

停留，只有当活塞上升到终点时换向阀才切换到中位，所用的 K 型中位机能可以防止滑块下滑，并使泵卸载。

（2）由于液压机在缸两腔的有效面积相差很大，活塞向上回程时上腔的排油量很大，管路上的节流阀将会造成很大的回油背压，因此设置了充液阀 4。回程时上腔的油可通过充液阀 4 排出去。当活塞利用重力快速下行时，若缸上腔油压出现真空，阀 4 将自行打开，充液箱的油直接被吸入缸上腔，起着充液（补油）的作用。

（3）图示的回路中在换向时要求上腔先泄压，直至压力降低到顺序阀 3 的调定压力 p_x 时，顺序阀断开，缸下腔的压力才开始升压。在液控顺序阀 3 断开瞬间，液控单向阀 4 反向进口承受的压力为 $p_x((20\sim40)\times10^5\mathrm{Pa})$，其反向出口和油箱相通，无背压，因此开启液控单向阀的控制压力只需 $p_k=(0.3\sim0.5)p_x$ 即可。

例 8-10 如图所示的系统中，主工作缸 Ⅰ 负载阻力 $F_1=2000\mathrm{N}$，夹紧缸 Ⅱ 在运动时负载阻力很小可忽略不计。两缸大小相同，大腔面积 $A_1=20\mathrm{cm}^2$，小腔有效面积 $A_2=10\mathrm{cm}^2$，溢流阀调整值 $p_Y=30\times10^5\mathrm{Pa}$，减压阀调整值 $p_J=15\times10^5\mathrm{Pa}$。试分析：（1）当夹紧缸 Ⅱ 运动时，$p_A$ 和 p_B 分别为多少？（2）当夹紧缸 Ⅱ 夹紧工件时，p_A 和 p_B 分别为多少？（3）夹紧缸 Ⅱ 最高承受的压力 $p_{\max}$ 为多少？

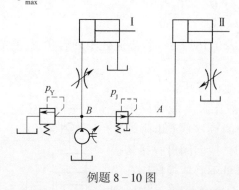

例题 8-10 图

解：（1）、（2）由于节流阀安装在夹紧缸的回油路上，属回油节流调速，因此无论夹紧缸在运动时或夹紧工件时，减压阀均处于工作状态，$p_A=p_J=15\times10^5\mathrm{Pa}$，溢流阀始终处于溢流工况，$p_B=p_Y=30\times10^5\mathrm{Pa}$。

（3）当夹紧缸负载阻力 $F_{\mathrm{II}}=0$ 时，在夹紧缸的回油腔压力处于最高值：$p_{\max}=(A_1/A_2)p_A=(2\times15)\times10^5(\mathrm{Pa})=30\times10^5\mathrm{Pa}$。

习 题

1. 常用的换向回路有哪些？一般应用在什么情况下？
2. 图示的调速回路是怎样进行工作的？写出其回路效率表达式。
3. 图示液压系统，溢流节流阀安装在回油路上，试分析能否起速度稳定作用？并说明理由。

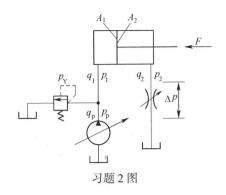
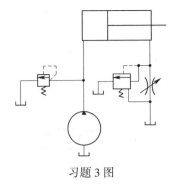

习题2图　　　　　　　　　习题3图

4. 如图所示,(a)、(b)节流阀同样串联在液压泵和执行元件之间,调节节流阀的通流面积,能否改变执行元件的运动速度? 为什么?

5. 如图示的液压回路,如果液压泵的输出流量 $q_p = 10\text{L/min}$,溢流阀的调整压力 $p_Y = 2\text{MPa}$,两个薄壁孔型节流阀的流量系数 $C_q = 0.67$,开口面积 $A_{T1} = 0.02\text{cm}^2$,$A_{T2} = 0.01\text{cm}^2$,油液密度 $\rho = 900\text{kg/m}^3$。试求在不考虑溢流阀的调压偏差时:(1)液压缸大腔的最高工作压力;(2)溢流阀可能出现的最大溢流量。

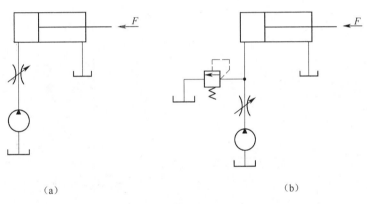

(a)　　　　　　　　(b)

习题4图

6. 在液压系统中为什么要设置背压回路? 背压回路与平衡回路有何区别?

7. 如何调节执行元件的运动速度? 常用的调速方法有哪些?

8. 图示变量泵-定量马达系统,已知液压马达的排量 $q_M = 120\text{cm}^3/\text{r}$,油泵排量为 $q_p = 10 \sim 50\text{cm}^3/\text{r}$,转速 $n_p = 1200\text{r/min}$,安全阀的调定压力 $p_Y = 100 \times 10^5 \text{Pa}$,设泵和马达的容积效率和机械效率均为100%,试求:马达的最大输出转矩 M_{max} 和最大输出功率 P_{max} 及调速范围。

9. 在图示回路中,已知活塞运动时的负载 $F =$

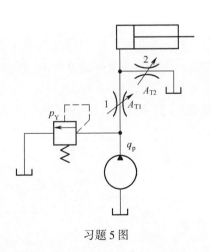

习题5图

1200N,活塞面积 $A = 15 \text{ cm}^2$,溢流阀调整值为 $p_Y = 4.5\text{MPa}$,两个减压阀的调整值分别为 $p_{J1} = 3.5\text{MPa}$,$p_{J2} = 2\text{MPa}$。如油液流过减压阀及管路时的损失可略去不计,试确定活塞在运动时和停在终端位置处时,A、B、C 三点的压力。

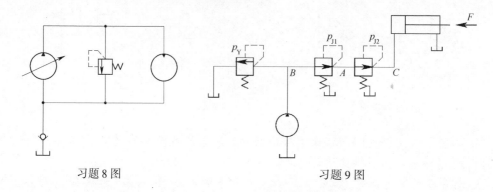

习题 8 图　　　　　　　　　　习题 9 图

10. 在图示换向回路中,行程开关 1、2 用以切换电磁阀 3,阀 4 为延时阀。试说明该回路的工作过程,并指出液压缸在哪一端时可作短时间的停留。

11. 如图所示回路的液压泵是如何卸荷的?蓄能器和压力继电器在回路中起什么作用?

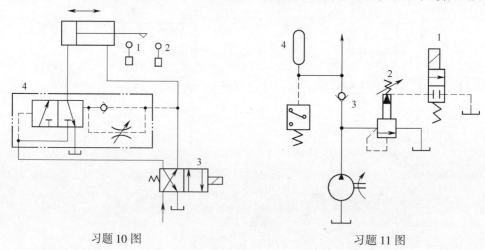

习题 10 图　　　　　　　　　　习题 11 图

12. 图示回路中,变量泵的转速为 1200r/min,排量 V_p 在 0～8mL/r 间可调,安全阀调整压力 4MPa、变量马达排量 V_M 在 (4～12)mL/r 间可调。如在调速时要求液压马达输出尽可能大的功率和转矩,试分析(所有损失均不计):(1)如何调整泵和马达才能实现这个要求? (2)液压马达的最高转速、最大输出转矩和最大输出功率可达多少?

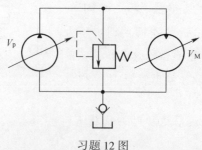

习题 12 图

238

13. 为机床液压系统选择调速回路时要考虑哪些问题？

14. 在图示双向差动回路中，A_A、A_B、A_C 分别代表液压缸左、右腔及柱塞缸的有效工作面积，q_p 为液压泵输出流量。如 $A_A > A_B$，$A_B + A_C > A_A$，试求活塞向左和向右移动时的速度表达式。

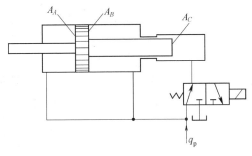

习题 14 图

15. 在图示回路中，如 $p_{Y1} = 2\text{MPa}$，$p_{Y2} = 4\text{MPa}$，卸荷时的各种压力损失均可忽略不计，试列表表示 A、B 两点处在电磁阀不同调度工况下的压力值。

16. 说明图示卸荷回路的工作原理及其特点。

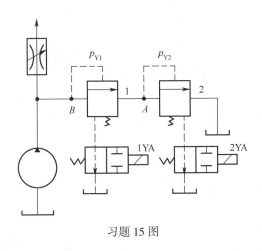

习题 15 图

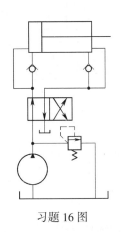

习题 16 图

17. 试说明图示同步回路的工作原理和特点。

18. 图示为实现"快进—工进—快退"动作的回路（活塞右行为"进"，左行为"退"），如设置压力继电器的目的是控制活塞换向，试问：图中有哪些错误？为什么是错的？应如何改正？

19. （1）试列表说明图示压力继电器式顺序动作回路是怎样实现①—②—③—④顺序动作的？（2）在元件数目不增加，排列位置允许变更的条件下，如何实现①—②—④—③顺序动作？画出变动顺序后的液压回路图。

239

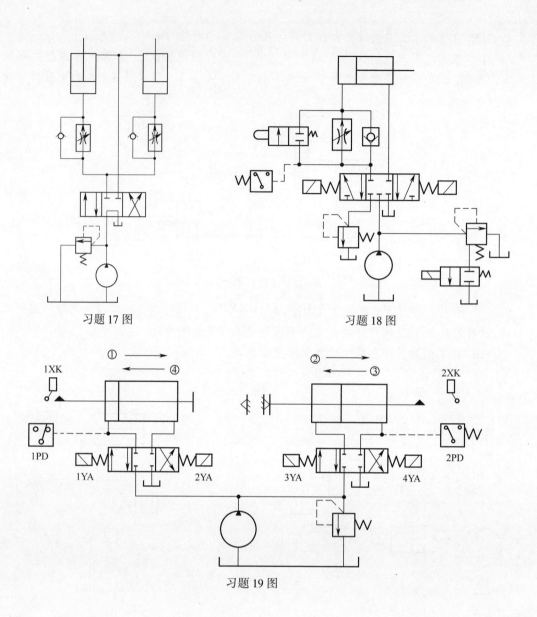

第九章 典型液压系统

液压传动广泛应用在机械制造、冶金、轻工、起重运输、工程机械、船舶、航空等多个领域。根据液压主机的工作特点、工作环境、动作循环以及工作要求,其液压传动系统的组成、作用和特点不尽相同。液压系统是根据液压设备的工作要求,选用适当的基本回路构成的,它一般用液压系统图来表示。在液压系统图中,各个液压元件及它们之间的连接与控制方式,均按标准图形符号(或半结构式符号)画出。

液压系统应用领域不同,其特点也不同。在航空、国防领域,可靠性是系统所追求的;对于大型重载设备,节能降耗是设计系统必须考虑的。液压传动系统按其应用行业可分为航空液压系统、工程机械液压系统、冶金液压系统、机床液压系统等;按系统特点可以分为以压力控制为主的液压系统、以速度变换为主的液压系统、以换向精度为主的液压系统;按系统的功率可分为大功率液压系统、中功率液压系统、小功率液压系统;按系统压力等级可分为超高压液压系统、高压液压系统、中高压液压系统、中压液压系统、低压液压系统;按油液的循环方式不同,有开式系统和闭式系统之分;按系统中液压泵的数目,可分为单泵系统、双泵系统和多泵系统。根据其工作情况,液压传动系统的工况要求与特点可分为以下几种,见表9-1。

表9-1 典型液压系统的工况与特点

序号	系统名称	液压系统的工况要求与特点
1	以速度变换为主的液压系统(如组合机床系统)	① 能实现工作部件的自动工作循环,生产率较高; ② 快进与工进时,其速度与负载相差较大; ③ 要求进给速度平稳、刚性好,有较大的调速范围; ④ 进给行程终点的重复位置精度高,有严格的顺序动作
2	以换向精度为主的液压系统(如磨床系统)	① 要求运动平稳性高,有较低的稳定速度; ② 启动与制动迅速平稳、无冲击,有较高的换向频率(最高可达150次/min); ③ 换向精度高,换向前停留时间可调
3	以压力变换为主的液压系统(如液压机系统)	① 系统压力要能经常变换调节,且能产生很大的推力; ② 空程时速度大,加压时推力大,功率利用合理; ③ 系统多采用高低压泵组合或恒功率变量泵供油,以满足空程与压制时,其速度与压力的变化
4	多个执行元件配合工作的液压系统(如机械手液压系统)	① 在各执行元件动作频繁换接、压力急剧变化下,系统足够可靠,避免误动作; ② 能实现严格的顺序动作,完成工作部件规定的工作循环; ③ 满足各执行元件对速度、压力及换向精度的要求

分析液压系统一般可以按照以下步骤进行：

(1) 了解主机的工艺过程及由此对液压系统的动作要求。

(2) 初步浏览整个液压系统,了解系统中包含了哪些元件(由元件职能符号确定),尤其是用了哪些执行元件。

(3) 将液压系统以执行元件为中心,按主回路分成若干系统单元。当液压源比较复杂时,将它单独划成一个单元。

(4) 对每一个单元做结构和性能分析,搞清每一液压元件的作用和回路的基本性能。根据主机对这一执行元件的动作要求,参照液压阀的控制装置动作顺序表(有些系统是电磁铁动作顺序表)读懂这一单元。在阀控装置动作顺序表缺乏时,应根据执行元件动作要求,判定进油液路和回液路,反过来推断相关控制阀是怎样动作的,编制出相应的动作顺序表;再根据此表顺序检查执行元件是否实现了预定要求。简言之,要弄清液压泵的输出油液是经过哪些管路和控制元件进入到执行元件的和执行元件的回液是怎样回到油箱的,以及在执行元件运动时,相关控制阀是如何进行控制以使执行元件实现预定动作的。

(5) 按同样方法阅读其他单元。如果系统比较复杂,可进行等价简化(如交错在一起的回液管路可用单独回液管路代替,控制阀的详细符号用简化符号代替等)。在读懂每一单元的基础上,根据主机动作要求,分析这些单元之间的联系,进一步弄懂系统是如何实现这些要求的。

(6) 在全面读懂系统的基础上,归纳总结整个系统有哪些特点,加深对系统的理解。

第一节　组合机床动力滑台液压系统

一、概述

组合机床是由一些通用和专用部件组合而成的专用机床,它操作简便,效率高,广泛应用于大批量的生产中。动力滑台是组合机床上实现进给运动的一种通用部件,配上动力头和主轴箱可以对工件完成各种孔加工、端面加工等工序,即可实现钻、扩、铰、镗、铣、刮端面、倒角及攻螺纹等加工。动力滑台有机械动力滑台和液压动力滑台之分。液压动力滑台用液压缸驱动,它在电气和机械装置的配合下可以实现各种自动工作循环。它对液压系统性能的主要要求是速度换接平稳、进给速度稳定、功率利用合理、效率高、发热小。

二、YT4543 型动力滑台液压系统的工作原理

现以 YT4543 型动力滑台为例,分析其液压系统的工作原理和特点。该动力滑台要求进给速度范围为 $6.6 \sim 600 \text{mm/min}$,最大进给力为 $4.5 \times 10^4 \text{N}$。图 9-1 所示为 YT4543 型动力滑台的液压系统原理图,表 9-2 为系统的动作循环表。由图可见,这个系统在机械和电气的配合下,能够实现"快进→第一次工进→第二次工进→停留→快退→停止"的半自动工作循环。其工作状况如下。

(1) 快进。快速前进时,电磁铁 1YA 通电,电磁换向阀 11 左位工作,使液动换向阀 12 左位接入系统。由于滑台快进时负载较小,系统压力不高,因此,顺序阀 2 处于关闭状态。这时液压缸 7 作差动连接,变量泵 14 输出最大流量。系统中油路连通情况如下：

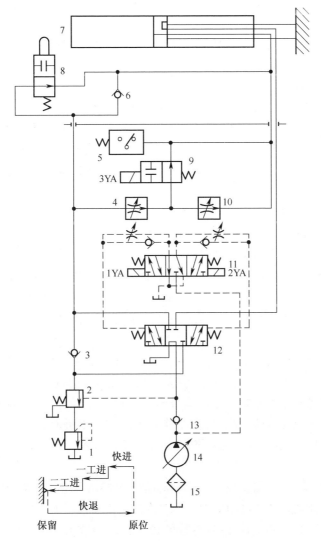

图 9-1 YT4543 型动力滑台液压系统图

1—背压阀;2—顺序阀;3、6、13—单向阀;4——工进调速阀;5—压力继电器;7—液压缸;8—行程阀;
9、11、12—换向阀;10—二工进调速阀;14—限压式变量泵;15—过滤器。

表 9-2 YT4543 型动力滑台液压系统的动作循环表

动作名称	电磁铁工作状态			液压元件工作状态				
	1YA	2YA	3YA	顺序阀2	换向阀11	换向阀12	换向阀9	行程阀8
快进	+	−	−	关闭	左位	左位	右位	右位
一工进	+	−	−	打开				左位
二工进	+	−	+				左位	
停留	+	−	+					
快退	−	+	±	关闭	右位	右位		
停止	−	−	−		中位	中位	右位	右位

243

进油路:液压泵 14→单向阀 13→换向阀 12(左位)→行程阀 8(右位)→液压缸 7 左腔。

回油路:液压缸 7 右腔→换向阀 12(左位)→单向阀 3→行程阀 8(右位)→液压缸 7 左腔。

此时液压缸差动连接,实现快速进给。

(2) 一工进。当滑台前进到预定位置,挡块压下行程阀 8 时,进入一次工作进给。这时,由于进油路调速阀 4 的作用,系统压力升高,顺序阀 2 打开;限压式变量泵 14 自动减小其输出流量,以便与调速阀 4 的开口相适应。系统中油路连通情况如下:

进油路:液压泵 14→单向阀 13→换向阀 12(左位)→调速阀 4→电磁阀 9(右位)→液压缸 7 左腔。

回油路:液压缸 7 右腔→换向阀 12(左位)→顺序阀 2→背压阀 1→油箱。

(3) 二工进。继续前进,当挡块压下行程开关,电磁铁 3YA 通电时,一工进结束,二次工作进给开始。此时,换向阀 9 处于左位工作,顺序阀 2 依然处于打开状态,变量泵 14 输出流量与调速阀 10 的开口相适应。调速阀 10 的开口调节得比调速阀 4 的要小。系统中油路连通情况如下:

进油路:变量泵 14→单向阀 13→换向阀 12(左位)→调速阀 4→调速阀 10→液压缸 7 左腔。

回油路:液压缸 7 右腔→换向阀 12(左位)→顺序阀 2→背压阀 1→油箱。

(4) 停留。滑台以第二工进速度运动碰上死挡块不再前进时进入停留阶段,系统压力进一步升高,直到压力继电器 5 发出信号给时间继电器,经过时间继电器延时后发出滑台返回信号,停留阶段结束。此时,油路连通情况与二工进时相同,变量泵 14 继续运转,系统压力不断升高,泵的流量减小到只是补充系统泄漏。滑台停留时间长短由工件的加工工艺要求决定。

(5) 快退。快退在压力继电器发出信号,电磁铁 1YA 断电,2YA 通电时开始。这时系统压力下降,变量泵流量又自动增大。系统中油路连通情况如下:

进油路:变量泵 14→单向阀 13→换向阀 12(右位)→液压缸 7 右腔。

回油路:液压缸 7 左腔→单向阀 6→换向阀 12(右位)→油箱。

停止在滑台快速退回到原位,挡块压下终点开关,电磁铁 2YA 和 3YA 都在断电时出现。这时换向阀 12 处于中位,液压缸 7 两腔封闭,滑台停止运动。系统中油路连通情况如下:

卸荷油路:变量泵 14→单向阀 13→换向阀 12(中位)→油箱。

三、系统的特点

(1) 系统采用了限压式变量泵-调速阀-背压阀式的容积节流调速回路,能保证稳定的低速运动(进给速度最小可达 6.6mm/min)、较好的速度刚性和较大的调速范围($R=100$)。

(2) 系统采用了限压式变量叶片泵和差动连接式液压缸来实现快进,能源利用比较合理。

(3) 系统采用了行程阀和顺序阀实现快进与工进的换接,不仅简化了电气线路,而且使动作可靠,换接精度也较电气控制好。至于两个工进之间的换接,由于速度都较低,采用电磁阀完全可以保证换接精度。

（4）系统采用了 M 型中位机能的三位五通电液换向阀，中位时在低压下卸荷。单向阀 13 在系统中除了保护液压泵免受液压冲击外，主要是在系统卸荷时使电液换向阀的先导控制油路有一定的控制压力，确保液动换向阀的换向，此处的单向阀 13 在系统中起背压阀作用。

第二节　汽车起重机液压系统

汽车起重机是将起重机安装在汽车底盘上的一种起重运输设备。它主要由起升、回转、变幅、伸缩和支腿等工作机构组成，这些动作的完成由液压系统来实现。对于汽车起重机的液压系统，一般要求输出力大，动作平稳，耐冲击，操作灵活、方便、可靠、安全。

图 9-2 是 Q-8 型汽车起重机外形简图。该起重机采用液压传动，最大起重量为 80kN，最大起重高度为 11.5m，起重装置可连续回转。该起重机具有较高的行走速度，可与运输车队编队一同行驶，机动性好。当装上附加吊臂后（图中未表示），可用于建筑工地吊装预制件，吊装的最大高度为 6m。液压起重机承载能力大，可在有冲击、振动、温度变化大等环境较差的条件下工作。但其执行元件要求完成的动作比较简单，位置精度较低。因此液压起重机一般采用中高压手动控制系统，系统对保证安全性较为重视。

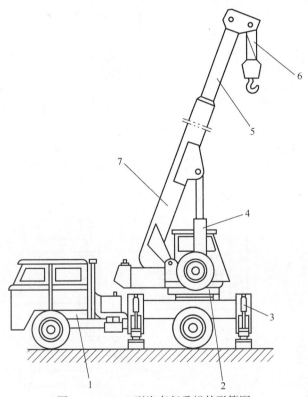

图 9-2　Q-8 型汽车起重机外形简图
1—载重汽车；2—回转机构；3—支腿；4—吊臂变幅缸；5—吊臂伸缩缸；6—起升机构；7—基本臂。

图 9-3 为 Q-8 型汽车起重机液压系统原理图。该系统的液压泵由汽车发动机通过装在汽车底盘变速箱上的取力箱传动。液压泵工作压力为 21MPa，排量为 40mL，转速

245

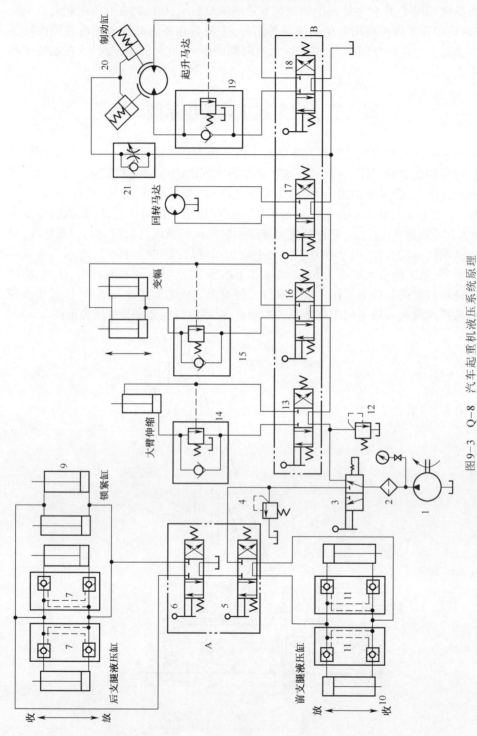

图9-3 Q-8 汽车起重机液压系统原理

1—液压泵；2—滤油器；3—二位三通手动换向阀；4、12—溢流阀；5、6、13、16、17、18—三位三通手动换向阀；7、11—液压锁；8—后支腿锁；9—锁紧缸；14、15、19—单向顺序阀；20—制动缸；21—单向节流阀

为1500r/min,泵通过中心回转接头从油箱吸油,输出的压力油经手动阀组A和手动阀组B输送到各个执行元件。阀12是安全阀,用以防止系统过载,调整压力为19MPa,其实际工作压力可由压力表读取。这是一个单泵、开式、串联(串联式多路阀)液压系统。

系统中除液压泵、过滤器、安全阀、阀组A及支腿部分外,其他液压元件都装在可回转的上车部分。其中油箱也在上车部分,兼作配重。上车和下车部分的油路通过中心回转接头连通。

起重机包含支腿收放机构、吊臂伸缩机构、吊重起升机构、吊臂变幅机构、转台回转机构等五个部分。各部分都有相对的独立性。

一、支腿收放回路

由于汽车起重机轮胎的支承能力有限,在起重作业时必须放下支腿,使轮胎架空,用支腿承重。汽车起重机行驶时则必须收起支腿,轮胎着地支撑。Q-8型汽车起重机前后各有两条支腿,每一条支腿配有一个液压油缸。两条前支腿用一个三位四通手动换向阀6控制其收放,两条后支腿则用另一个三位四通手动换向阀5控制。换向阀都采用M型中位机能,油路上是串联的。每一个油缸上都配有一个双向液压锁,以保证支腿可靠地锁住,防止在起重作业过程中发生"软腿"现象(液压缸上腔油路泄漏引起)或行车过程中液压支腿自行下落(液压缸下腔油路泄漏引起)。

二、起升回路

吊重起升回路是起重机系统中的主要工作回路。起升机构要求所吊重物可升降或在空中停留、运行要平稳、变速要方便、冲击要小、启动转矩和制动力要大。本回路中采用ZMD40型柱塞液压马达带动重物升降,变速和换向是通过改变手动换向阀18的开口大小来实现的,用液控单向顺序阀19来限制重物超速下降(平衡回路)。单作用液压缸20是制动缸,单向节流阀21是保证液压油先进入马达,使马达产生一定的转矩,再解除制动,以防止重物带动马达旋转而向下滑。另外,可保证吊物升降停止时,制动缸中的油马上与油箱相通,使马达迅速制动。

起升重物时,手动阀18切换至左位工作,泵1打出的油经滤油器2、阀3右位和阀13、16、17中位、阀18左位、阀19中的单向阀进入马达左腔;同时压力油经单向节流阀到制动缸20,从而解除制动,使马达旋转。

重物下降时,手动换向阀18切换至右位工作,液压马达反转,回油经阀19的液控顺序阀和阀18右位回油箱。

当停止作业时,阀18处于中位,泵卸荷。制动缸20上的制动瓦在弹簧作用下使液压马达制动。

三、大臂伸缩回路

本机大臂伸缩采用单级长液压缸驱动。工作中,改变阀13的开口大小和方向,即可调节大臂运动速度和使大臂伸缩。行走时,应将大臂缩回。大臂缩回时,因液压力与负载力方向一致,为防止吊臂在重力作用下自行收缩,在收缩缸的下腔回油腔安置了平衡阀14,提高了收缩运动的可靠性。

四、变幅回路

大臂变幅机构用于改变作业高度,要求能带载变幅,动作要平稳。本机采用两个液压缸并联,提高了变幅机构承载能力。其要求以及油路与大臂伸缩油路相同。

五、回转油路

回转机构要求大臂能在任意方位起吊。回转机构采用 ZMD40 柱塞液压马达,它通过齿轮、蜗轮蜗杆减速箱和开式小齿轮(与转盘上的内齿轮啮合)来驱动转盘回转,转盘可获得 1~3r/min 的低速。由于惯性小,一般不设缓冲装置,操作换向阀 17 可使马达正反转或停止。

该液压系统的特点如下:

(1) 该系统采用中位机能为 M 型的三位四通手动换向阀,当换向阀处于中位时,各执行元件的进油路均被切断,液压泵出口通油箱使泵卸荷,减少功率损失,适于起重机间歇工作。

(2) 系统中采用了平衡回路、制动回路和锁紧回路,保证了起重机操作安全、工作可靠和运动平稳。

(3) 该系统采用了手动换向阀串联组合,不仅可以灵活方便地控制各机构换向动作,还可通过手柄操纵来控制流量,以实现节流调整。在起升工作中,将此节流调速方法与控制发动机转速方法相结合,可以实现各工作部件微速动作。另外在空载或轻载吊重作业时,可实现各机构任意组合并同时动作,从而提高生产率。

第三节 振动压路机液压系统

BW141AD 型振动压路机是德国 BOMAG 公司生产的 6t 级铰接式串联振动压路机。该机具有双轮驱动、双轮振动、双方向盘控制转向、无级变速、双振幅、蟹行操作等特点。其液压系统可分为液压驱动、液压振动、液压转向(包括蟹行操作)等三部分。

一、液压驱动系统

液压驱动系统如图 9-4 所示,它由一个变量泵并联两个定量马达组成一个闭式液压回路。该回路具有无级变速、恒功率控制、自锁制动等特点。

图 9-4 中,变量泵 2 为斜盘式轴向柱塞泵,变量马达为多作用内曲线径向柱塞式两级变量马达,它通过电磁阀的控制可得到两个排量。在内曲线马达的配流轴上,设有液控变速换向阀(简称变速阀)。当无控制油作用时,马达全部的凸轮都进行分流,马达在大排量大转矩工况工作;当有控制油作用时,变速阀换位,这时马达只有一半凸轮环进行分流,此时排量为原来的一半,马达在高速和相对低的转矩工况下工作。变速阀的控制油由补油液压泵供给,通过二位四通电磁阀即速度选择阀 14,压路机提供了两挡速度的选择。

在该系统中,当变量泵 2 的操纵杆处在中位时,由补油液压泵来的控制油被伺服阀 4 截流,伺服缸 3 在中位,斜盘倾斜角为零,此时,压路机处于停车状态;当推拉操纵杆,使

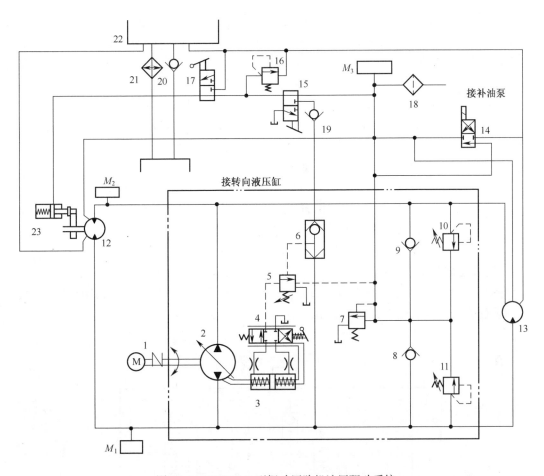

图 9-4　BWl41AD 型振动压路机液压驱动系统

1—柴油机；2—变量泵；3—伺服缸；4—伺服阀；5—顺序阀；6—梭阀；7—溢流阀；8、9—补油单向阀；
10、11—高压安全阀；12—后轮变量马达；13—前轮变量马达；14—速度选择阀；15—拖车阀；16—安全阀；
17—紧急制动阀；18—过滤阀；19—单向阀；20—保压阀；21—冷却器；22—油箱；
23—停车用常闭式制动器；M_1、M_2、M_3—压力测试点。

伺服阀 4 动作，控制油进入伺服缸 3，使伺服缸的活塞移动，由于活塞杆又与斜盘相连，带动斜盘倾角变化，从而使排量发生变化，实现其无级变速。

当由于某种原因使变量泵 2 的输出压力升高时，闭式油路中高压腔压力增大，这时高压油通过梭阀 6 作用于顺序阀 5。当这个作用力大于顺序阀 5 的调整压力时，顺序阀 5 动作，使通向伺服阀 4 的控制油路切断，故伺服缸 3 在弹簧作用下动作，使变量泵 2 的斜盘倾角变小，排量减少，从而实现恒功率控制。

当闭式油路由于泄漏而使油液不足时，由补油液压泵来的液压油可通过补油单向阀 8（或 9）向低压管路进行补油，并降低管路中的油温；当低压管路油压大于溢流阀 7 调定的压力时，从补油液压泵来的剩余油，全部通过溢流阀 7 流入变量泵壳体，对泵进行冷却和润滑。

高压安全阀 10（或 11）是防止系统双向回路中的压力峰值超过所调定的压力而设置的。当回路压力超过此值时，高压安全阀打开以保护系统安全。

制动机构包括液压制动与机械制动两部分。当行走操纵杆拉到中位时,变量泵的排量变为零,即闭式油路实现液压制动。此时定量马达在行走惯性的作用下,瞬间处于泵的工况,而变量泵则处于马达工况。机械制动是由安装在后轮行走马达上的紧急制动和停车用常闭式制动器23来完成的。当制动液压缸内无压力油时,在弹簧作用下制动器压紧摩擦片,使电动机的轮毂停止转动,实现停车制动。当紧急制动阀17在图示位置时,压力油进入制动液压缸内压缩弹簧,使制动器松开。当在坡道上停车或液压系统有故障失去自锁制动而需要紧急制动时,推动紧急制动阀17使其动作,此时制动液压缸接通油箱,制动盘在弹簧作用下压紧,实现压路机的紧急制动。

当需要牵引压路机时,通过拖车阀15动作,使制动液压缸接通转向系统。当方向盘转动时,可向制动液压缸内供液压油,使制动解除。另外,在制动油路内设有安全阀16用以防止制动油压过高而损坏元件。

二、液压振动系统

图9-5是液压振动系统图,该系统为一个变量泵串联两个定量马达的闭式回路,其补油及过载保护等装置与驱动系统相同。

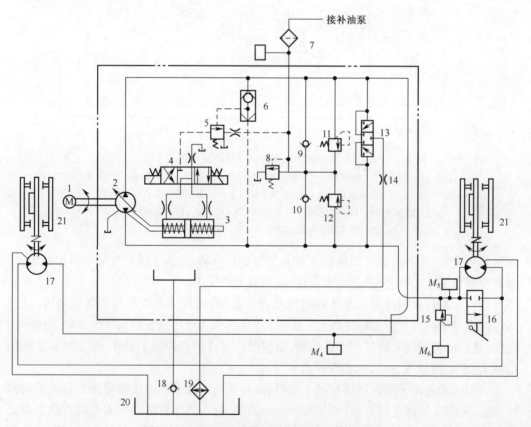

图9-5 BW141AD型振动压路机液压振动系统

1—柴油机;2—变量泵;3—伺服缸;4—电磁换向阀;5—顺序阀;6—梭阀;7—过滤器;8—溢流阀;9、10—补油单向阀;11、12—高压安全阀;13—梭形阀;14—节流阀;15—安全阀;16—手动换向阀;17—定量马达;18—单向阀;19—冷却器;20—油箱;21—振动轮;M_4、M_5、M_6—压力测试点。

该系统的变量泵控制机构主要由电磁换向阀 4、伺服缸 3、顺序阀 5 和梭阀 6 组成，由电磁换向阀控制。当电磁换向阀 4 不通电时，阀处于中位，此时变量泵斜盘为垂直位置，泵空转；当电磁换向阀 4 通电时，由其控制伺服缸，使变量泵内的斜盘变位，从而控制泵的排量及液流方向，使马达得到两个旋向并无级调速。为了避免在起振过程中，液压系统内冲击压力过大，在该系统中设有顺序阀 5 和梭阀 6，它通过电磁换向阀和伺服缸对变量泵起双向压力控制，保证系统工作平稳。

系统中设有梭形阀 13 及节流阀 14 等元件，用于闭式油路内液压油的更新。当系统工作时，梭形阀 13 在一定压差下动作，使低压油路与泄油口接通，以便将回路中的一部分热油经过冷却器 19 卸回油箱，另外从补油液压泵来的液压油经过过滤器 7 又给此闭式回路补油以补充其不足；当系统不工作（不振动）时，梭形阀处于中位，这时，补油液压泵所供油将全部从低压溢流阀 8 流经泵体，然后回油箱。截流阀 14 保证了系统在工作状态下变量泵的进油口有一定的背压。

系统中，两个定量马达采用了串联回路。因变量泵具有双向压力控制机构，从而可供给马达两个方向的恒定流量，使马达具有双向恒定转速，压路机得到双向的稳定振动频率。振动马达的双向旋转，又使振动轴产生两个不同的静偏心力矩，从而使压路机可得到两个不同的振幅。当只需要一个轮子振动时，可推动手动换向阀 16 来关闭另一个轮子的振动。同时，为了保证马达不超载，在两个马达之间设有安全阀 15。

三、液压转向系统

该机的液压转向系统如图 9-6 所示，它是由双联齿轮泵 2 和 3、液控换向阀 5、梭形

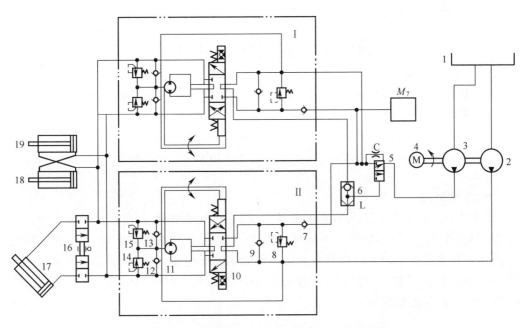

图 9-6　BW141AD 型振动压路机液压转向系统
1—油箱；2、3—双联齿轮泵；4—柴油机；5—液控换向阀；6—梭形阀；7、9、12、13—单向阀；8—安全阀；10—随动阀；11—摆线啮合副；14、15—过载安全阀；16—蟹行机构开关阀；17—蟹行缸；18、19—转向缸；Ⅰ、Ⅱ—左右转向器；M_7—压力测试点。

阀6、左右转向器Ⅰ和Ⅱ、转向缸18和19及蟹行机构开关阀16、蟹行缸17等零部件组成。双联齿轮泵是由柴油机直接驱动,其作用一方面为转向提供液压油,另一方面为行走和液压振动系统提供控制油压及系统补油。

该系统采用双方向盘及两个转向器操纵,从双联齿轮泵3来的油通过液控换向阀5进入补油回路。当右(或左)转向器动作时,即随动阀10动作,此时梭形阀6的阀芯被左转向器来的油液推向右,同时从左转向器来的油通过L端使液控换向阀5动作,这样双联齿轮泵3的油经液控换向阀5通向右转向器进行动力转向。此时梭形阀6的阀芯又被右转向器来的油液推向左边。由于阻尼C的作用,使压力始终低于L端,因而在转向时双联齿轮泵3的油液始终能通过液控换向阀5而通向转向器进行动力转向。当不转向时,随动阀回中位,此时C端(液控换向阀5的上控制油道)的压力由于安全阀8的作用,瞬间压力大于L端,使液控换向阀5回到图示补油位置。当左转向器动作时,将重复上述过程。

转向器Ⅰ(或Ⅱ)为配带转向组合阀的全液压转向器,通过转动随动阀10,可使油液通过摆线啮合副11,分别进入左右转向缸,实现动力转向。在动力转向时,摆线啮合副11起着计量元件作用,保证了进入转向缸的流量与方向盘的转角成正比;当人力转向时,它将作为一个手动液压泵,通过单向阀9吸油。安全阀8限制转向器的最大工作压力,如当转向油缸在极限位置时,对泵起保护作用。双向过载安全阀14、15防止了转向轮受到外力冲击时,因系统内产生高压而使系统元件损坏。

根据压路机工况的需要,该机设有蟹行操作机构,它是由蟹行机构开关阀16、蟹行缸17等元件组成。当打开蟹行机构开关阀16时,通过转向器Ⅰ(或Ⅱ)的控制,双联齿轮泵3的油液通向蟹行缸17,在铰接架的作用下,蟹行缸17动作,使前后轮子"错位",即不在一直线上,此时压路机将蟹行运行。

第四节 数控机床液压系统

CK3225数控机床可以车削内圆柱、外圆柱和圆锥及各种圆弧曲线,适用于形状复杂、精度高的轴类和盘类零件加工。

图9-7为CK3225系列数控机床的液压系统。它的作用是控制卡盘的夹紧与松开,主轴变挡、转塔刀架的夹紧与松开,转塔刀架的转位和尾座套筒的移动。

一、卡盘支路

支路中减压阀的作用是调节卡盘夹紧力,使工件既能夹紧,又尽可能减小变形。压力继电器的作用是当液压缸压力不足时,立即使主轴停转,以免卡盘松动,将旋转工件甩出,危及操作者的安全以及造成其他损失。在液压缸的进油、回油路中都串联液控单向阀(又称液压锁),活塞可以在行程的任何位置锁紧,其锁紧精度只受液压缸内少量的内泄漏影响,因此锁紧精度较高。

二、液压变速机构

变挡液压缸Ⅰ回路中,减压阀的作用是防止拨叉在变挡过程中滑移齿轮和固定齿轮端部接触(没有进入啮合状态),如果液压缸压力过大会损坏齿轮。

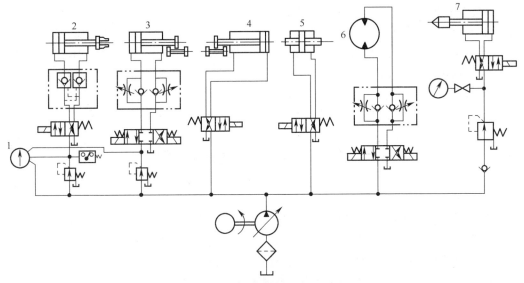

图 9-7 CK3225 数控车床液压系统图
1—压力表；2—卡盘液压缸；3—变挡液压缸Ⅰ；4—变挡液压缸Ⅱ；
5—转塔夹紧缸；6—转塔转位液压马达；7—尾座液压缸。

液压变速机构在数控机床上得到了普遍使用。图 9-8 为一个典型液压变速机构的原理图。三个液压缸都是差动液压缸，用 Y 型三位四通电磁阀来控制。滑移齿轮的拨叉与变速油缸的活塞杆连接。当液压缸左腔进油右腔回油、右腔进油左腔回油、或左右两腔同时进油时，可使滑移齿轮获得左、右、中三个位置，达到预定的齿轮啮合状态。在自动

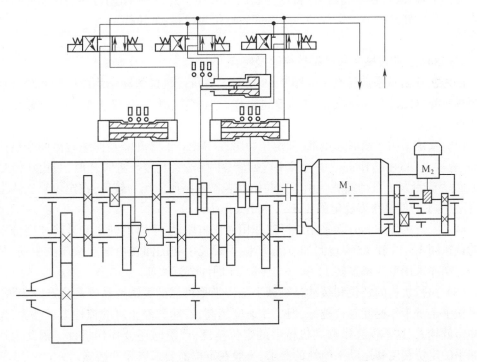

图 9-8 液压变速机构原理

变速时,为了使齿轮不发生顶齿而顺利地进入啮合,应使传动链在低速下运行。为此,对于采取无级调速电动机的系统,只需接通电动机的某一低速驱动的传动链运转;对于采用恒速交流电动机的分级变速系统,则需设置如图所示的慢速驱动电动机 M_2,在换速时启动 M_2,驱动慢速传动链运转。自动变速的过程:启动传动链慢速运转→根据指令接通相应的电磁换向阀和主电动机 M_1 的调速信号→齿轮块滑移和主电动机的转速接通→相应的行程开关被压下发出变速完成信号→断开传动链慢速转动→变速完成。

第五节 机械手液压系统

一、概述

机械手是模仿人的手部动作,按给定程序、轨迹和要求实现自动抓取、搬运和操作的自动装置。它特别是在高温、高压、多粉尘、易燃、易爆、放射性等恶劣环境中,以及笨重、单调、频繁的操作中能代替人作业,因此获得日益广泛的应用。

机械手一般由执行机构、驱动系统、控制系统及检测装置三大部分组成,智能机械手还具有感觉系统和智能系统。驱动系统多数采用电液(气)机联合传动。

本节介绍的 JS01 工业机械手属于圆柱坐标式、全液压驱动机械手,具有手臂升降、伸缩、回转和手腕回转四个自由度。执行机构相应由手部、手腕、手臂伸缩机构、手臂升降机构、手臂回转机构和回转定位装置等组成,每一部分均由液压缸驱动与控制。它完成的动作循环为:插定位销→手臂前伸→手指张开→手指夹紧抓料→手臂上升→手臂缩回→手腕回转180°→拔定位销→手臂回转95°→插定位销→手臂前伸→手臂中停(此时主机的夹头下降夹料)→手指松开(此时主机夹头夹料上升)→手指闭合→手臂缩回→手臂下降→手腕回转复位→拔定位销→手臂回转复位→待料,泵卸载。

二、JS01 工业机械手液压系统原理及特点

JS01 工业机械手液压系统如图 9-9 所示。各执行机构的动作均由电控系统发信号控制相应的电磁换向阀,按程序依次步进动作。电磁铁动作顺序见表 9-3。该液压系统的特点归纳如下:

(1) 系统采用了双联泵供油,额定压力为 6.3MPa,手臂升降及伸缩时由两个泵同时供油,流量为(35+18)L/min,手臂及手腕回转、手指松紧及定位缸工作时,只由小流量泵 2 供油,大流量泵 1 自动卸载。由于定位缸和控制油路所需压力较低,在定位缸支路上串联有减压阀 8,使之获得稳定的 1.5~1.8MPa 压力。

(2) 手臂的伸缩和升降采用单杆双作用液压缸驱动,手臂的伸出和升降速度分别由单向调速阀 15、13 和 11 实现回油节流调速;手臂及手腕的回转由摆动液压缸驱动,其正反向运动亦采用单向调速阀 17 和 18、23 和 24 回油节流调速。

(3) 执行机构的定位和缓冲是机械手工作平稳可靠的关键。从提高生产率来说,希望机械手正常工作速度越快越好,但工作速度越高,启动和停止时的惯性力就越大,振动和冲击就越大,这不仅会影响到机械手的定位精度,严重时还会损伤机件。因此为达到机械手的定位精度和运动平稳性的要求,一般在定位前要采取缓冲措施。

该机械手手臂伸出、手腕回转由死挡铁定位保证精度,端点到达前发信号切断油路,

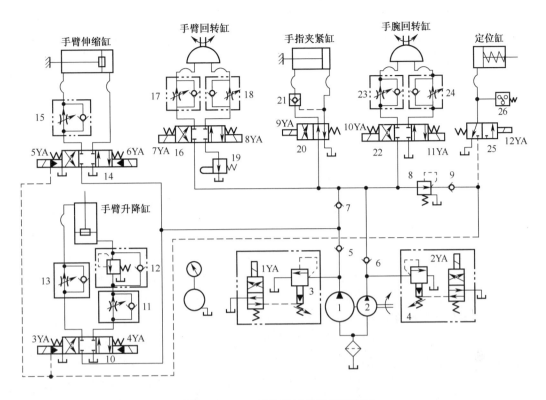

图 9-9 JS01 工业机械手液压系统图

1—大流量泵;2—小流量泵;3、4—电磁溢流阀;5、6、7、9—单向阀;8—减压阀;
10、14、16、22—三位四通电液换向阀;11、13、15、17、18、23、24—单向调速阀;12—单向顺序阀;
19—行程节流阀;20—二位四通电磁换向阀;21—液控单向阀;25—二位三通电磁换向阀;26—压力继电器。

表 9-3 JS01 工业机械手液压系统电磁铁、压力继电器动作顺序表

动作顺序	1YA	2YA	3YA	4YA	5YA	6YA	7YA	8YA	9YA	10YA	11YA	12YA	K26
插定销位	+											+	干
手臂前伸					+							+	+
手指张开	+								+			+	+
手指抓料	+											+	+
手臂上升			+									+	+
手臂缩回						+						+	+
手腕回转	+									+		+	+
拔定位销	+												
手臂回转	+						+						
插定销位	+											+	干
手臂前伸				+								+	+
手臂中停												+	+
手指张开	+								+			+	+

续表

动作顺序	1YA	2YA	3YA	4YA	5YA	6YA	7YA	8YA	9YA	10YA	11YA	12YA	K26
手指闭合	+											+	+
手臂缩回						+						+	+
手臂下降				+								+	+
手腕反转	+										+	+	+
拔定位销	+												
手臂反转	+							+					
待料卸载	+	+											

滑行缓冲;手臂缩回和手臂上升由行程开关适时发信号,提前切断油路滑行缓冲并定位。此外,手臂伸缩缸和升降缸采用了电液换向阀换向,调节换向时间,亦增加缓冲效果。由于手臂的回转部分质量较大、转速高、运动惯性矩较大,系统的手臂回转缸除采用单向调速阀回油节流调速外,还在回油路上安装有行程节流阀19进行减速缓冲,最后由定位缸插销定位,满足定位精度要求。

（4）为使手指夹紧缸夹紧工件后不受系统压力波动的影响,保证牢固地夹紧工件,采用了液控单向阀21的锁紧回路。

（5）手臂升降缸为立式液压缸,为支承平衡手臂运动部件的自重,采用了单向顺序阀12的平衡回路。

例 题

例9-1 图为实现"快进→一工进→二工进→快退→停止"工作循环的液压系统。试填上电磁铁动作顺序表,并说明其工作原理。

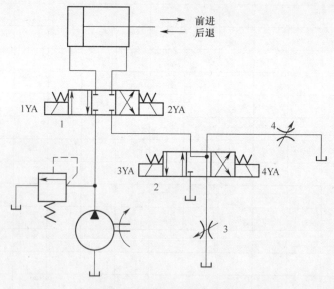

例题 9-1 图

解:如图所示液压系统为出口节流调速回路,实现工作循环的原理如下:

(1) 快进。1YA 和 3YA 通电,回油路直接与油箱相通,回油速度快,因此活塞快速向前运动。

(2) 一工进。此时要求较快的慢速进给,因此在回油路上并联两个节流阀。1YA 通电,3YA 和 4YA 断电时,换向阀 2 处于中位,这时回油通过两个节流阀同时流回油箱,回油速度较快,因此活塞以较快速度向前进给。

(3) 二工进。这时要求较慢的慢速进给,4YA 通电,回油通过节流阀 3 流回油箱。由于油液通过一个节流阀回油箱,回油速度较慢,因此活塞慢速向前进给。

(4) 快退。要求活塞快速退回,因此 1YA 断电,2YA 和 3YA 通电,回油油路直接与油箱相通,活塞快速退回。

(5) 快退至原位停止。这时 1YA、2YA、3YA 和 4YA 均断电。

电磁铁动作顺序如例 9-1 表所列。

例 9-1 表　电磁铁动作表

工作循环	电　磁　铁			
	1YA	2YA	3YA	4YA
快进	+	−	+	−
一工进	+	−	−	−
二工进	+	−	−	+
快退	−	+	+	−
停止	−	−	−	−

例 9-2　图示为一动力滑台的液压系统图,试根据其工作循环,回答下面问题:(1) 编制电磁铁动作顺序表;(2) 说明各工步时的油路走向。

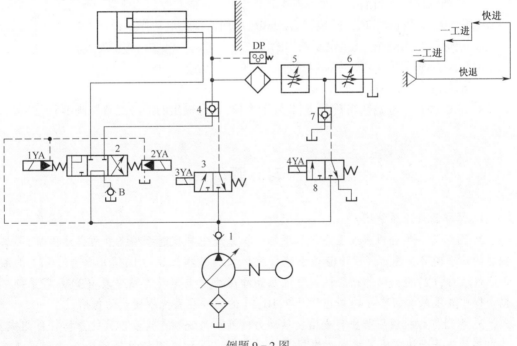

例题 9-2 图

解:(1) 电磁铁动作顺序如例 9-2 表所列。

例 9-2 表　电磁铁动作表

工步	1YA	2YA	3YA	4YA
快进	+	-	+	-
一工进	+	-	-	+
二工进	+	-	-	-
快退	-	+	-	-
原位停止	-	-	-	-

(2) 各工步时的油路走向：

① 快进。1YA、3YA 通电，油缸差动连接。

油泵压力油 ↗ 换向阀 3→打开液控单向阀 4。
　　　　　↘ 换向阀 2→油缸左腔。

油缸右腔油液→阀 4→阀 2→油缸左腔。

② 一次工进。1YA、4YA 通电，阀 4 切断(3YA 断电)。

油泵压力油→阀 1 ↗ 换向阀 8→打开阀 7。
　　　　　　　　↘ 换向阀 2→油缸左腔。

油缸右腔→精滤油器→调速阀 5→阀 7→油箱。

③ 二次工进。1YA 通电，3YA、4YA 均断电。

油泵压力油→阀 1→电液换向阀 2→油缸左腔。

油缸右腔→精滤油器→调速阀 5→调速阀 6→油箱。

④ 死挡铁停留。当油缸二次工进碰死挡铁后，油缸右腔压力下降，降低到压力继电器 DP 调整值时，发讯使 1YA 断电，2YA 通电，从而实现快退动作。

⑤ 快退。2YA 通电，其余电磁铁均断电。

油泵压力油→阀 1→阀 2→阀 4→油缸右腔。

油缸左腔→阀 2→背压阀 B→油箱。

⑥ 原位停止。电磁铁均断电，阀 2 处于中位，油泵输出的油液经背压阀 B 回油箱。

习　题

1. 怎样看液压系统图？

2. 图示为一组合机床液压系统原理图。该系统中具有进给和夹紧两个液压缸，要求完成的动作循环见图示。试读懂该系统并完成下列几项工作：(1) 写出序号 1~21 的液压元件名称；(2) 根据动作循环图列写电磁铁和压力继电器动作顺序表；(3) 分析系统中包含哪些液压基本回路；(4) 指出序号 7、10、14 的元件在系统中所起的作用。

3. 农用拖拉机液压悬挂装置由提供动力的液压系统和连接农机具的悬挂杆件组成，其主要功能是悬挂农机具和进行农机具的升降等。图示农用拖拉机液压悬挂装置液压

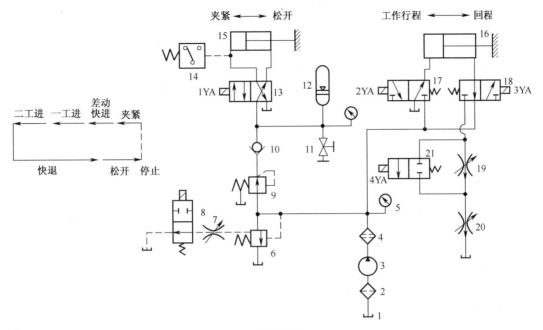

习题 2 图

系统所能完成的主要动作有:①将悬挂的农机具提升起来,以脱离作业;②将农机具悬挂在空中,高度可以调整,以完成对不同农机具的运输;③能将悬挂的农机具降落到适当位置,以便进行作业;④能实现液压输出,为其他液压设备提供动力。试分析液压系统完成上述动作的工作原理及各液压元件所起的作用。

4. 试将图示液压系统图中的动作循环表填写完整,并分析讨论系统的特点。

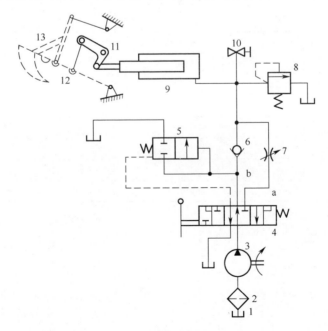

习题 3 图

259

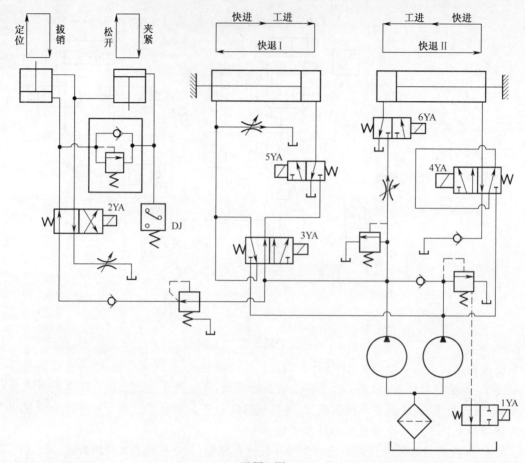

习题 4 图

动作名称	电器元件状态						
	1YA	2YA	3YA	4YA	5YA	6YA	DJ
定位夹紧							
快进							
工进(卸荷)							
快退							
松开拔销							
原位(卸荷)							

说明：1. Ⅰ、Ⅱ各自独立，互不约束；

2. 3YA、4YA 有一个通电时，1YA 便通电。

第十章 液压系统设计与计算

液压系统的设计与计算是液压机械总设计的一部分,也是对前面各章内容的综合运用。液压系统的设计除要满足主机作业循环和力、速度要求外,还应满足结构简单、工作安全可靠、操纵方便、效率高、寿命长、经济性好和使用维修方便等要求,同时还要认真贯彻系列化、标准化和通用化的要求。

第一节 液压系统的设计步骤

液压系统的种类很多,设计要求和系统用途也不尽相同,所以液压系统的设计没有统一的步骤,图 10-1 所示为液压系统设计的基本内容和一般流程。这些步骤相互关联,彼此影响,在设计中经常交叉进行,有时还要经过多次反复才能完成。

液压系统的设计计算步骤大致如下:
(1) 明确系统设计要求;
(2) 分析系统工况;
(3) 确定主要参数;
(4) 拟定液压系统原理图;
(5) 液压元件的计算与选择;
(6) 液压系统的性能验算;
(7) 进行结构设计,编写技术文件。

在以上的设计步骤中,前 6 项属于性能设计,它们相互影响,相互渗透,本章将扼要叙述这些内容;最后 1 项属于结构设计,进行时须先查明液压元件的结构和配置形式,仔细查阅有关产品样本、设计手册和资料,本章不做介绍。

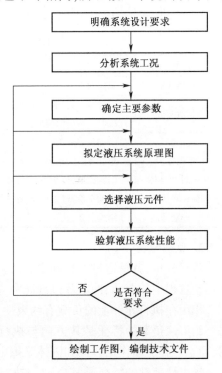

图 10-1 液压传动系统的一般设计流程

一、明确系统设计要求

在开始设计液压系统时,首先要对机械设备主机的工作情况进行详细的分析,明确主机对液压系统提出的要求,具体包括如下几个方面:

(1) 主机的用途、主要结构、总体布局;主机对液压系统执行元件在位置布置和空间尺寸上的限制。
(2) 主机的工作循环,液压执行元件的运动方式(移动、转动或摆动)及其工作范围。
(3) 液压执行元件的负载和运动速度的大小及其变化范围。

(4) 主机各液压执行元件的动作顺序或互锁要求。

(5) 对液压系统工作性能（如工作平稳性、转换精度等）、工作效率、自动化程度等方面的要求。

(6) 液压系统的工作环境和工作条件,如周围介质、环境温度、湿度、尘埃情况、外界冲击振动等。

(7) 其他方面的要求,如液压装置在重量、外形尺寸、经济性等方面的规定或限制。

二、分析系统工况

工况分析的目的是明确在工作循环中执行元件的负载和运动的变化规律,包括运动分析和负载分析。

1. 运动分析

运动分析,就是研究工作机构根据工艺要求应以什么样的运动规律完成工作循环、运动速度的大小、加速度是恒定的还是变化的、行程大小及循环时间长短等。为此必须确定执行元件的类型,并绘制位移时间循环图或速度时间循环图。

液压执行元件的类型可按表10-1进行选择。

表10-1 液压执行元件的类型

名称	特 点	应用场合
双杆活塞缸	双向输出力,输出速度一样,杆受力状态一样	双向工作的往复运动
单杆活塞缸	双向输出力,输出速度不一样,杆受力状态不同,差动连接时可实现快速运动	往复运动不对称直线运动
柱塞缸	结构简单	长行程,单向工作
摆动缸	单叶片缸转角小于300°,双叶片缸转角小于150°	往复摆动运动
齿轮、叶片马达	结构简单,体积小,惯性小	高速小转矩回转运动
轴向柱塞马达	运动平稳,转矩大,转速范围低	大转矩回转运动
径向柱塞马达	结构复杂,转矩大,转速低	低速大转矩回转运动

2. 负载分析

负载分析,就是通过计算确定各液压执行元件的负载大小和方向,并分析各执行元件运动过程中的振动、冲击及过载能力等情况。

作用在执行元件上的负载有约束性负载和动力性负载两类。

约束性负载的特征是其方向与执行元件运动方向永远相反,对执行元件起阻止作用,而不会起驱动作用。例如固体摩擦阻力、黏性摩擦阻力是约束性负载。

动力性负载的特征是其方向与执行元件的运动方向无关,其数值由外界规律所决定。执行元件承受动力性负载时可能会出现两种情况:一种情况是动力性负载方向与执行元件运动方向相反,起着阻止执行元件运动的作用,称为阻力负载(正负载);另一种情况是动力性负载方向与执行元件运动方向一致,称为超越负载(负负载)。超越负载变成驱动执行元件的驱动力,执行元件要维持匀速运动,其中的流体要产生阻力功,形成足够的阻力来平衡超越负载产生的驱动力,这就要求系统应具有平衡和制动功能。重力是一种动力性负载,重力与执行元件运动方向相反时是阻力负载;与执行元件运动方向一致时是超越负载。

对于负载变化规律复杂的系统必须画出负载循环图。不同工作目的的系统,负载分析的着重点不同。例如,对于工程机械的作业机构,着重点为重力在各个位置上的情况,负载图以位置为变量;机床工作台着重点为负载与各工序的时间关系。

1) 液压缸的负载计算

一般说来,液压缸承受的动力性负载有工作负载 F_w、惯性负载 F_m、重力负载 F_g,约束性负载有摩擦阻力 F_f、背压负载 F_b、液压缸自身的密封阻力 F_{sf}。即作用在液压缸上的外负载为

$$F = \pm F_w \pm F_m + F_f \pm F_g + F_b + F_{sf} \tag{10-1}$$

(1) 工作负载 F_w。工作负载与主机的工作性质有关,它可能是定值,也可能是变值。一般工作负载是时间的函数,即 $F_w = f(t)$,需根据具体情况分析决定。

(2) 惯性负载 F_m:工作部件在启动加速和制动过程中产生惯性力,可按牛顿第二定律求出:

$$F_m = ma = m\frac{\Delta v}{\Delta t} \tag{10-2}$$

式中 m——运动部件总质量;

a——加(减)速度;

Δv——Δt 时间内速度的变化量;

Δt——启动或制动时间,启动加速时,取正值;减速制动时,取负值。一般机械系统,Δt 取 0.1~0.5s;行走机械系统,Δt 取 0.5~1.5s;机床运动系统,Δt 取 0.25~0.5s;机床进给系统,Δt 取 0.05~0.2s。工作部件较轻或运动速度较低时取小值。

(3) 摩擦阻力 F_f。摩擦阻力是指液压缸驱动工作机构所需克服的机械摩擦力。对机床来说,该摩擦阻力与导轨形状、安放位置和工作部件的运动状态有关。

对于平导轨

$$F_f = f(mg + F_N) \tag{10-3}$$

对于 V 形导轨

$$F_f = \frac{f(mg + F_N)}{\sin(\alpha/2)} \tag{10-4}$$

式中 F_N——作用在导轨上的垂直载荷;

α——V 形导轨夹角,通常取 $\alpha = 90°$;

f——导轨摩擦系数,其值可参阅相关设计手册。

(4) 重力负载 F_g。当工作部件垂直或倾斜放置时,自重也是一种负载,当工作部件水平放置时,$F_g = 0$。

(5) 背压负载 F_b。液压缸运动时还必须克服回油路压力形成的背压阻力 F_b,其值为

$$F_b = p_b A_2 \tag{10-5}$$

式中 A_2——液压缸回油腔有效工作面积;

p_b——液压缸背压。在液压缸结构参数尚未确定之前,一般按经验数据估计一个数值。

(6) 液压缸自身的密封阻力 F_{sf}。液压缸工作时还必须克服其内部密封装置产生的摩擦阻力 F_{sf},其值与密封装置的类型、油液工作压力,特别是液压缸的制造质量有关,计算比较繁琐,一般将它计入液压缸的机械效率 η_m 中考虑,通常取 $\eta_m = 0.90 \sim 0.95$。

2) 液压缸运动循环各阶段的负载

液压缸的运动分为启动、加速、恒速、减速制动等阶段,不同阶段的负载计算是不同的。启动时

$$F = (F_f \pm F_g + F_{sf})/\eta_m$$

加速时

$$F = (F_m + F_f \pm F_g + F_b + F_{sf})/\eta_m$$

恒速运动时

$$F = (\pm F_w + F_f \pm F_g + F_b + F_{sf})/\eta_m$$

减速制动时

$$F = (\pm F_w - F_m + F_f \pm F_g + F_b + F_{sf})/\eta_m$$

3) 工作负载图

对复杂的液压系统,如有若干个执行元件同时或分别完成不同的工作循环,则有必要按上述各阶段计算总负载力,并根据上述各阶段的总负载力和它所经历的工作时间 t(或位移 s),按相同的坐标绘制液压缸的负载-时间($F-t$)或负载-位移($F-s$)图。图10-2 所示为某机床主液压缸的工作循环图和负载图。

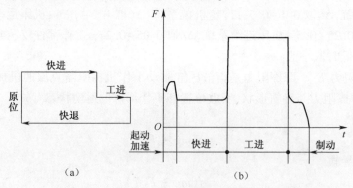

图 10-2　某机床主液压缸的工作循环图、负载图
(a)循环图;(b)负载图。

最大负载值是初步确定执行元件工作压力和结构尺寸的依据。

液压马达的负载力矩分析与液压缸的负载分析相同,只需将上述负载力的计算变换为负载力矩即可。

三、确定主要参数

因为这时回路的结构还没有完全确定,所以这里所说的主要参数是指液压执行元件的主要参数,下面以液压缸为例说明如何确定主要参数。

1. 初选液压缸的工作压力

工作压力是液压缸的主要参数之一,也是确定其他参数的依据,工作压力的大小关系到所设计的系统是否经济合理:工作压力选得低,则液压缸的尺寸大,系统所需要的流

量也大,其他液压元件的尺寸都随之增大;反之,压力选得过高,则对元件的强度、刚度和密封性能要求高。所以应综合各方面的因素,合理地确定工作压力。一般可参考同类型设备选择液压缸的工作压力,见表 10-2。

表 10-2 各类设备的常用压力

设备类型	机 床					农业机械、小型工程机械、工程机械辅助装置	液压机、重型机械、起重运输机械
	磨床	组合机床	车床、铣床	齿轮加工机床	拉床、龙门刨床		
工作压力 $p/\times 10^5 \text{Pa}$	≤20	30~50	20~40	<63	<100	100~160	200~220

2. 液压缸主要结构尺寸的确定

液压缸主要结构尺寸是指缸的内径 D 和活塞杆直径 d。关于 D 和 d 的计算在第五章第三节中已作了介绍,在此需说明的是,液压系统尚未最后确定之前,液压缸的背压无法精确算出,如在计算液压缸尺寸时需要考虑背压,则可初定一参考数值,回路确定之后再进行修正。参考背压值见表 10-3。

表 10-3 液压缸参考背压

系 统 类 型	背压 $p_2/\times 10^5 \text{Pa}$
回油路上有节流阀的调速系统	2~5
回油路上有调速阀的调速系统	5~8
回油路上装有背压阀	5~15
带补油泵的闭式回路	8~15

当执行元件的运动速度很低时,已算出的液压缸有效工作面积,还应满足最低稳定速度的要求,即 A 应满足:

$$A \geq \frac{q_{\min}}{v_{\min}} \quad (10-6)$$

式中 $q_{\min}$——流量阀或变量泵的最小稳定流量,由产品样本查出;

$v_{\min}$——液压缸最低工作速度。

最后确定的缸内径 D 和活塞杆直径 d 应圆整为标准值,可查阅国家标准 GB 2348—80。

3. 作执行元件工况图

执行元件主要参数确定之后,根据设计任务要求,就可以算出执行元件在工作循环中各阶段的工作压力、输入流量和功率,作出压力、流量和功率对时间(位移)的变化曲线,即工况图。图 10-3 就是根据图 10-2(a)所示工作循环图作出的工况图。当系统中包含多个执

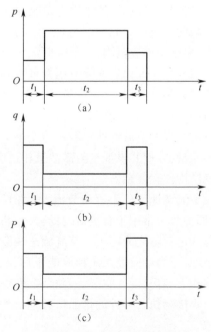

图 10-3 执行元件工况图
(a)压力图;(b)流量图;(c)功率图。
t_1—快进时间;t_2—工作时间;t_3—快退时间。

行元件时,其工况图就是各个执行元件工况图的综合。

液压执行元件的工况图是选择其他液压元件的依据,液压泵和各种阀的规格就是根据工况图中最大压力和最大流量确定的。工况图对合理选择系统的主要回路也具有指导意义。如当流量图上最大流量和最小流量相差很大且相应持续时间较长时,系统选择单个定量泵供油是不合理的,从系统总效率出发,以采用双泵供油或变量泵供油为宜。在执行元件快速运动时采用差动连接可以降低泵的流量,使系统更加合理。

四、拟定液压系统原理图

设计合理的液压系统才能确保全面、可靠地实现设计任务书中规定的各项技术指标,因此拟定液压系统原理图是整个设计中最重要的环节,对于整个设计的成败具有决定性作用。

拟定液压系统原理图需要综合运用前面各章的内容。通常的做法是先选定系统类型,再以执行元件的运动循环图和负载循环图为依据,分别选择各项要求的基本回路,最后再将各基本回路组合成完整的液压系统。由于影响液压系统方案的因素很多,设计中仍主要靠经验法完成。下面简要介绍液压系统方案拟定中的一些基本原则。

1. 基本回路的选择

基本回路的种类很多,结构特点及适用场合都不尽相同,下面简要介绍一些重要的基本回路的选择。

1) 调速回路

液压系统原理图的核心是调速回路,调速方案和调速回路对其他回路的选择具有决定性的影响,应首先选定调速回路,主要选用原则如下:

(1) 节流调速一般采用定量泵供油,用流量控制阀改变输入或输出液压执行元件的流量来调节速度。此种调速方式结构简单,由于这种系统必须用节流阀,故效率低、发热量大,多用于调速范围大、要求低速稳定性好的小功率场合。

(2) 容积调速靠改变液压泵或液压马达的排量来达到调速的目的。其优点是没有溢流损失和节流损失,效率较高。但为了散热和补充泄漏,需要有辅助泵。此种调速方式适用于功率大、运动速度高的液压系统。

(3) 容积节流调速一般是用变量泵供油,用流量控制阀调节输入或输出液压执行元件的流量,并使其供油量与需油量相适应。此种调速回路效率也较高,速度稳定性较好,但其结构比较复杂。

节流调速又分为进油节流、回油节流和旁路节流三种形式。进油节流启动冲击较小,回油节流常用于有负荷的场合,旁路节流多用于高速。调速回路一经确定,回路的循环形式也就随之确定了。节流调速一般采用开式循环形式。在开式系统中,液压泵从油箱吸油,压力油流经系统释放能量后,再排回油箱。开式回路结构简单,散热性好,但油箱体积大,容易混入空气。容积调速大多采用闭式循环形式。闭式系统中,液压泵的吸油口直接与执行元件的排油口相通,形成一个封闭的循环回路。其结构紧凑,但散热条件差。

2) 快速运动回路

设置快速回路的目的,是用尽可能小的泵流量实现所需的快进速度,以减小泵和电动机的容量,提高系统的效率。对于要求快进快退速度相等的单杆式双作用活塞缸,可采用差动快进回路;短期流量大、所需油液体积总量较小时,可采用蓄能器快进回路;对于快进速度大、持续时间较长的系统,可采用双泵供油快进回路。

3) 速度换接回路

速度换接回路与调速回路及快速回路关系密切,一般来说,当上述两种回路选定后,速度换接回路的结构也就随之确定了,这里的问题在于采用什么样的控制方式来实现速度换接。

常用的控制方式有三种,下面简述它们的特点及适用场合。

(1) 机械控制,即利用机动换向阀实现速度换接。其特点是速度换接平稳、安全可靠,且可以在给定的位置准确实现速度换接,广泛应用于各种液压系统。

(2) 电气控制,即利用电磁铁控制电磁阀换向来实现速度换接。其特点是结构简单,调整控制灵活方便,但换接平稳性和位置准确性较差,适用于速度平稳性要求不高的场合。

(3) 压力控制,即利用压力继电器发信号控制电磁阀换向或直接利用压力差控制顺序阀来实现速度换接。其特点是控制灵活方便,但由于信号源是压力,在压力波动大的场合,可靠性稍差。为使工作可靠,压力继电器必须安装在速度换接时压力变化最大的地方。

4) 换向回路

除闭式回路双向变量泵系统用泵换向外,一般系统均用换向阀换向。选择换向回路的核心是选择换向阀的形式,从而实现对于换向精度及换向平稳性的要求。一般来说,换向性能要求高,应选用机动换向阀或液动换向阀,若对于换向性能无特别要求,应选用电磁阀。此外,应特别注意中位机能的选用,利用中位机能来实现差动、卸荷等功能时,有可能使系统大为简化。

5) 压力控制回路

压力控制回路的种类很多,通常将调压、限压回路与油源回路合并考虑。卸荷回路多与油源回路或换向回路合并考虑;而保压回路、减压回路等,则需根据要求单独考虑。此外,控制油路的压力稳定问题需要特别注意。例如,采用二通插装阀的系统,必须确保控制油路的压力不受主油路压力波动的影响,否则可能引起误动作;又如,采用液动换向阀的中位机能卸荷系统,若卸荷压力过低,则一旦卸荷就无法再次启动。

液压执行元件工作时,要求系统保持一定的工作压力或在一定压力范围内工作,也有的需要多级或无级连续地调节压力。一般在节流调速系统中,通常由定量泵供油,用溢流阀调节所需压力,并保持恒定。在容积调速系统中,用变量泵供油,安全阀起安全保护作用。

在有些液压系统中,有时需要流量不大的高压油,这时可考虑用增压回路得到高压,而不用单设高压泵。液压执行元件在工作循环中,当某段时间不需要供油,而又不便停泵的情况下,需考虑选择卸荷回路。在系统的某个局部,工作压力需低于主油源压力时,要考虑采用减压回路来获得所需的工作压力。

6) 多缸回路

在多缸回路中,应先根据各个液压缸自身对于调速、换向、压力控制等方面的要求,按上面讲过的原则分别选定各缸的分回路,再将各缸分回路合成为总回路。在合成总回路时,要特别注意各缸间的同步及顺序动作问题,若发生干扰或矛盾,应适当调整回路加以解决。

2. 液压动力源的选择

液压系统的工作介质完全由液压源提供,液压源的核心是液压泵。节流调速系统一般用定量泵供油,在无其他辅助油源的情况下,液压泵的供油量要大于系统的需油量,多余的油经溢流阀流回油箱,溢流阀同时起到控制并稳定油源压力的作用。容积调速系统多数是用变量泵供油,用安全阀限定系统最高压力的。

为节省能源、提高效率,液压泵的供油量要尽量与系统所需流量相匹配。对在工作循环各阶段中系统所需油量相差较大的情况,一般采用多泵供油或变量泵供油。对长时间所需流量较小的情况,可增设蓄能器作为辅助油源。

油液的净化装置是液压源中不可缺少的。一般泵的入口要装有粗过滤器,进入系统的油液根据被保护元件的要求,通过相应的精过滤器再次过滤。为防止系统中杂质流回油箱,可在回油路上设置磁性过滤器或其他形式的过滤器。根据液压设备所处环境及对温升的要求,还要考虑加热、冷却等措施。

3. 液压系统的合成

当各基本回路选定后,将它们有机连接,再配置必要的辅助性回路及辅助元件即可组成完整的液压系统。在合成液压系统时应注意如下问题:

(1) 合理调整系统,排除各回路各元件间的相互干扰,保证正常工作循环安全可靠。

(2) 合并或去掉作用重复的元件和管路,功能相近的元件应尽可能统一规格和类型,力求系统结构简单,元件数量和类型尽量少。

(3) 合理布置各元件的安装位置,保证各元件能正常发挥作用。

(4) 注意防止液压振动和液压冲击,必要时应增加蓄能器、缓冲装置或缓冲回路。

(5) 合理布置并预留测压点,以方便调试系统,并在正常使用中对系统实施有效监控。

(6) 尽量选用标准元件。

五、计算和选择液压件

所谓液压件的计算,是计算该元件在工作中所承受的压力和通过的流量,以便选择、确定元件的规格尺寸。

1. 液压泵和电机规格的选择

1) 液压泵的选择

(1) 计算液压泵的工作压力。液压泵的工作压力 p_p 必须等于(或大于)执行元件最大工作压力 p_1 及同一工况下进油路上总压力损失 $\sum \Delta p_1$ 之和。即

$$p_p = p_1 + \sum \Delta p_1 \tag{10-7}$$

式中,p_1 可以从工况图中找到;$\sum \Delta p_1$ 按经验资料估计,一般节流调速和管路较简单的系统取 $\sum \Delta p_1 = 0.2 \sim 0.5 \mathrm{MPa}$,进油路上有调速阀或管路复杂的系统取 $\sum \Delta p_1 = 0.5 \sim 1.5 \mathrm{MPa}$。

(2) 计算液压泵的流量。液压泵的流量 q_p 必须等于(或大于)执行元件工况图上总

流量的最大值$(\sum q_i)_{max}$($\sum q_i$ 为同时工作的执行元件流量之和，q_i 为工作循环中某一执行元件在第 i 个动作阶段所需流量)和回路的泄漏量这两项之和。若回路的泄漏折算系数为 K(K=1.1~1.3)，则

$$q_p \geq K(\sum q_i)_{max} \qquad (10-8)$$

对于节流调速系统，若最大流量点处于调速状态，则在泵的供油量中还要增加溢流阀的最小(稳定)溢流量 3L/min。

如果采用蓄能器储存压力油，泵的流量按一个工作循环中液压执行元件的平均流量估取。

(3) 选择液压泵的规格。在参照产品样本选取液压泵时，泵的额定压力应选得比上述最大工作压力高 25%~60%，以便留有压力储备；额定流量则只需满足上述最大流量需要即可。

2) 确定驱动电机功率

驱动电机功率 P 按工况图中执行元件最大功率 P_{max} 所在工况(动作阶段)计算。若 P_{max} 所在工况 i 的泵的工作压力和流量分别为 p_{pi}、q_{pi}；泵的总效率为 η_p，则驱动电机的功率为

$$P = p_{pi} q_{pi} / \eta_p \qquad (10-9)$$

关于泵的总效率 η_p，对齿轮泵取 0.60~0.70；叶片泵取 0.60~0.75；柱塞泵取 0.80~0.85。泵的规格大时取大值，反之取小值。变量泵取小值，定量泵取大值。当泵的工作压力只有其额定压力的 10%~15% 时，泵的总效率将显著下降，有时只达 50%。变量泵流量为其标称流量的 1/4 或 1/3 以下时，其容积效率也明显下降，计算时应予以注意。

2. 液压阀的选择

液压阀的规格是根据系统的最高工作压力和通过该阀的最大实际流量从产品样本中选取的。一般要求所选阀的额定压力和额定流量要大于系统的最高工作压力和通过该阀的最大实际流量，必要时通过该阀的最大实际流量可允许超过其额定流量，但最多不超 20%，以避免压力损失过大，引起油液发热、噪声和其他性能恶化。对于流量阀，其最小稳定流量还应满足执行元件最低速度的要求。

3. 选择液压辅件

(1) 确定管道尺寸。管道尺寸的确定见第六章第五节。在实际设计中，管道尺寸、管接头尺寸常选得与液压阀的接口尺寸相一致，这样可使管道和管接头的选择更加简单。

(2) 确定油箱的容量。油箱的容量 V 可按推荐数值估取：低压系统($p<2.5$MPa)，$V=(2\sim4)q_p$；中压系统($p<6.3$MPa)，$V=(5\sim7)q_p$；中高压系统($p>6.3$MPa)，$V=(6\sim12)q_p$。中压以上系统(如工程、建筑机械液压系统)都带有散热装置，其油箱容积可适当减少。按上式确定的油箱容积，在一般情况下都能保证正常工作。但在功率较大而又连续工作的工况下，需要按发热量验算后确定。

(3) 蓄能器、滤油器等的选用。蓄能器、滤油器等可按第六章有关原则选用。

六、验算液压系统性能

上述液压系统的初步设计是在某些参数,如进油路的压力损失 Δp、回油路的背压 p_b 及油箱的有效容积 V 等按经验取值的前提下进行的。故当液压系统图、液压元件及连接管路等确定后,就必须对所取经验数据进行验算,并对系统的效率、发热及液压冲击等进行估算。发现问题时就应修正设计或采取其他必要的措施。

1. 液压系统压力损失计算

系统压力损失包括进油路的压力损失 Δp 及背压 p_b,它们可按第三章中的压力损失计算公式进行计算。若计算结果比所取经验数据大得多,则应修正设计,否则所选原动机就拖不动液压泵。而且,系统压力损失太大,不仅会降低系统效率,增大系统发热量,而且也会影响系统的其他性能。例如在定量泵系统中,Δp 过大时,系统压力有可能超过溢流阀或卸荷阀的调整值,致使溢流阀溢流,液压执行元件的速度明显降低。在双泵及限压式变量泵系统中,轻载快速运动时,系统压力就会超过转换压力,使进入液压执行元件的油流量减少,从而使负载的运动速度下降。

依靠自重快速下行的立式液压机,当回油路的压力损失过大时,就会使下行速度降低。

2. 液压系统效率计算

液压系统的效率 η 反映系统在进行能量转换和传递过程中,能量有效利用的程度。显然它与液压泵的效率 η_p、液压执行元件的效率 η_m 及回路效率 η_c 有关,其表达式为

$$\eta = \sum P_M / \sum P_p = \eta_p \eta_c \eta_m \qquad (10-10)$$

式中 $\sum P_M$ ——多台同时工作的液压执行元件输出功率之和(W);

$\sum P_p$ ——多泵同时工作的液压泵的输入功率之和(W)。

液压泵、液压马达及液压缸的效率可查相关表格。液压回路的效率 η_c 由下式决定:

$$\eta_c = \sum p_1 p_2 / \sum p_p q_p \qquad (10-11)$$

式中 $\sum p_1 q_1$ ——同时动作的液压执行元件的工作压力 $p_1(\text{N/m}^2)$ 与输入流量 $q_1(\text{m}^3/\text{s})$ 乘积之和;

$\sum p_p q_p$ ——同时工作的液压泵的供油压力(N/m^2)与输出流量(m^3/s)乘积的总和。

3. 液压系统发热温升验算

液压系统在单位时间内的发热量 $\Phi(\text{W})$ 可由下列各式估算:

$$\Phi = \sum P_p - \sum P_M \qquad (10-12)$$

$$\Phi = \sum p_p (1 - \eta_p \eta_c \eta_m) \qquad (10-13)$$

液压系统在一个工作循环周期内的平均发热量 $\overline{\Phi}(\text{W})$ 由它在各个工作阶段内的发热量 $\Phi_i(\text{W})$ 按下式估算:

$$\overline{\Phi} = \sum \Phi_i t_i / T \qquad (10-14)$$

式中 T ——工作循环周期(s);

t_i ——各个工作阶段经历的时间(s)。

当系统中的热量全部由油箱表面散发时,在热平衡状态下油液的温度 θ_1(℃)为

$$\theta_1 = \theta_2 + \overline{\Phi}/(Ak) \quad (10-15)$$

式中 θ_2——环境温度(℃);
  A——油箱的散热面积(m^2);
  k——散热系数(W/(m^2·℃)),见表10-4。

表10-4 油箱的散热系数 k

散热条件	k/(W/(m^2·℃))
周围通风很差	8~9
周围通风良好	15
用风扇冷却	23
用循环水强制冷却	110~175

当油箱三个边的尺寸比例在1:1:1到1:2:3范围内,且油面高度为油箱高度的80%时,式(10-15)中散热面积 $A(m^2)$ 可用下式估算:

$$A = 0.065 \sqrt[3]{V^2} \quad (10-16)$$

式中 V——油箱有效容积(L),按式(6-12)估算。

按式(10-15)计算出来的油温若超过表6-6中规定的允许最高油温时,系统中就需设置冷却器。

4. 液压冲击验算

液压冲击不仅会使系统产生振动和噪声,而且会使液压元件、密封装置等损坏。产生液压冲击的原因很多,例如换向阀的快速换向、液压执行元件的启动和制动、液压元件受到冲击性的外负载等。对液压冲击的深入分析需要进行管道的动特性研究(常用特征线法)。一般情况下可用式(3-64)、式(3-65)、式(3-66)估算。

七、液压系统仿真与性能分析

随着液压仿真技术的迅速发展,相应的仿真软件也相继出现。液压仿真技术可以通过仿真对所设计的系统进行整体分析和性能评估,从而进行系统优化、缩短设计周期,解决液压系统设计存在的某些问题。目前,主要有 MSC.ADAMS,AMESim,MATLAB/Simulink 等仿真软件,这里对这些常用软件进行简单介绍。

MSC.ADAMS 是目前世界上使用范围最广的机械系统仿真分析软件之一,它是集建模、求解、可视化于一体的虚拟样机软件,它可以产生复杂机械系统的虚拟样机,真实地仿真运动过程,并且可以迅速地分析和比较多种参数方案,直至获得优化的工作性能。可以用于包含机械系统、液压气动系统、控制系统在内的复杂耦合模型的动力学性能分析,验证其产品的性能,计算零部件受力情况,考虑部件柔性、间隙、碰撞等对系统性能的影响,研究机电传动系统的结构参数、系统运转周期、定位精度,并观察包装封套等是否合理,可以对系统的振动、噪声、耐久性能、操控性能进行分析。

AMESim 是一种工程系统高级建模和仿真平台软件,它具有非常直观化的仿真平台,可以满足复杂的多学科领域系统建模与仿真分析,还能够进行系统(或单个元件)的稳定性与动态性能分析。AMESim 软件的建模是采用一种图形化的建模,并且为用户提供了较为全面的元件应用库,其中有机械库、信号控制库、仿真库、液压元件设计库、液压阻尼库、气动库、热库、冷却系统库等。

MATLAB 提供的动态系统仿真工具箱 Simulink,是众多仿真软件中功能最强大、最优秀的一种。它使得建模、仿真算法、仿真结果分析与可视化等实现起来非常简便。

Simulink 会使计算机变成一个实验室,可以对机械的、电子的、连续的、离散的或混合系统,现实存在的、不存在的系统等,进行建模与仿真。MathWorks 公司为 MATLAB 提供了新的控制系统模型图形输入与仿真工具 Simulink,该软件有两个明显的功能:仿真(Simu)与链接(Link),它可以利用鼠标器在模型窗口上绘出所需的控制系统模型,然后利用该软件提供的功能对系统直接进行仿真。

目前,仿真技术在液压领域的应用主要体现在以下几个方面:

(1)通过理论推导建立已有液压元件或系统的数学模型,用实验结果与仿真结果进行比较,验证数学模型的准确度,并把这个数学模型作为今后改进和设计类似元件或系统的仿真依据。

(2)通过建立数学模型和仿真试验,确定已有系统参数的调整范围,从而缩短系统的调试时间,提高效率。

(3)通过仿真试验研究测试新设计的元件各结构参数对系统动态特性的影响,确定参数的最佳匹配,提供实际设计所需的数据。

(4)通过仿真试验验证新设计方案的可行性及结构参数对系统动态性能的影响,从而确定最佳方案和最佳结构。

八、绘制系统工作图、编制技术文件

系统工作图包括液压系统图和各种非标准件设计图。

液压系统图由液压系统草图经修改、补充、完善而成,图中要标明液压元件的规格、型号、动作循环图、动作顺序表和其他需要说明的问题。

各种装配图是正式施工和安装的图纸,其中包括:管路装配图,图中要标明各液压元件的位置、固定方式、油管的规格、尺寸、管子的连接位置,管件端部要标上号码,与其相连的元件进、出油口也要标上相对应的号码。

此外,装配图中还应包括非通用泵站装配图、电路系统图、各种非标准件的装配图。有装配图的各件,也应画出全套的零件图。

技术文件一般包括设计计算书,零部件目录表,标准件、通用件和外购件总表,技术说明书,试车要求,操作使用说明书等内容。

第二节 液压传动系统设计实例

某厂要设计制造一台双头车床,加工压缩机拖车长轴两端轴颈。由于零件较长,采用零件固定、刀具旋转和进给的加工方式。动作循环是快进—工进—快退—停止。要求各个车削头能单独调整。其最大切削力在导轨中心线方向为 12000N,移动部件的总重量为 15000N,工作进给速度为 200~1200mm/min 且可无级调速,快速进、退速度为 4m/min,试设计该液压传动系统。图 10-4 为该机床示意图。

一、确定液压系统工作要求

根据加工要求,刀具旋转采用机械传动,主轴头沿导轨中心线方向的"快进—工进—快退—停止"工作循环采用液压传动方式,选用液压缸作执行机构。

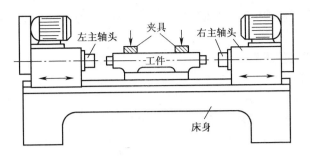

图 10-4 双头车床外形示意图

考虑到车削进给系统传动功率不大,且要求低速稳定性好,粗加工时负载有较大变化,故拟选用调速阀、变量泵组成的容积节流调速方式。

为自动实现上述工作循环,并保证零件的加工长度(该长度并无过高的精度要求),拟采用行程开关及电磁换向阀组成行程控制顺序动作回路,实现顺序动作。

二、拟定液压系统原理

系统同时驱动两个车削头,动作循环完全相同。图 10-5 为双头车床液压系统工作原理图。

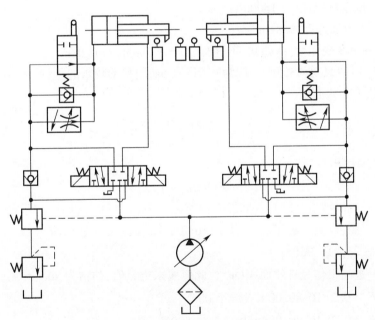

图 10-5 双头车床液压系统工作原理

为保证快速进退速度相等,并减小液压泵流量规格,选用差动连接回路。

在行程控制中,由快进转工进时,采用机动滑阀,速度转换平稳,且安全可靠。工进终了,压下行程开关返回。快退到终点,压下电气行程开关,运动停止。

快进转工进后,系统压力升高,顺序阀打开,回油经背压阀回油箱,系统不再差动连接。此处设置背压阀使工进运动平稳,若系统压力升高,则变量泵自动减少输出流量。

两车削头可分别进行调节。在调整一个时,另一个应停止(即三位五通阀处于中位即可)。分别调节两个调速阀可得到不同进给速度,同时还可使两车削头有较高的同步精度。

三、计算和选择液压元件
1. 液压缸的计算
1) 计算液压缸的总机械载荷 F

根据机构的工作情况,液压缸受力示意图如图10-6所示。总机械载荷为

$$F = F_w + F_m + F_{sf} + F_f + F_b$$

式中　F_w——按题目给定为12000N;
　　　F_m——活塞上所受惯性力;
　　　F_{sf}——密封阻力;
　　　F_f——导轨摩擦阻力;
　　　F_b——回油背压形成的阻力。

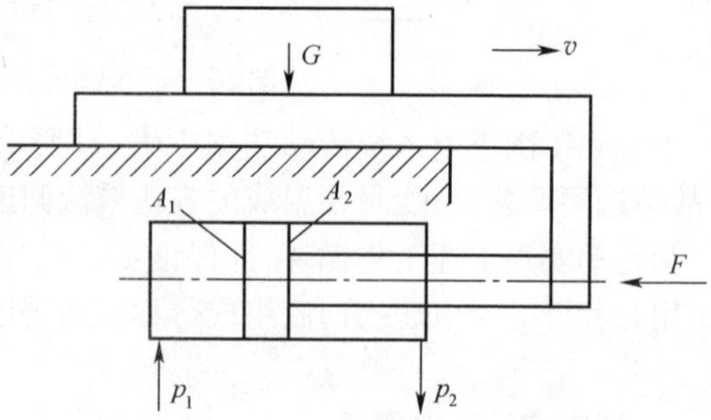

(1) F_m 的计算:

$$F_m = \frac{G}{g} \cdot \frac{\Delta v}{\Delta t}$$

图10-6　液压缸受力示意图

式中　G——液压缸所要移动的总重量,题目给定为15000N;
　　　g——重力加速度,9.81m/s²;
　　　Δv——速度变化量,由题知,工进时,$\Delta v = 1.2$m/min $= 0.02$m/s;
　　　Δt——启动或制动时间,一般为0.01~0.5s,因移动较重的重物,取 $\Delta t = 0.2$s。

将各值代入上式有

$$F_m = \frac{G}{g}\frac{\Delta v}{\Delta t} = \frac{15000}{9.81} \times \frac{0.02}{0.2}(\text{N}) = 153\text{N}$$

(2) F_{sf} 的计算:

$$F_{sf} = \Delta p_f \cdot A_1$$

式中　Δp_f——克服液压缸密封件摩擦阻力所需空载压力(Pa),如该液压缸选Y形密封圈,设液压缸工作压力 $p < 16$MPa,由相关设计手册查得 $\Delta p_f < 0.3$MPa,取 $\Delta p_f = 0.2$MPa;
　　　A_1——进油工作腔有效面积(m²),此值属未定数值,初估为80cm²。

启动时 $F_{sf} = 0.2 \times 10^6 \times 0.008(\text{N}) = 1600$N

运动时 $F_{sf} = 0.2 \times 10^6 \times 0.008 \times 50\%(\text{N}) = 800$N

(3) F_f 的计算:

该机床导轨材料选用铸铁,结构受力情况如图10-7所示,铸铁件之间的摩擦力为

$$F_f = \left(\frac{G + F_z}{2}\right) \cdot f + \left(\frac{G + F_z}{2}\right) \cdot \frac{f}{\sin\frac{\alpha}{2}}$$

式中　G——移动的总重量,$G = 15000$N;
　　　F_z——切削力在导轨垂直方向的分力,按切削原理,一般 $F_z : F_y : F_x = 1 : 0.4 :$

0.3,本题给定 $F_x=12000\mathrm{N}$,则 $F_z=\dfrac{12000}{0.3}(\mathrm{N})=40000\mathrm{N}$;

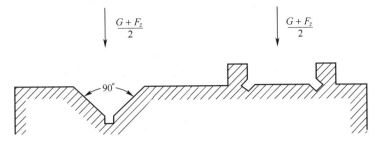

图 10-7 导轨结构受力示意图

f——摩擦因数,取 $f=0.1$;
α——V 形导轨夹角,$\alpha=90°$。

各值代入上式有

$$F_f=\left(\dfrac{G+F_z}{2}\right)\cdot f+\left(\dfrac{G+F_z}{2}\right)\cdot \dfrac{f}{\sin\dfrac{\alpha}{2}}$$

$$=\left(\dfrac{15000+40000}{2}\right)\times 0.1+\left(\dfrac{15000+40000}{2}\right)\times\dfrac{0.1}{\sin 45°}(\mathrm{N})$$

$$=6640\mathrm{N}$$

(4)F_b 的计算:

回油背压形成的阻力按下式计算:

$$F_b=p_b\cdot A_2$$

式中 p_b——回油背压,一般为 0.3~0.5MPa,取 $p_b=0.3\mathrm{MPa}$;

A_2——有杆腔活塞面积,考虑两边差动比为 2,已初估 $A_1=80\mathrm{cm}^2$,故 $A_2=40\mathrm{cm}^2$。

各值代入上式有

$$F_b=p_b\cdot A_2=0.3\times 0.004=1200\mathrm{N}$$

分析液压缸各工作阶段受力情况,得知在工进阶段受力最大,作用在活塞上的总机械载荷为

$$F=F_w+F_m+F_{sf}+F_f+F_b=(12000+153+800+6640+1200)(\mathrm{N})=20793\mathrm{N}$$

2)确定液压缸的结构尺寸和工作压力

按经验数据确定系统工作压力,工作压力 $p_1=3\mathrm{MPa}$。

液压缸工作腔有效工作面积:

$$A_1=\dfrac{F}{p_1}=\dfrac{20793}{3.0\times 10^6}(\mathrm{m}^2)=0.00693\mathrm{m}^2=69.3\mathrm{cm}^2$$

活塞直径: $D=\sqrt{\dfrac{4A_1}{\pi}}=\sqrt{\dfrac{4\times 69.3}{\pi}}(\mathrm{cm})=9.4\mathrm{cm}=94\mathrm{mm}$

因差动比为 1:2,所以活塞杆直径为

$$d=0.7D=0.7\times 94(\mathrm{mm})=65.8\mathrm{mm}$$

取标准直径 $d=63\text{mm}$，$D=90\text{mm}$，则工作压力为

$$p_1 = \frac{20793}{\frac{\pi}{4} \times 0.09^2}(\text{MPa}) = 3.27\text{MPa}$$

取 $p_1 = 3.3\text{MPa}$。

由于两个切削头工作时需做低速进给运动，在确定液压缸活塞面积 A_1 之后，还必须按最低进给速度验算液压缸尺寸。设液压缸有效工作面积为 A_1，则

$$A_1 \geqslant \frac{q_{\min}}{v_{\min}}$$

式中　$q_{\min}$——流量阀最小稳定流量，取调速阀最小稳定流量 50mL/min；

　　　$v_{\min}$——活塞最低进给速度，本例为 20mm/min；

　　　A_1——液压缸有效工作面积。

根据上面计算值，得

$$A_1 = \frac{\pi}{4}D^2 = \frac{\pi}{4} \times 9^2(\text{cm}^2) = 63.59\text{cm}^2$$

又 $\dfrac{q_{\min}}{v_{\min}} = \dfrac{50}{2}(\text{cm}^2) = 25\text{cm}^2$，所以

$$A_1 > \frac{q_{\min}}{v_{\min}}$$

说明液压缸尺寸满足活塞最小稳定速度要求。

2. 液压泵的计算

1）确定液压泵的实际工作压力 p_p

$$p_p = p_1 + \sum \Delta p_1$$

式中　p_1——前已选定为 3.3MPa；

　　　$\sum \Delta p_1$——对于进油路采用调速阀的系统，$\sum \Delta p_1$ 可估为 $0.5 \sim 1.5\text{MPa}$，取 1MPa。

因此，可确定液压泵的实际工作压力为

$$p_p = (3.3+1)(\text{MPa}) = 4.3\text{MPa}$$

2）确定液压泵的流量

$$q_p = K \cdot q_{\max}$$

式中　K——泄漏因数，取 1.1；

　　　$q_{\max}$——两切削头快进时所需最大流量之和。

$q_{\max}$ 的计算如下：

$$q_{\max} = 2 \times A_{\text{差动}} \cdot v_{\text{快}} = 2 \times \frac{\pi}{4} \times 6.3^2 \times 400(\text{L/min}) = 25\text{L/min}$$

代入上式得

$$q_p = 1.1 \times 25(\text{L/min}) = 27.5\text{L/min}$$

按压力为 4.3MPa，流量为 27.5L/min，要求液压泵具有变量功能，选择 YBN-40M-JB 液压泵。

3) 确定液压泵电机的功率

该系统选用变量泵,故应分别计算快速空载所需功率与最大工进时所需功率。

(1) 最大工进时所需功率:

$$P_\text{工} = 2 \times \frac{p_\text{p} \cdot q_{1\max}}{60 \cdot \eta}$$

式中 $q_{1\max}$——一个液压缸最大工进速度下所需流量;

p_p——液压泵实际工作压力,为 4.3MPa;

η——液压泵总效率,取 $\eta=0.8$。

$q_{1\max}$ 的计算如下:

$$q_{1\max} = \frac{\pi}{4}D^2 v_{\text{工}\max} = \frac{\pi}{4} \times 9^2 \times 120(\text{L/min}) = 7.6\text{L/min}$$

代入上式得

$$P_\text{工} = 2 \times \frac{p_\text{p} \cdot q_{1\max}}{60 \cdot \eta} = 2 \times \frac{4.3 \times 7.6}{60 \times 0.8}(\text{kW}) = 1.36\text{kW}$$

(2) 空载快速时所需功率:

空载快速时, $F_{\text{空载}} = F_m + F_{sf} + F_f$。其中各量计算如下:

$$F_m = \frac{G}{g} \cdot \left(\frac{\Delta v}{\Delta t}\right) = \frac{15000}{9.81} \times \frac{\frac{4}{60}}{0.2}(\text{N}) = 510\text{N}$$

$$F_{sf} = 0.2 \times 10^6 \times 0.063^2 \times 50\%(\text{N}) = 155\text{N}$$

$$F_f = \frac{G}{2} \cdot f + \frac{G}{2} \cdot \frac{f}{\sin\frac{\alpha}{2}} = \frac{15000}{2} \times 0.1 + \frac{15000}{2} \times \frac{0.1}{\sin 45°}(\text{N}) = 1800\text{N}$$

所以 $F_{\text{空载}} = F_m + F_{sf} + F_f = (510+155+1800)(\text{N}) = 2465\text{N}$。

空载快速时,取 $\sum \Delta p_1$ 为 0.5MPa。于是空载快速时液压泵输出压力

$$p_\text{p} = \frac{F_{\text{空载}}}{A_{\text{差动}}} + \sum \Delta p_1 = \left(\frac{2465 \times 10^{-6}}{\frac{\pi}{4} \times 0.063^2} + 0.5\right)(\text{MPa}) = 1.29\text{MPa}$$

前已求出,液压泵最大流量 $q_\text{p} = 27.5\text{L/min}$。空载快速功率为

$$P_\text{空} = \frac{p_\text{p} q_\text{p}}{60 \times 0.8} = \frac{1.29 \times 27.5}{60 \times 0.8}(\text{kW}) = 0.74\text{kW}$$

故按最大工进时所需功率选取电机。

3. 选择控制元件

根据系统最高工作压力和通过该阀的最大流量,在标准元件的产品样本中选取控制元件规格。

(1) 方向阀。按 $p=4.3\text{MPa}$, $q=12.5\text{L/min}$,选 35D-25B(滑阀机能 O 型)。

(2) 单向阀。按 $p=1.29\text{MPa}$, $q=25\text{L/min}$,选 I-25B。

(3) 调速阀。按工进最大流量 $q=7.6\text{L/min}$、工作压力 $p=4.3\text{MPa}$，选 Q-10B。
(4) 背压阀。调至 0.3MPa，流量为 7.6L/min，选 P-B10。
(5) 顺序阀。调至大于 1.29MPa，保证快进时不打开，$q=7.6\text{L/min}$，选 X-B10B。
(6) 行程阀。按 $p=1.29\text{MPa}$，$q=12.5\text{L/min}$，选 22C-25B。

4. 油管及其他辅助装置的选择

(1) 查阅设计手册，选择油管公称通径、外径、壁厚参数。液压泵出口流量以 27.5L/min 计，选取通径 $\phi10$；液压泵吸油管稍粗些，选 $\phi12$；其余油管按流量 12.5L/min，选 $\phi8$。

(2) 确定油箱容量。一般取泵流量的 3~5 倍，本例取 4 倍，有效容积为

$$V = 4 \times q_p = 4 \times 30(\text{L}) = 120\text{L}$$

四、液压系统性能验算

绘制液压系统装配管路图后，进行压力损失验算。该液压系统较简单，该项验算从略。本系统采用限压式变量泵，具有效率高、功率小、发热少、油箱容量较大等特点，不再进行温升验算。

例 题

例 10-1 某厂要设计制造一台卧式单面多轴钻孔组合机床。已知有主轴 16 根，其中钻 $\phi13.9\text{mm}$ 孔 14 个，钻 $\phi8.5\text{mm}$ 孔 2 个；要求其工作循环是快速接近工件，然后以工进速度钻孔，加工完毕后快速退回到原位，最后自动停止。工件材料为铸铁，硬度 240HB；初估运动部件重量 $G=9800\text{N}$；快进、快退速度 $v_1=0.1\text{m/s}$；动力滑台采用平导轨，静、动摩擦系数分别为 $\mu_s=0.2$，$\mu_d=0.1$；往复运动的加速、减速时间为 0.2s；快进行程 $L_1=100\text{mm}$，工进行程 $L_2=50\text{mm}$。试设计计算其液压系统。

解：现设计计算如下：

1. 进行负载分析

(1) 切削阻力：由切削原理知，钻铸铁时其轴向切削阻力计算公式为

$$F_e = 25.5 D s^{0.8} h^{0.6}$$

式中 F_e——钻削力(N)；
D——孔径(mm)；
s——每转进给量(mm/r)；
h——铸件硬度(HB)。

选择切削用量：钻 $\phi13.9\text{mm}$ 孔时，取 $n_1=390\text{r/min}$，$s_1=0.147\text{mm/r}$；钻 $\phi8.5\text{mm}$ 孔时，取 $n_2=550\text{r/min}$，$s_2=0.096\text{mm/r}$。

代入上式，可得

$$F_e = (14\times25.5\times13.9\times0.147^{0.8}\times240^{0.6} + 2\times25.5\times8.5\times0.096^{0.8}\times240^{0.6})(\text{N}) = 30500\text{N}$$

(2) 摩擦阻力：

静摩擦阻力 $F_s = \mu_s G = 0.2\times9800\text{N} = 1960\text{N}$

动摩擦阻力 $F_d = \mu_d G = 0.1\times9800\text{N} = 980\text{N}$

(3) 惯性阻力： $F_m = \dfrac{G}{g} \cdot \dfrac{\Delta v}{\Delta t} = \dfrac{9800}{9.8} \times \dfrac{0.1}{0.2}(\text{N}) = 500\text{N}$

(4) 重力：因工作部件是卧式安装,所以 $F_G = 0$。

根据上述分析,可计算出液压缸在各动作阶段中的负载,如例题 10-1 表 1 所列。

例题 10-1 表 1　液压缸负载的计算

工况	计算公式	液压缸负载 F/N	液压缸推力 $F/\eta_m/\text{N}$
启　动	$F = \mu_s G$	1960	2180
加　速	$F = \mu_d G + F_m$	1480	1640
快　进	$F = \mu_d G$	980	1090
工　进	$F = F_e + F_d$	31480	3500
反向启动	$F = \mu_s G$	1960	2180
加　速	$F = \mu_d G + F_m$	1480	1640
快　退	$F = \mu_d G$	980	1090
制　动	$F = \mu_d G - F_m$	480	530

注：取液压缸的机械效率 $\eta_m = 0.9$。

2. 绘制负载图 $F-t$ 和速度图 $v-t$

工进速度按选定的钻头转速与进给量求得为

$$v_1 = n_1 s_1 = \dfrac{360}{60} \times 0.147 (\text{mm/s}) = 0.88\text{mm/s}$$

$$v_2 = n_2 s_2 = \dfrac{550}{60} \times 0.096 (\text{mm/s}) = 0.88\text{mm/s}$$

快进、工进和快退的时间可分别由下列式子求出：

快进　　　　$t_1 = \dfrac{L_1}{v_1} = \dfrac{100 \times 10^{-3}}{0.1}(\text{s}) = 1\text{s}$

工进　　　　$t_2 = \dfrac{L_2}{v_2} = \dfrac{50 \times 10^{-3}}{0.88 \times 10^{-3}}(\text{s}) = 56.8\text{s}$

快退　　　　$t_3 = \dfrac{L_1 + L_2}{v_1} = \dfrac{(100 + 50) \times 10^{-3}}{0.1}(\text{s}) = 1.5\text{s}$

由上述数据可绘出 $F-t$ 和 $v-t$ 图。

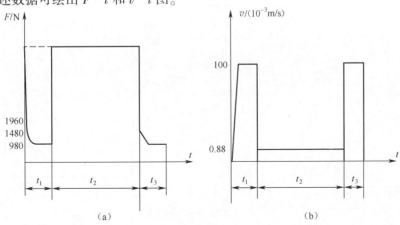

例题 10-1 图 1

(a) $F-t$ 图；(b) $v-t$ 图。

3. 初步确定液压缸参数

(1) 初选液压缸工作压力。由表可知,组合机床液压系统工作压力一般为$(30\sim50)\times10^5$Pa,初选液压缸工作压力$p_1=40\times10^5$Pa。

(2) 计算液压缸尺寸。由于机床要求快进与快退的速度相同,故选用$A_1=2A_2$的差动油缸。

钻孔加工中,为防止钻通时发生前冲现象,液压缸回油腔应有背压,设背压$p_2=6\times10^5$Pa,并假定快进、快退时回油压力损失$\Delta p_2=7\times10^5$Pa。

由工进工况出发,计算油缸大腔面积A_1。因$p_1A_1-p_2A_2=\dfrac{F}{\eta_m}$,又$A_2=\dfrac{A_1}{2}$,故$A_1=$

$\dfrac{F}{\eta_m\left(p_1-\dfrac{p_2}{2}\right)}=\dfrac{31480}{0.9\times\left(40-\dfrac{6}{2}\right)\times10^5}(\mathrm{m}^2)=94.5\times10^{-4}\mathrm{m}^2=94.5\mathrm{cm}^2$,则液压缸内径为$D=\sqrt{\dfrac{4A_1}{\pi}}$

$=\sqrt{\dfrac{4\times94.5}{3.14}}(\mathrm{cm})=10.97\mathrm{cm}$

取标准直径$D=110$mm。

液压缸活塞杆的直径为$d=\dfrac{D}{\sqrt{2}}=0.707\times110(\mathrm{mm})=77.8\mathrm{mm}$

取标准直径$d=80$mm。

液压缸有效面积为

$$A_1=\dfrac{\pi}{4}D^2=\dfrac{\pi}{4}\times11^2(\mathrm{cm}^2)=95\mathrm{cm}^2$$

$$A_2=\dfrac{\pi}{4}(D^2-d^2)=\dfrac{\pi}{4}\times(11^2-8^2)(\mathrm{cm}^2)=44.7\mathrm{cm}^2$$

(3) 计算液压缸在工作循环中各阶段的压力、流量和功率的实际使用值。计算结果见例题10-1表2。

例题10-1表2　液压缸各工况所需压力、流量和功率

工况		计算公式	负载 F/N	$p_2(\Delta p_2)$ /$\times10^5$Pa	p_1 /$\times10^5$Pa	Q /$\times10^{-3}$(m³/s)	P/kW
快进	启动 加速 快退	$p_1=\dfrac{F+\Delta p_2 A_2}{A_1-A_2}$ $Q=(A_1-A_2)v_1$ $P=p_1Q\times10^{-3}$	2180 1640 1090	$\Delta p_1=0$ $\Delta p_2=7$	4.3 9.5 8.4	— — 0.5	— — 0.42
工进		$p_1=\dfrac{F+p_2 A_2}{A_1}$ $Q=A_1 v_2$ $P=p_1Q\times10^{-3}$	35000	$p_2=6$	40	0.84×10^2	0.034
快退	反向 启动 加速 快退 制动	$p_1=\dfrac{F+p_2 A_1}{A_2}$ $Q=Av_1$ $P=p_1Q\times10^{-3}$	2180 1640 1090 530	$\Delta p_1=0$ $\Delta p_2=7$	4.9 18.5 17.3 16	— — 0.5 —	— — 0.78 —

(4) 绘制液压缸工况图。根据例题 10-1 表 2 可绘制出液压缸的工况图,如例题 10-1 图 2 所示。

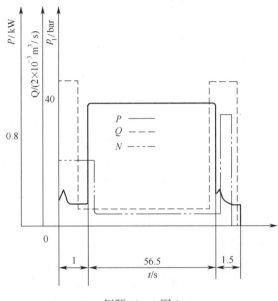

例题 10-1 图 2

4. 拟定液压系统图

1) 选择液压回路

(1) 调速方式。由工况图知,该液压系统功率小,工作负载变化小,故可选用节流调速方式,由于钻孔工序切削力变化而且是正负载,故以采用进口节流调速为好。为防止工件钻通时,工作负载突然消失而引起前冲现象,在回油路上加背压阀。

(2) 液压泵型式的选择。从工况图可见,系统工作循环主要由低压大流量和高压小流量两个阶段组成,而且是顺序进行的。最大流量与最小流量之比 $\dfrac{Q_{max}}{Q_{min}} = \dfrac{0.5}{0.84 \times 10^{-2}} \approx 60$;其相应的时间之比 $\dfrac{t_2}{t_1} = \dfrac{56.8}{1} = 56.8$。从提高系统效率方面考虑,选用限压式变量叶片泵或双联叶片泵较适宜。本例拟选用双联叶片泵。

(3) 快速运动回路与速度换接回路采用液压缸差动连接的方式,实现快进并使快进和快退速度相等。由快进转工进时,系统流量变化较大,故宜选用行程阀来减小液压冲击。从工进转快退时,回路中通过的流量很大(进油路为 30L/min,回油路为 57L/min),大于 25L/min,为了保证换向平稳,宜选用电液换向阀的换接回路。

2) 组成液压系统

在所选定的基本回路基础上,再考虑一些其他因素,便可组成一个完整的液压系统,如例题 10-1 图 3 所示。

5. 选择液压元件

1) 确定液压泵规格和电机功率

(1) 液压泵工作压力的计算。已确定液压缸最大工作压力为 40×10^5Pa。在调速阀

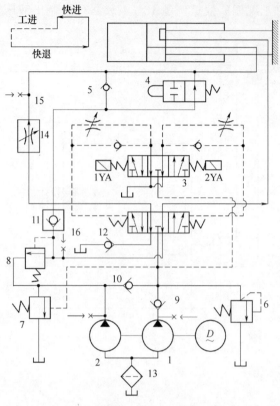

例题 10-1 图 3

进口节流式调速回路中，工进时进油管路较复杂，取进油路上的压力损失 $\Delta p = 10 \times 10^5 \text{Pa}$，则小流量泵的最高工作压力为

$$p_{p1} = (40 \times 10^5 + 10 \times 10^5)(\text{Pa}) = 50 \times 10^5 \text{Pa}$$

大流量液压泵只在快动时向液压缸输油，由工况图知，液压缸快退时的工作压力比快进时大，考虑快退时进油路比较简单，取其压力损失为 $4 \times 10^5 \text{Pa}$，则大流量泵的最高工作压力为

$$p_{p2} = (17.3 \times 10^5 + 4 \times 10^5)(\text{Pa}) = 21.3 \times 10^5 \text{Pa}$$

(2) 液压泵流量的计算。由工况图知，油源向液压缸输入最大流量在快进时，其值为 $0.5 \times 10^{-3} \text{m}^3/\text{s}(30 \text{L/min})$，输入最小流量在工进时，其值为 $0.84 \times 10^{-5} \text{m}^3/\text{s}(0.5 \text{L/min})$，若取系统泄漏折算系数 $K = 1.2$，则液压泵最大流量应为

$$Q_p = 1.2 \times 0.5 \times 10^{-3} (\text{m}^3/\text{s}) = 0.6 \times 10^{-3} \text{m}^3/\text{s}(36 \text{L/min})$$

由于溢流阀的最小稳定流量为 $0.05 \times 10^{-3} \text{m}^3/\text{s}(3 \text{L/min})$，工进时流量为 $0.84 \times 10^{-5} \text{m}^3/\text{s}(0.5 \text{L/min})$，所以小流量泵的流量最小应为 $0.065 \times 10^{-3} \text{m}^3/\text{s}(4 \text{L/min})$。

(3) 液压泵规格的确定。根据以上计算数据，查阅产品目录，选用相近规格 YYB-AA36/6B 型双联叶片泵。

(4) 液压泵电机功率的确定。由工况图知，液压缸的最大输出功率出现在快退工况，其值为 0.78kW，此时，泵站的输出压力应为 $p_{p2} = 21.3 \times 10^5 \text{Pa}$；流量 $Q_p = Q_1 + Q_2 = (36 + 6)(\text{L/min}) = 42 \text{L/min}(0.7 \times 10^{-3} \text{m}^3/\text{s})$。取泵的总效率 $\eta_p = 0.7$，则电机所需功率为

$$P = \frac{p_{p2}Q_p}{\eta_p} = \frac{21.3 \times 10^5 \times 0.7 \times 10^{-3}}{0.7}(\text{W}) = 2130\text{W}$$

根据以上计算选功率为 2.2kW 的电机。

2) 元件、辅件的选择

根据系统的工作压力和通过阀的实际流量便可选择各类元件、辅件,型号和参数如表例题 10-1 表 3 所示。其中,溢流阀 6 应按小泵流量选取,但限于规格,选用 Y-10B;调速阀 15,按小泵的流量 6L/min,选用 Q-6B,其最小稳定流量为 0.03 L/min,小于本例工进时的流量 0.5L/min。

例题 10-1 表 3 所选液压元件的规格

序号	元件名称	通过阀的最大流量/(L/min)	规格		
			型号	额定流量/(L/min)	额定压力/($\times 10^5$Pa)
1、2	双联叶片泵		YYB-AA36/6	36/6	63
3	三位五通电液换向阀	84	350Y-100B	100	63
4	行程阀	84	22C-100BH	100	63
5	单向阀	84	I-100B	100	63
6	溢流阀	6	Y-10B	10	63
7	顺序阀	36	XY-65B	63	63
8	背压阀	≤0.5	B-10B	10	63
9	单向阀	6	I-10B	10	63
10	单向阀	36	I-63B	63	63
11	单向阀	42	I-63B	63	63
12	单向阀	84	I-100B	100	63
13	滤油器	42	XU-40×100		
14	调速阀	≤1	Q-6B	3	88
15	压力表开关		K-6B		

3) 确定管道尺寸

根据工作压力和流量,按照本书中给定的有关公式即可计算管道内径和壁厚(从略),也可根据已选定的元件的连续接口来确定管道尺寸。

4) 确定油箱容量

按经验公式 $V = (5\sim 7)Q_p$,选取油箱容量 V。在此选取

$$V = 6Q_p = 6 \times (6+36)(\text{L}) = 252\text{L}$$

6. 液压系统性能验算

1) 回路压力损失

由于本系统具体管路尚未确定,故整个回路的压力损失无法验算。但是控制阀处压力损失的影响是可以计算的。读者可根据通过阀的实际流量及样本上查得的额定压力损失值予以计算。该题对回路压力损失计算从略。

2) 液压系统的发热与温升的验算

上面计算过,在整个工作循环中,工进时间为 56.8s,快进为 1s,快退为 1.5s。工进所占比重达 96%,所以系统的发热和油液的温升可用工进时的情况来代表。

工进时,液压缸的负载 $F=31480\text{N}$,移动速度 $v=0.88\times10^{-3}\text{m/s}$,故其有效输出功率为

$$P=Fv=31480\times0.88\times10^{-3}(\text{W})=27.7\text{W}=0.0277\text{kW}$$

液压泵的输出功率为

$$P_\text{p}=\frac{p_{\text{p}1}\cdot Q_{\text{p}1}+p_{\text{p}2}\cdot Q_{\text{p}2}}{\eta_\text{p}}$$

式中　$p_{\text{p}1}$、$p_{\text{p}2}$——小流量泵 1 和大流量泵 2 的工作压力,其中 $p_{\text{p}1}=50\times10^5\text{Pa}$,$p_{\text{p}2}=3\times10^5\times\left(\frac{36}{63}\right)^2\text{Pa}$(这是大流量泵通过顺序阀 7 的卸荷损失);

　　　　$Q_{\text{p}1}$、$Q_{\text{p}2}$——小流量泵 1 和大流量泵 2 的输出流量,其中 $Q_{\text{p}1}=6\text{L/min}$,$Q_{\text{p}2}=36\text{L/min}$;

　　　　η_p——油泵总效率,$\eta_\text{p}=0.75$。

故

$$P_\text{p}=\frac{1}{0.75}\left[50\times10^5\times\frac{6\times10^{-3}}{60}+3\times10^5\times\left(\frac{36}{63}\right)^2\times\frac{36\times10^{-3}}{60}\right](\text{kW})$$

$$=0.75\text{kW}$$

由此得液压系统的发热量为 $\Phi=P_\text{p}-P=(0.75-0.0277)(\text{kW})=0.72\text{kW}$
只考虑油箱的散热,其中油箱散热面积 A 可按下式估算:

$$A=0.065\sqrt[3]{V^2}\ (\text{m}^2)$$

式中　V——油箱有效容积(L),$V=252\text{L}$。

所以 $A=0.065\sqrt[3]{252^2}\ (\text{m}^2)=2.59\text{m}^2$。

取油箱散热系数 $k=13$,可得液压系统的温升为

$$\Delta T=\frac{860\Phi}{kA}=\frac{860\times0.72}{13\times2.59}=18.4\text{℃}$$

油液温升值没有超过允许值,系统无须添设冷却设备。

习　题

1. 在图示的液压缸驱动装置中,已知传送距离为 3m,传送时间要求小于 15s,运动按图(b)规律进行,其中加、减速时间各占总传送时间的 10%;假如移动部分的总重量为 5000N,移动件和导轨间的静、动摩擦系数分别为 0.2 和 0.1,试绘制此驱动装置的工况图。

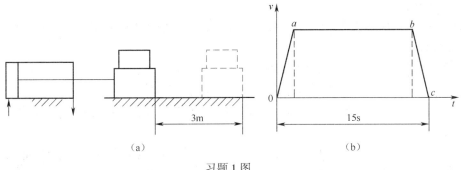

习题 1 图

2. 图示液压缸两活塞杆直径之比如规定为 $\dfrac{d_1}{d_2}=\sqrt{\dfrac{1}{2}}$，试问 $\dfrac{D}{d_2}$ 应取何值才能使活塞在空载下进退时保证泵的工作压力具有相同的值(不计各种摩擦损失和管道损失)? 这样确定下来的液压缸结构尺寸其往返速比是多少?

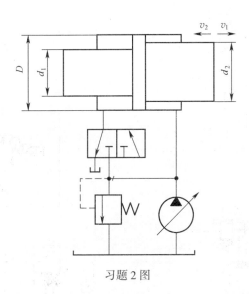

习题 2 图

3. 某立式压力机要求采用液压传动来实现附表所列的简单动作循环,如移动部件重 5000N,摩擦力、惯性力均可忽略不计,试设计此液压系统。

动作名称	外负载/N	速度/(m/min)
快速下降	10000	6
慢速施压	50000	0.2
快速提升	10000	12
原位停止	—	—

4. 图示液压系统中,液压缸直径 $D=70\text{mm}$, 活塞杆直径 $d=45\text{mm}$, 工作负载 $F=16000\text{N}$, 液压缸的效率 $\eta_m=0.95$, 不计惯性力和导轨摩擦力。快速运动时速度 $v_1=7\text{m/min}$, 工作进给速度 $v_2=53\text{mm/min}$, 系统总的压力损失折合到进给油路上为 $\sum\Delta p=5\times$

10^5Pa。试求：

(1) 该系统实现快进→工进→快退→原位停止的工作循环时电磁铁、行程阀、压力继电器的动作顺序表。

(2) 计算并选择系统所需元件，并在图上标明各元件型号。

5. 某厂拟自制一台单缸传动的液压机，要求液压系统满足下列要求：

(1) 必须完成的工作循环是：低压下行→高压下行→保压→高压回程→低压回程→上限停止。

(2) 主要参数：最大压制力 $5×10^6$N；最大回程力 $12×10^5$N；低压下行速度 25mm/s；高压下行速度 1mm/s；低压回程速度 25mm/s；高压回程速度 2.5mm/s。

(3) 自动化程度为行程半自动。

试确定：

(1) 液压缸内径 D 及活塞杆直径 d；

(2) 该液压机的液压系统图；

(3) 液压泵和电机规格型号。

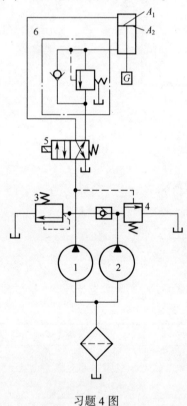

习题 4 图

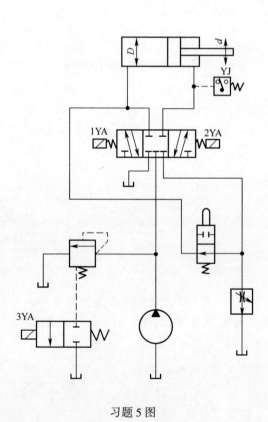

习题 5 图

第十一章 伺服控制与 PLC 控制

第一节 液压伺服控制系统概述

液压伺服控制系统是根据液压传动原理建立起来的一种自动控制系统。在这种系统中,执行元件(输出量)能够自动、快速而准确地复现输入量的变化规律。由于执行元件能自动地跟随控制元件运动而进行自动控制,所以称为液压伺服控制系统。

本章主要介绍液压伺服控制系统的工作原理、分类和几种典型的液压伺服控制系统。

一、液压伺服控制系统的工作原理

图 11-1 所示是一种简单的液压伺服控制系统。图中,液压泵 4 是系统的能源,它以恒定的压力向系统供油,供油压力由溢流阀 3 调定。液压拖动装置由四通滑阀 1 和液压缸 2 组成。液压缸 2 是执行元件,输入是压力油的流量,输出是运动速度(或位移)。滑阀是转换放大元件,它将输入的机械信号(位移或速度),转换并放大成液压信号(流量、压力)输出至液压缸。在系统中,滑阀体与液压缸体做成一体,构成了反馈连接。

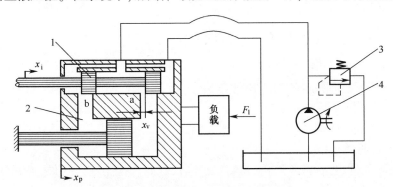

图 11-1 液压伺服控制系统原理图
1—四通滑阀;2—液压缸;3—溢流阀;4—液压泵。

如果给滑阀一个向右的输入位移 x_i,则窗口 a、b 便有一个相应的开口量 $x_v = x_i$。压力油经窗口 a 进入液压缸右腔,液压缸左腔油液经窗口 b 回油,缸体右移。因为阀体与缸体刚性连接,所以阀体也跟随缸体一起右移,使阀的开口量减小。当缸体位移 x_p 等于滑阀输入位移 x_i 时,阀的开口量 $x_v = 0$,阀的输出流量等于零,液压缸体停止运动,处在一个新的平衡位置上,从而完成了液压缸输出位移 x_p 对滑阀输入位移 x_i 的跟随运动。

在系统中,滑阀不动,液压缸也不动;滑阀向某一方向移动某一距离,液压缸也向同一方向移动相同距离;滑阀移动速度快,液压缸移动速度也快。可见执行元件的动作(系

统的输出 x_p)能够自动地、准确地复现滑阀的动作(系统的输入 x_i),所以这是一个自动跟随系统。在系统中,输入信号和反馈信号均由机械构件实现,所以也称机械液压伺服系统。

在系统中,移动滑阀所需要的信号功率很小,而系统的输出功率却很大。因此,这是一个功率放大装置。功率放大所需要的能量由液压能源供给。

在系统中,输出位移 x_p 之所以能自动、快速而准确地复现输入位移的变化,是因为阀体与缸体刚性连接,构成了反馈控制。在控制过程中,缸体的输出位移能够连续不断地反馈到阀体上,并与滑阀的输入位移相比较,得出两者之间的偏差,这个偏差就是滑阀的开口量。只要有偏差,缸体就继续移动,直到消除偏差时,缸体才静止不动。可以看出,这个系统是靠偏差工作的,即以偏差来消除偏差,这就是反馈控制的原理。

综上所述,液压伺服控制系统的工作原理是利用反馈连接得到偏差信号,再利用偏差信号去控制液压能源输入到系统的能量,使系统向减小偏差的方向变化,从而使系统的实际输出与希望值相符。

液压伺服控制系统的工作原理可以用方框图来表示,如图 11-2 所示。因为系统有反馈,方框图自行封闭,形成闭环。所以液压伺服控制系统是一种闭环控制系统,从而能够实现高精度控制。

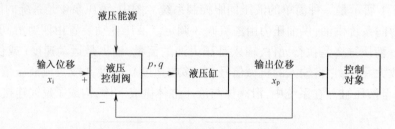

图 11-2 液压伺服控制系统工作原理方框图

二、液压伺服控制系统的组成和分类

1. 液压伺服控制系统的组成

实际上,无论液压伺服控制系统多么复杂,都是由一些基本元件组成的,如图 11-3 所示。各个元件的功用如下:

(1) 输入元件,也称指令元件,是给定控制信号的产生与输入元件,该元件可以是机械的、电气的、气动的等,输入信号可以是手动设定或者程序设定。

(2) 比较元件,将反馈信号与输入信号进行比较,给出偏差信号。

(3) 液压控制阀,用以接收输入信号,将偏差信号放大并转换成液压信号,并控制执行元件的动作。

(4) 液压执行元件,接收控制阀传来的信号,并产生与输入信号相适应的输出信号,通常指液压缸和液压马达。

(5) 反馈装置,将执行元件的输出信号反馈到比较元件,以便消除原来的误差信号。

(6) 控制对象,被控制的机器设备或物体,即负载。

2. 液压伺服控制系统的分类

液压伺服控制系统可按不同的原则分类,每一种分类的方法都代表系统一定的

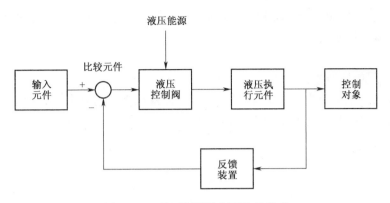

图 11-3 液压伺服控制系统的组成

特点。

（1）按被控物理量的名称不同可分为位置伺服控制系统、速度伺服控制系统、加速度伺服控制系统、力伺服控制系统和其他物理量的伺服控制系统。

（2）按系统中信号传递介质的形式或信号的能量形式可分为机液伺服控制系统、电液伺服控制系统和气液伺服控制系统等。

（3）按控制方式可分为阀控式（节流式）、变量泵式（容积式）。其中阀控式又可分为滑阀、喷嘴挡板、射流管阀。

（4）按功用可分为实现仿形的伺服系统、实现放大的伺服系统、实现同步的伺服系统。

三、液压伺服控制系统优缺点及应用

液压伺服控制系统除具有液压传动所固有的一系列优点外，还具有承载能力大、控制精度高、响应速度快、自动化程度高、体积小、重量轻等优点。

但是，液压伺服元件加工精度高，因而价格贵，对工作油要求高，工作油的污染对系统可靠性影响极大。

在伺服控制中，信号输入、误差检测、输出信号反馈以及系统校正和综合等使用电气系统比较方便，所以往往在信号处理部分采用电气元件；而从功率放大到执行元件则采用液压元件，这样就构成了电液伺服控制系统。它集中了电气元件的快速、灵活和传递方便以及液压执行元件的输出功率大，结构紧凑、重量轻和刚度大等方面优点。

目前，液压伺服控制系统特别是电液伺服控制系统已成为武器自动化和工业自动化的一个重要方面。凡是需要大功率、快速、精确反应的控制系统，都已经有了应用。如在国防工业中，应用于飞机的操纵系统、导弹的自动控制系统、火炮操纵系统、坦克火炮稳定装置、雷达跟踪系统和舰艇的操舵装置等；在一般工业中，应用于机床、冶炼、轧钢、铸锻、动力、工程机械、矿山机械、建筑机械、拖拉机、船舶等。

第二节 典型液压伺服控制系统

液压伺服控制系统按系统中信号传递介质的形式或信号的能量形式可分为机液伺

服控制系统、电液伺服控制系统和气液伺服控制系统等,本节主要介绍机液伺服控制系统和电液伺服控制系统。

一、机液伺服控制系统

机液伺服控制系统是以机械位移作为输入,以液压能作为动力来自动地控制系统工作的。机液伺服控制系统主要用来进行位置控制,广泛地用于仿形机床、导弹、飞机、汽车和汽轮机的控制中。

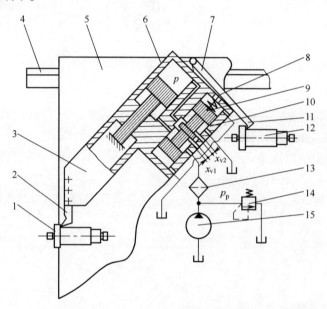

图 11-4 普通液压仿形刀架原理图
1—工件;2—刀具;3—刀架;4—导轨;5—溜板;6—缸体;7—杠杆;8—杆;
9—滑阀;10—阀体;11—触头;12—样板;13—过滤器;14—溢流阀;15—液压泵。

下面以图 11-4 所示的普通车床液压仿形刀架为例,对机液伺服控制系统的工作原理进行简要分析。

仿形刀架安装在车床刀架横溜板的后方,随溜板 5 一起做纵向运动。样板 12 安装在床身的后侧面,并固定不动。液压缸活塞杆固定在刀架 3 的底座上,液压缸体 6 连同刀架可在刀架底座的导轨上沿液压缸轴向移动。

仿形刀架由控制滑阀(伺服阀)、液压缸和反馈机构三部分组成。控制滑阀是一个三通(双边)阀,阀体与液压缸体刚性连接,与杠杆 7 一起构成反馈机构。滑阀一端有弹簧,经杆 8 使触头 11 压紧在样板 12 上。位置指令由样板 12 给出,经杠杆 7 和杆 8 作用在滑阀的阀芯上。液压缸体 6 跟随滑阀 9 运动,使刀架在液压缸轴线方向产生仿形运动。

液压缸有杆腔与供油路相通,其压力等于供油压力 p_p。液压缸无杆腔经滑阀开口 x_{v1}、x_{v2} 分别与供油路和回油路相通。当液压缸有杆腔有效作用面积为 A,液压缸无杆腔有效作用面积为 $2A$,阀芯处于中间位置时,$x_{v1} = x_{v2}$,$p = p_p/2$,液压缸处于相对平衡状态。

车削圆柱面时,溜板 5 沿导轨 4 纵向移动,触头 11 沿样板 12 的圆柱表面滑动。这时阀芯不动,液压缸也不动,刀架跟随溜板一起只做纵向进给车削出圆柱面。

车削台肩时,触头 11 碰到样板 12 的台肩,使杠杆 7 绕支点抬起,经杆 8 带动阀芯向右上方移动,使阀口 x_{v1} 增大,x_{v2} 减小,液压缸无杆腔压力 p 增大,推动缸体连同阀体和刀架沿轴后退。阀体后退又使开口 x_{v1} 减小,x_{v2} 增大,实现负反馈。

这时,溜板的纵向运动 $V_{纵}$ 和仿形刀架液压缸体的仿形运动 $V_{仿}$ 所形成的合成进给运动 $V_{合}$,就使车刀车出与样板相同的台肩形状。当阀的开口恢复到原来的大小时,仿形刀架又处于平衡状态。

仿形刀架的液压缸轴线多与主轴中心线安装成 $45°\sim 60°$ 的斜角,目的就是车削直角的台肩。

二、电液伺服控制系统

电液伺服控制系统是用电液伺服阀对液压执行机构实现有效控制的系统,电液伺服系统综合了电气和液压两方面的优点,具有响应速度快,控制精度高,信号发生和处理灵活,输出功率大,容易校正,能将很小的电信号转换成巨大的液压功率的突出优点。电液伺服系统的主要缺点是价格高、抗污染能力差,对液压油的质量及清洁度要求很高。

按照输出量的量纲不同,电液伺服控制系统可分为电液位置伺服系统、电液速度伺服系统和电液力伺服系统,电液伺服系统中常见的是电液位置伺服系统,下面以带材跑偏控制系统为例,简单地介绍电液伺服控制系统的工作原理。

在带状材料的卷取机械生产过程中均存在跑偏现象,即边缘位置偏移问题。为什么带材连续生产需要进行跑偏控制呢?这是因为尽管在机组和设备设计中采取了许多使带材定心的措施,但跑偏仍是不可避免的。引起跑偏的原因主要有张力不适当或者张力波动较大,辊系的不平行和不水平,辊子偏心或者锥度,带材厚度不均匀、浪行及横向弯曲等。跑偏控制的作用在于使机组中被扎带钢定位,避免带材跑偏过大撞坏设备或造成断带停产,从而保证机组稳定高产;同时由于实现了自动卷齐,使带钢可以立放,便于中间多道工序的生产,并可大量减少带边的剪切量而提高成品率,使成品钢卷整齐,包装、运输及使用方便。为了使带材自动卷齐,就必须对带材进行跑偏控制。

图 11-5 所示为带材跑偏控制系统,图 11-6 所示为带材跑偏伺服控制系统方框图。该控制系统主要由能源装置 1、电液伺服阀 2、光电检测器 3、钢带 4、卷筒 5、钢卷 6、卷取机 7、伺服液压缸 8、辅助液压缸 9、电放大器 10、锁紧装置 11 等组成,其中光电检测器由光源和光电二极管组成。当带材正常运行时,光电管接收一半光照,其电阻值为 R。当带材边缘偏离检测器中央时,光电管接收的光照发生变化,电阻值 R 也随之发生变化,从而破坏了以光电管电阻为一臂的电桥平衡,输出一偏差电压信号,此信号经电放大器 10 放大后转变为差动电流 Δi,输入伺服阀 2,使伺服阀输出一正比于 Δi 的流量,推动伺服液压缸 8 拖动卷筒 5 向跑偏方向跟踪,从而实现了带材自动卷齐。由于卷取机 7、卷筒 5 运动时带动光电检测器 3 一起移动,因而形成了直接位置反馈。当跟踪位移与跑偏位移量相等时,偏差信号为零。卷筒在新的平衡状态下进行卷取,完成了自动纠偏过程。一般情况下,卷齐精度可达 $1\sim 2\mathrm{mm}$。锁紧装置 11 的作用是选择锁紧伺服液压缸 8 或辅助伺服液压缸 9。正常工作时,2YA 通电,辅助液压缸 9 被锁紧,当光电检测器 3 需要调整位置时,1YA 通电,伺服液压缸 8 被锁紧。

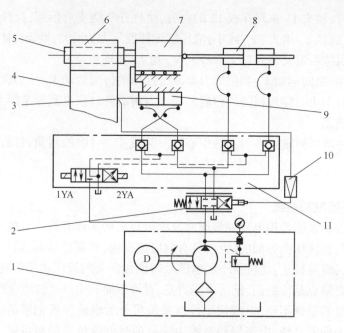

图 11-5 带材跑偏伺服控制系统图

1—能源装置；2—电液伺服阀；3—光电检测器；4—钢带；5—卷筒；6—钢卷；7—卷取机；8—伺服液压缸；9—辅助液压缸；10—电放大器；11—锁紧装置。

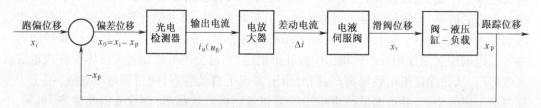

图 11-6 带材跑偏伺服控制系统方框图

第三节 液压的 PLC 控制系统设计步骤

一、液压的 PLC 控制概述

目前，在大多数情况下，液压系统采用可编辑逻辑控制器（programmable logic controller，PLC）控制。液压 PLC 控制系统以 PLC 为中心组成电气控制系统，实现对生产设备的液压系统控制。液压与 PLC 是双向信息交流的关系，相互间密不可分。PLC 应用到液压系统，能较好地满足控制系统的要求，并且测试精确，运行高速、可靠，提高了生产效率，延长了设备使用寿命。

1. 液压 PLC 控制的优点

早期液压系统采用继电器控制，其缺点主要表现为线路复杂，继电器动作慢、寿命短，系统控制精度差，故障率高，维修工作量大等。采用 PLC 控制液压系统可消除上述缺陷。

PLC 工作性能稳定且各 I/O 指示简单、明了,易于编程,方便修改,大大缩短了维修、改制、安装和调试液压设备的时间。

PLC 具有控制系统可靠性高、通用性强、抗干扰能力强,而且一般不需要采取什么特殊措施,就能直接在工业环境中使用的特点,更加适合工业现场的要求。

用 PLC 控制,可使液压系统工作平稳、准确,更有利于改善工人的劳动环境,降噪增效,节约能源,而且提高了液压系统的性能,延长液压设备的使用寿命,大大提高了生产率和自动化程度。

总之,使用 PLC 控制液压系统能显著提高系统的整体性能,具有明显的优越性。

2. 控制系统的设计

控制系统设计主要是 PLC 的选择及编程。

依据液压控制要求,PLC 的选择主要参数包括:PLC 的类型选择、输入输出(I/O)点数的确定、存储器容量的估算、通信功能的选择、输入输出模块的选择、处理速度的选择、扩展单元的选择等。

PLC 的编程依据液压控制要求,设定 PLC 应用程序。此外,还包括传感器的设计、人机界面的设计以及通信系统的设计等。

二、PLC 控制系统设计的基本原则

在设计 PLC 控制系统时,应遵循以下基本原则:

(1) 最大限度地满足控制要求。

充分发挥 PLC 功能,最大限度地满足被控对象的控制要求,是设计中最重要的一条原则。设计人员要深入现场进行调查研究,收集资料。同时要注意与现场工程管理和技术人员及操作人员紧密配合,共同解决重点问题和疑难问题。

(2) 保证系统的安全可靠。

保证 PLC 控制系统能够长期安全、可靠、稳定运行,是设计控制系统的重要原则。

(3) 力求简单、经济、使用与维修方便。

在满足控制要求的前提下,一方面要注意不断地扩大工程的效益,另一方面也要注意不断地降低工程的成本,不宜盲目追求自动化和高指标。

(4) 适应发展的需要。

适当考虑到今后控制系统发展和完善的需要。

三、PLC 控制系统设计步骤

PLC 控制系统设计,一般按图 11-7 所示的步骤进行。

1. 分析被控制对象,明确控制要求

首先应分析系统的工艺要求,对被控制对象的工艺过程、工作特点、环境条件和用户要求等进行全面分析,列出控制系统的全部功能和要求。确定被控系统所必须完成的动作及动作顺序。综合比较,优选控制方案。

2. 确定输入/输出设备

根据系统的控制要求,确定系统所需的全部输入设备(如按钮、位置开关、转换开关及各种传感器等)和输出设备(如接触器、电磁阀、信号指示灯及其他执行器等),从而确

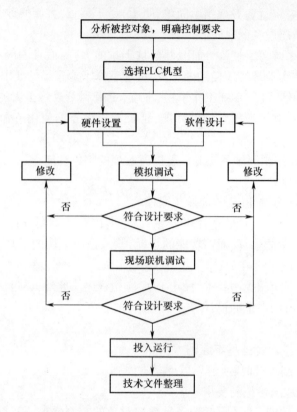

图 11-7 PLC 系统设计流程图

定与 PLC 有关的输入/输出设备,以确定 PLC 的 I/O 点数。

3. 确定控制方案,选择 PLC

在 PLC 系统设计时,确定控制方案后,对 PLC 进行选型。工艺流程的特点和应用要求是设计选型的主要依据。PLC 及有关设备应该是集成的、标准的,按照易于与工业控制系统形成一个整体,易于扩充其功能的原则选型。所选用 PLC 应是在相关工业领域有投运业绩、成熟可靠的系统。PLC 的系统硬件、软件配置及功能应与装置规模和控制要求相适应。然后根据控制要求,估算输入输出点数、所需存储器容量、确定 PLC 的功能、外部设备特性等,最后综合上述结果选择有较高性价比的 PLC。PLC 的选型主要从如下几个方面来考虑。

1) PLC 机型的选择

PLC 按结构分为紧凑型和模块型两类:紧凑型 PLC 的 I/O 点数较少且相对固定,因此用户选择的余地较小,通常用于小型控制系统;模块型 PLC 提供多种 I/O 模块可以在 PLC 基板上插接,方便用户根据需要合理地选择和配置控制系统的 I/O 点数。因此,模块型 PLC 的配置比较灵活,一般用于大中型控制系统。

2) I/O 点数的确定

根据系统的控制要求,统计出被控设备对输入输出总点数的需求量,再增加一定的余量来确定 PLC 的 I/O 点数。一般选择增加 15%~20% 的备用余量,以便今后调整或扩充。

3）存储器容量

存储器容量是指可编程序控制器本身能提供的硬件存储单元大小,根据系统大小和控制要求的不同,选择用户存储器容量不同的 PLC。用户存储器是用户程序所使用的存储单元的大小,因此存储器容量应大于程序容量。设计阶段,由于用户应用程序还未编制,因此,需要对程序容量进行估算。如何估算程序容量呢？一般情况都是按数字量 I/O 点数的 10~15 倍,加上模拟量 I/O 点数的 100 倍,以此数为内存的总字数(16 位为一个字),另外再按此数的 25%考虑余量。

4）PLC 通信功能的选择

现在 PLC 的通信功能越来越强大,很多 PLC 都支持多种通信协议(有些需要配备相应的通信模块),选择时要根据实际需要选择合适的通信方式。PLC 系统的通信网络主要形式有下列几种形式：

(1) PC 为主站,多台同型号 PLC 为从站,组成简易 PLC 网络。

(2) 1 台 PLC 为主站,其他同型号 PLC 为从站,构成主从式 PLC 网络。

(3) PLC 网络通过特定网络接口连接到大型 DCS 中作为 DCS 的子网。

(4) 专用 PLC 网络(各厂商的专用 PLC 通信网络)。为减轻 CPU 通信任务,根据网络组成的实际需要,应选择具有不同通信功能的(如点对点、现场总线、工业以太网等)通信处理器。

5）I/O 模块的选择

PLC 的 I/O 模块有开关量 I/O 模块、模拟量 I/O 模块及各种特殊功能模块等。

开关量输入模块是用来接收现场输入设备的开关信号,将信号转换为 PLC 内部接受的低电压信号,并实现 PLC 内、外信号的电气隔离。选择时主要考虑以下几个方面：

(1) 开关量 I/O 模块。

开关量输入模块有直流输入、交流输入和交流/直流输入三种类型。选择时主要根据现场输入信号和周围环境因素等来进行。直流输入模块的延迟时间较短,还可以直接与接近开关、光电开关等电子输入设备连接；交流输入模块可靠性好,适合于有油污、粉尘的恶劣环境下使用。

开关量输入模块的输入信号的电压等级有：直流 5V、12V、24V、48V、60V 等；交流 110V、220V 等。选择时主要根据现场输入设备与输入模块之间的距离来考虑。一般 5V、12V、24V 用于传输距离较近场合,如 5V 输入模块最远不得超过 10m。距离较远的应选用输入电压等级较高的模块。

开关量输出模块是将 PLC 内部低电压信号转换成驱动外部输出设备的开关信号,并实现 PLC 内外信号的电气隔离。开关量输出模块有继电器输出、晶闸管输出和晶体管输出三种方式。选择时主要应考虑输出方式的以下几个方面：

继电器输出的价格便宜,既可以用于驱动交流负载,又可用于直流负载,而且适用的电压大小范围较宽、导通压降小,同时承受瞬时过电压和过电流的能力较强,但其属于有触点元件,动作速度较慢、寿命较短、可靠性较差,只能适用于不频繁通断的场合。

对于频繁通断的负载,应该选用晶闸管输出或晶体管输出,它们属于无触点元件。但晶闸管输出只能用于交流负载,而晶体管输出只能用于直流负载。

(2) 模拟量 I/O 模块和特殊功能模块。

模拟量输入模块是将传感器检测而产生的模拟量信号转换成 PLC 内部可接受的数字量;模拟量输出模块是将 PLC 内部的数字量转换为模拟量信号输出。在工业控制系统中,除开关信号的开关量外,还有温度、压力、液位、流量等过程控制变量以及位置、速度、加速度、力矩、转矩等运动控制变量,需要对这些变量进行检测和控制。

目前,各 PLC 厂家都提供了许多特殊专用功能模块,除具有 A/D 和 D/A 转换功能的模拟量输入/输出模块外,还有温度模块、位控模块、高速计数模块、脉冲计数模块以及网络通信模块等可供用户选择。

6) PLC 处理速度

PLC 以扫描方式工作,从接收输入信号到输出信号控制外围设备,存在滞后现象,但能满足一般控制要求。如果某些设备要求输出响应快,应采用快速响应的模块,优化软件缩短扫描周期或中断处理等措施。

7) 是否要选用扩展单元

多数小型 PLC 是整体结构,除了按点数分成一些档次(如 32 点、48 点、64 点、80 点)外,还有多种扩展单元模块供选择。模块式结构的 PLC 采用主机模块与输入输出模块、功能模块组合使用方法,I/O 模块点数多少分为 8 点、16 点、32 点不等,可根据需要,选择灵活组合主机与 I/O 模块。

4. 分配 I/O 点并设计 PLC 外围硬件线路

分配 I/O 点:画出 PLC 的 I/O 点与输入/输出设备的连接图或对应关系表。

PLC 外围硬件线路:画出系统其他部分的电气线路图,包括主电路和未进入 PLC 的控制电路等。

由 PLC 的 I/O 连接图和 PLC 外围电气线路图组成系统的电气原理图。到此为止系统的硬件电气线路已经确定。

5. 硬件实施

设计控制柜和操作台等部分的电气布置图及安装接线图;设计系统各部分之间的电气互连图;根据施工图纸进行现场接线,并进行详细检查。

由于程序设计与硬件实施可同时进行,因此 PLC 控制系统的设计周期可大大缩短。

6. 软件设计

软件设计是 PLC 控制系统应用设计中工作量最大的一项工作,主要是编写满足生产要求的梯形图程序。软件设计应按以下的要求和步骤进行。

(1) 根据控制要求,确定控制的操作方式(手动、自动、连续、单步等),应完成的动作(动作的顺序和动作条件),以及必需的保护和联锁;还要确定所有的控制参数,如转步时间、计数长度、模拟量的精度等。

(2) 列出 PLC 的 I/O 地址分配表。根据生产设备现场的需要,把所有的按钮、限位开关、接触器、指示灯等配置按照输入、输出分类;每一类型设备按顺序分配输入/输出地址,列出 PLC 的 I/O 地址分配表。

(3) 设计 PLC 控制系统流程图。对于较复杂的控制系统,应先绘制出控制流程图。在明确了系统生产工艺要求,分析了各输入/输出与各种操作之间的逻辑关系后,可根据系统中各设备的操作内容与操作顺序,绘出系统控制流程图(控制功能图),作为编写用户控制程序的主要依据。要求流程图尽可能详细,使设计人员对整个控制系统有一个整体概念。

（4）编制梯形图程序。参考流程图进行程序设计,对程序进行模拟调试、修改,直至满意为止。调试时可采用分段调试,并利用计算机或编程器进行监控。根据控制系统流程图逐条编写满足控制要求的梯形图程序,这是最关键也是较难的一步。设计者在编写过程中,可以借鉴现成的标准程序,但必须弄懂这些程序段的具体含义,否则会给后续工作带来问题。

目前用户控制程序的设计方法较多,没有统一的标准可循,设计者主要依靠经验进行设计。这就要求设计者不仅要熟悉 PLC 编程语言,还要熟悉工业控制的各种典型环节。

（5）系统程序测试与修改。程序设计完成后,应进行在线统调。开始时先带上输出设备(如接触器、信号指示灯等),不带负载进行调试。调试正常后,再带上负载运行。将设计好的用户控制程序键入 PLC 后应仔细检查与验证,并修改程序。对于复杂的程序先进行分段调试,然后进行总调试,并做必要的修改,直到满足要求为止。

程序测试可以初步检查程序是否能够完成系统的控制功能,通过测试不断修改完善程序的功能。测试时,应从各功能单元先入手,设定输入信号,观察输出信号的变化情况。必要时可借用一些仪器进行检测,在完成各功能单元的程序测试之后,再贯穿整个程序,测试各部分接口情况,直至完全满足控制要求为止。

7. 现场联机运行总调试

程序测试完成后,需到现场与硬件设备进行联机统调。联机调试过程应循序渐进,在检查接线等无差错后,先对各单元环节和各电柜分别进行调试,然后再按系统动作顺序,逐步进行调试,并通过指示灯显示器,观察程序执行和系统运行是否满足控制要求。如不符合要求,则对硬件和程序作调整。通常只需修改部分程序即可,必要时调整硬件,直到符合要求为止。

8. 技术文件的整理

系统现场调试和运行考验成功后,整理技术资料,编写技术文件。技术文件包括设计说明书、硬件原理图、安装接线图、电气元件明细表、PLC 程序以及使用说明书等。

四、PLC 应用程序的常用设计方法

PLC 应用程序的设计就是梯形图(相当于继电接触器控制系统中的原理图)程序的设计,这是 PLC 控制系统应用设计的核心部分。PLC 所有功能都是以程序的形式体现的,大量的工作将用在软件设计上。程序设计的方法很多,没有统一的标准可循。常用的设计方法是采用继电器系统设计方法,如经验法、图解法、翻译法、状态转移法、模块分析法、功能图法和流程图法等。

1. 图解法

图解法是靠绘图进行 PLC 程序设计。常见的绘图有三种方法,即梯形图法、时序图法和流程图法。

梯形图法是依据上述各种程序设计方法把 PLC 程序绘制成梯形图,这是最基本的常用方法。

时序图法特别适合于时间控制电路,例如交通信号灯控制电路,对应的时序图画出

后,再依时间用逻辑关系组合,就可以很方便地把电路设计出来。

流程图法是用流程框图表示 PLC 程序执行过程以及输入与输出之间的关系。若使用步进指令进行程序设计是非常方便的。

2. 翻译法

所谓翻译法是将继电器控制逻辑原理图直接翻译成梯形图。工业技术改造通常选用翻译法。原有的继电器控制系统,其控制逻辑原理图在长期的运行中运行可靠,实践证明该系统设计合理。在这种情况下可采用翻译法直接把该系统的继电器控制逻辑原理图翻译成 PLC 控制的梯形图。

3. PLC 的状态转移法

程序较为复杂时,为保证程序逻辑的正确及程序的易读性,可以将一个控制过程分成若干个阶段,每一个阶段均设一个控制标志,每执行完一个阶段程序,就启动下一个阶段程序的控制标志,并将本阶段控制标志清除。所谓状态是指特定的功能,因此状态转移实际上就是控制系统的功能转移。在机电控制系统中,机械的自动工作循环过程就是电气控制系统的状态自动、有序、逐步转移的过程。这种功能流程图完整地表现了控制系统的控制过程、各状态的功能、状态转移顺序和条件,它是 PLC 程序设计的好方法。

第四节 液压动力滑台控制系统设计

一、液压动力滑台的工艺过程

动力滑台是组合机床加工工件时完成进给运动的动力部件,它采用液压驱动,这种滑台具有两种进给速度,往往先以较快的速度加工,而后又以较慢的速度加工,如镗孔、车端面等。

动力滑台液压系统的具体运行要求如下。

(1) 按下启动按钮 SB1,液压滑台从原位快速启动。
(2) 当快进到挡铁压住 SQ2 时,液压滑台由快进转为一次工进。
(3) 当一次工进到挡铁压住 SQ3 时,液压滑台由一次工进转为二次工进。
(4) 二次工进到终点死挡铁处,压住 SQ4。
(5) 终点停留 6s 后,转为反向快退,到达原位后压下 SQ1 停止。
(6) 系统在控制方式上,能实现自动/单周循环控制及点动调整控制。

根据以上液压系统自动循环控制要求分析,进行 PLC 选型和 I/O 端口分配,设计 PLC 控制系统电路和软件梯形图。

二、液压控制回路原理

图 11-8 为二次工进的动力滑台的液压系统,它的工作状态由 DT1~DT4 四个电磁铁的通断来控制。

在液压系统中,三位五通电磁换向阀 4 负责进给缸的油路转换;二位二通电磁换向阀 5 负责快速进给油路的转换;二位二通电磁换向阀 9 负责工作进给油路的转换。下面分别介绍其工作状态。

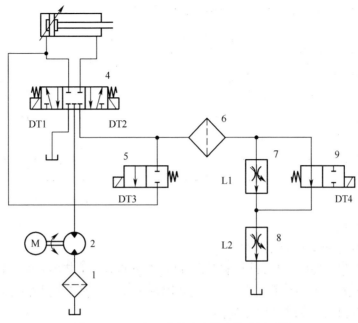

图 11－8 二次工进的动力滑台的液压系统
1、6—过滤器；2—液压泵；4—三位五通电磁换向阀；5、9—二位二通电磁换向阀；7、8—节流阀。

1. 滑台快进

电磁铁 DT1、DT3 通电，换向阀 4、5 处于左位。进油路：液压泵泵出的液压油经过换向阀 4 进入进给缸的无杆腔。回油路：有杆腔的液压油经过换向阀 4、5 进入进给缸的无杆腔。进给缸两腔相通形成差动连接，活塞杆快速右移，带动动力滑台快速进给。

2. 滑台一次工进

电磁铁 DT1 通电，DT3、DT4 不通电，换向阀 4 处于左位，换向阀 5、9 均处于常态位。进油路与快进工况时相同。回油路：有杆腔的液压油经过换向阀 9 和节流阀 8 回到油箱。由于回油路中接入了节流阀，形成出口节流调速回路，使滑台处于慢速移动的工作状态，实现一次工进。

3. 滑台二次工进

电磁铁 DT1、DT4 通电，电磁铁 DT3 不通电，换向阀 4 处于左位，换向阀 5 处于常态位，换向阀 9 处于右位。进油路与快进工况时相同。回油路：有杆腔的液压油经过换向阀 4、节流阀 7、8 回到油箱。由于回油路中增加了节流环节，滑台移动得更慢，实现二次工进。

4. 滑台快退

电磁铁 DT2 得电，换向阀 4 处于右位。进油路：液压泵泵出的液压油经过换向阀 4 进入有杆腔。回油路：无杆腔的液压油经过换向阀 4 直接回到油箱。由于在回路上没有节流阀，所以移动速度快，实现快速退回。

5. 滑台原位停止

换向阀 4 处于常态位，液压泵泵出的液压油经过换向阀 4 的中位直接流回油箱，而进给缸两腔油路则被切断，实现滑台的原位停止。

电磁铁 DT1~DT4 的通断电动作顺序见表 11-1。

表 11-1 电磁铁通断电动作顺序

工序	DT1	DT2	DT3	DT4
快进	+	-	+	-
一次工进	+	-	-	-
二次工进	+	-	-	+
停止	-	-	-	-
快退	-	+	-	-

三、系统方案

1. PLC 选型和 I/O 端口分配

根据以上液压系统自动循环控制要求分析,系统共需 9 个开关量输入点,4 个开关量输出点,考虑系统的经济性和技术指标,可选用三菱公司的微型机 FX-24MR 机型。输入/输出信号地址分配如表 11-2 所列。

表 11-2 输入输出信号地址分配

地址	元件	功能	地址	元件	功能
X1	SQ1	原位	X10		手动
X2	SQ2	一次工进	X11	SB1	启动
X3	SQ3	二次工进	X12	SB2	停止
X4	SQ4	终点	Y1	YA1	电磁铁
X5	SB3	点动右行	Y2	YA2	电磁铁
X6	SB4	点动左行	Y3	YA3	电磁铁
X7	SA	自动/单周	Y4	YA4	电磁铁

2. 控制电路

PLC 控制系统电路如图 11-9 所示。图 11-9 中,SA 为选择开关,用来选定工作台的工作方式,当 SA 接通 X7 时,为自动/单周工作方式;当 SA 接通 X10 时,为手动工作方式;此时,按下 SB3,可使滑台点动工进,按下 SB4 可使滑台快速复位。另外,为了保证安全,系统外部设置了上电和急停控制电路,当系统出现故障时,按下 SB5,KM 线圈失电,KM 常开触点断开,PLC 失去电源,电磁铁停止工作,动力滑台停止进给。

四、软件

图 11-10 所示为 PLC 软件梯形图,在程序中,采用了状态转移法,并且使用了主控指令。

(1) 整个程序分自动控制与手动控制两大部分,SA 是自动/单周及手动的控制开关。

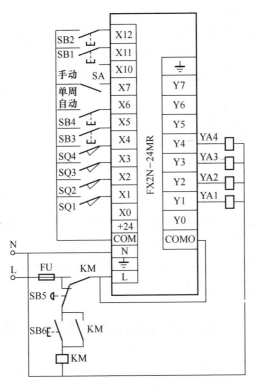

图 11-9 PLC 控制系统电路图

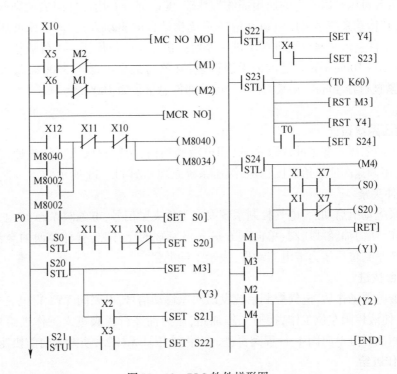

图 11-10 PLC 软件梯形图

301

(2) 自动控制过程。将 SA 扳向"自动"位置，SA 未接通 X10，即 X10 处于常开断开，常闭合状态，程序跳至 P0 处，利用 PLC 初始化脉冲 M8002 使程序进入初始状态 S0。此时，按下启动按钮 SB1、X11 常开闭合，S20 被置位，而 S0 自动复位，S20 被置位后，驱动它后面所连接的负载工作，随着各转换条件的满足，系统将按要求自动完成每步工作，实现液压系统自动循环的工作要求。

(3) 当系统工作至 S24 步时，Y2 得电，电磁铁 YA2 工作，动力滑台开始快退，当快退至原位 SQ 处时，若 SA 置于单周位置，即 X7 常开闭合，常闭断开，系统将由状态 S24 回到起始步 S0，而不进行自动循环过程；若 SA 未置于单周位置，即 X7 常开是断开的，常闭是闭合的，则系统将由状态 S24 回到 S20 自动下一次循环。

(4) 手动控制过程。将开关 SA 扳至"手动"位置，此时，X10 常开闭合，常闭断开，利用主控指令，通过点动控制按钮 SB3、SB4 实现动力滑台的左、右运动的手动调整。

(5) 程序中，软继电器 M8040 为禁止转换，M8034 为禁止输出，用来控制程序的工作状态，当按下停止按钮 SB2 时，X12 闭合，接通 M8040、M8034，程序各步之间的转换与输出即刻被禁止，从而使系统停止工作。

第五节　钻孔组合机床液压控制系统设计

一、功能需求

钻孔组合机床是以独立的通用部件为基础，配以部分专用部件组成的高效率自动化加工设备，其传动系统多采用电机和液压系统相结合的驱动方式，该机床液压系统的工作循环为：工件夹紧—滑台快进—工进—停留—快退—原位停止—工件放松。技术要求如下：可在 20~100mm/min 范围内无级调速；夹紧力最小不低于 3300N，最大不得超过 6000N；夹紧缸行程 40mm，夹紧时间 1s；运动部件总重量为 18000N。

二、液压系统设计

该系统用限压式变量叶片泵供油，用电液阀换向，用行程阀实现快进速度和工作速度的切换，用调速阀使进给速度稳定，液压系统原理如图 11-11 所示。

1. 工件夹紧

液压泵电动机启动后，电气控制系统发出工件夹紧信号，电磁阀 YV4 得电，二位四通阀右位工作，压力油经减压阀、单向阀 6 进入夹紧缸的无杆腔，有杆腔回油至油箱，工件夹紧。当夹紧到位后压力继电器动作，表示工件夹紧。

2. 滑台快进

压力继电器动作后，电气控制系统发出快速移动信号，电磁阀 YV1 得电，三位五通阀左位工作，使液控阀左位工作，接通工作油路，压力油经行程阀进入工作进给缸无杆腔，有杆腔内回油经过单向阀 4、行程阀再进入工作液压缸无杆腔，使滑台向前快速移动。

3. 工作进给

滑台快速移动到接近加工位置时，台上挡铁压下行程阀，切断压力油通路，压力油只能通过调速阀 1 进入进给缸无杆腔，进油量的减少使得滑台移动速度降低，滑台转为工作进给。此时由于负载增加,工作油路油压升高,顺序阀打开进给缸有杆腔回油不再经过单向阀 4 流入液压缸无杆腔,而是经顺序阀、溢流阀流回油箱。

4. 快速退回

滑台工进到终点时,终点行程开关被压下,使电磁阀 YV1 断电,而电磁阀 YV2 得电,三位五通阀右位工作,使液控阀右位工作,接通工作油路,压力油直接进入进给缸有杆腔,使滑台快速退回。同时无杆腔内的回油经单向阀 1、液控阀流回油箱。当滑台快速退回原位,原点行程开关被压下,电磁阀 YV2 失电,液控阀回中间位置,切断工作油路,滑台停止于原位。

5. 工件松开

当滑台回原位停止后,电气控制系统发出工件松开信号,使电磁阀 YV3 得电,二位四通阀左位工作,改变油路的方向,压力油进入夹紧缸有杆腔,无杆腔内的回油经二位四通阀流回油箱,使工件松开,同时压力继电器复位。取下工件,一个工作循环结束。

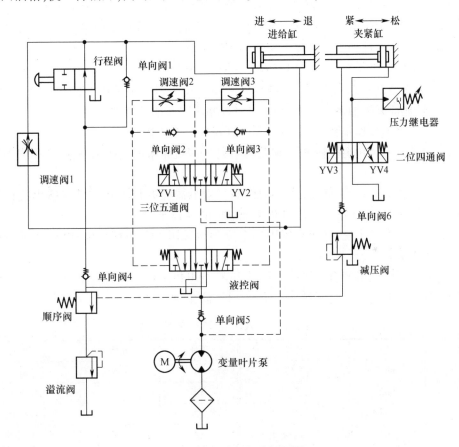

图 11-11 液压机床原理图

电磁铁 YV1~YV4 的通断电动作顺序见表 11-3。

表 11-3 电磁铁通断电动作顺序

工序	YV1	YV2	YV3	YV4
工件夹紧	−	−	−	+

303

续表

工序	YV1	YV2	YV3	YV4
滑台快进	+	−	−	−
工作进给	+	−	−	−
快速退回	−	+	−	−
工件松开	−	−	+	−

三、控制系统设计

1. PLC 选型和 I/O 端口分配

该钻孔组合机床的进给运动、工件定位和夹紧装置均由液压系统驱动，机床滑台用于进给运动。M1 为液压泵电动机，为整个液压系统提供能量源，为确保安全，只有系统正常供油后，其他控制电路才能通电工作。M2 为主轴电动机，拖动主轴箱的刀具主轴，提供切削主运动，主轴电动机在滑台进给循环开始时启动，滑台退回原位后停机。M3 为冷却泵电动机，在工件加工的过程中冷却泵始终工作。

根据以上液压系统自动循环控制要求分析，系统共需 8 个开关量输入点，9 个开关量输出点，考虑系统的经济性和技术指标，可选用三菱公司的微型机 FX‑24MR 机型，输入/输出信号地址分配如表 11‑4 所列，电气控制线路有如下特点：

（1）简化手动操作步骤，按下按钮 SB2 即可完成单次循环。

（2）设计了手动快退按钮 SB5，解决因特殊原因机床未停止在原点，循环无法再启动的问题。

（3）为节省 I/O 点数、简化 PLC 程序，将热继电器触头 FR1 和 FR2 直接串接在接触器线圈控制线路中，用于液压泵电机和主轴电机的过载保护。

（4）为防止电气干扰，液压系统中的电磁阀均采用 24V 直流供电，电机控制用接触器线圈均采用 220V 交流供电。

（5）液压泵电动机的启动设计了延时环节，待电机工作正常后电磁阀才开始动作。

（6）对工件的夹紧与松开设计了延时保护，防止对工件和夹具造成破坏。

表 11‑4 输入输出信号地址分配

地址	元件	功能	地址	元件	功能
X0	SB1	急停	Y1	YV2	快退
X1	SB2	循环开始	Y2	YV3	工件松开
X2	SB3	冷却泵启动	Y3	YV4	工件夹紧
X3	SB4	冷却泵停止	Y4	KM1	液压泵电机
X4	SB5	手动快退	Y5	KM2	主轴电机
X5	BP	压力继电器	Y6	KM3	冷却泵电机
X6	SQ1	原位	Y7	HL1	原点指示灯
X7	SQ2	终点	Y010	HL2	夹紧指示灯
Y0	YV1	快进			

2. 控制电路

PLC控制系统电路如图11-12所示。

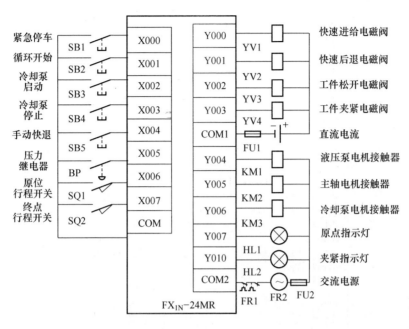

图11-12 液压机床PLC控制I/O接线图

四、PLC控制程序设计

程序运行过程:控制程序基于三菱SWOPC-FXGP/WIN-C软件,采用梯形图方式编程,如图11-13所示。程序描述如下:按下循环启动按钮SB2,对应X001置1,输出Y004置1,液压泵电机M1启动;时间继电器T0延时1.8s,待液压泵电机工作正常,液压回路油压到达设计值后,T0使Y003置1,工件夹紧电磁阀YV4开始工作,工件夹紧;夹紧时间约1s,压力继电器BP动作,其触头闭合,X005置1,Y010置1,夹紧指示灯亮;M0置1,使得Y000、Y005、Y006均置1,滑台开始进给,刀具主轴电机M2启动,冷却泵电机M3启动;进给过程中的快进转工进由液压回路实现,滑台工进到终点位置时,终点行程开关SQ2被压下,X007置1,Y000置0,Y001置1,进给电磁阀YV1失电,快退电磁阀YV2得电,滑台后退;后退到原点位置时,原位行程开关SQ1被压下,X006置1,Y007置1,原点指示灯亮;M1置1,使得Y001、Y005、Y006均置0,快退电磁阀失电,主轴电机M2停止,冷却泵电机M3停止;工件松开电磁阀YV3得电,松开时间0.8s后断开液压泵电机M1,整个工作循环结束。如需立即快退到原位,可按下按钮SB5使X004置1,此时Y000、Y005、Y006均置0,进给电磁阀失电,主轴电机停止,冷却泵电机停止,Y001置1,滑台立即后退到原位。

工作过程中如因特殊原因需紧急停车,可按下按钮SB1使X000置1,此时PLC所有输出点均置0,各电动机和电磁阀均失电,机床停止工作。重新启动时先手动快退到原位,装夹工件后按下SB2即可开始自动循环。

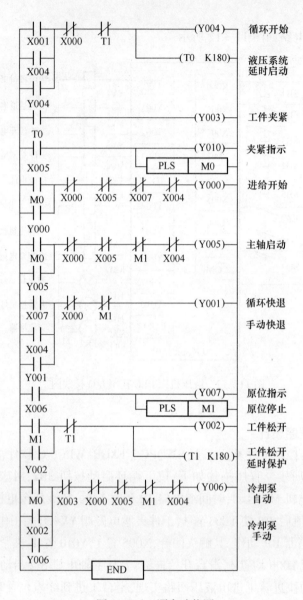

图 11-13 顺序功能图

附录　常用液压与气动元件图形符号

（摘自 GB/T 786.1—93）

表1　基本符号、管路及连接

名称	符号	名称	符号
工作管路		管端连接于油箱底部	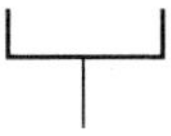
控制管路		密闭式油箱	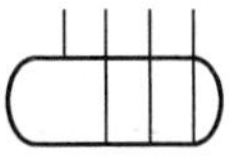
连接管路		直接排气	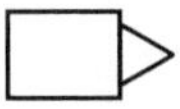
交叉管路		带连接排气	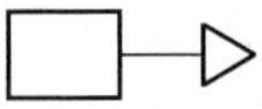
柔性管路		带单向阀的快换接头	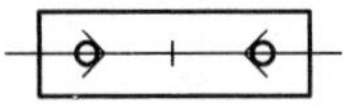
组合元件线		不带单向阀的快换接头	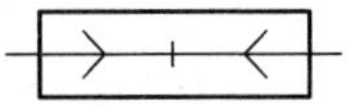
管口在液面以上油箱	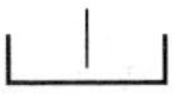	单通路旋转接头	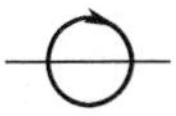
管口在液面以下油箱	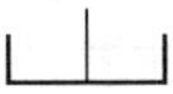	三通路旋转接头	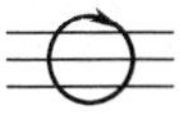

表2　控制机构和控制方法

名称	符号	名称	符号
按钮式人力控制	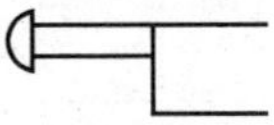	顶杆式人力控制	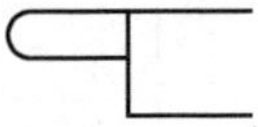
手柄式人力控制	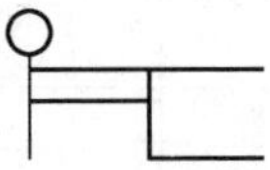	弹簧控制	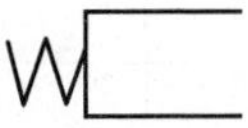
踏板式人力控制	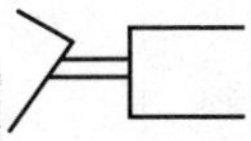	滚轮式机械控制	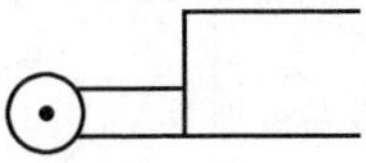

续表

名称	符号	名称	符号
外部压力控制	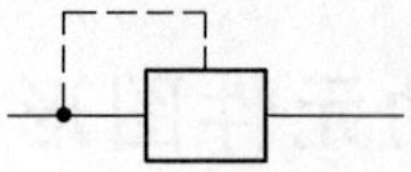	电动机旋转控制	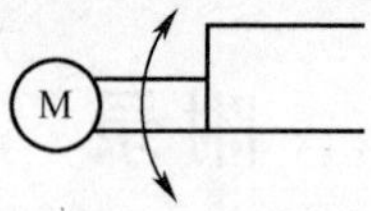
气压先导控制	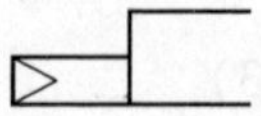	加压或泄压控制	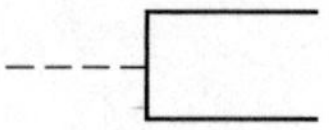
液压先导控制	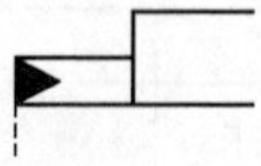	内部压力控制	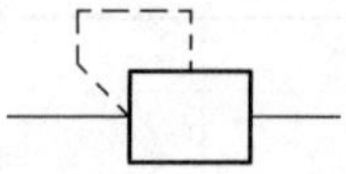
液压二级先导控制	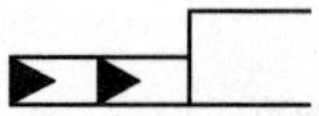	电-液先导控制	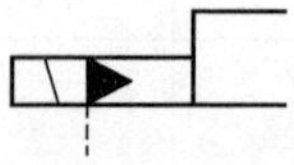
气-液先导控制	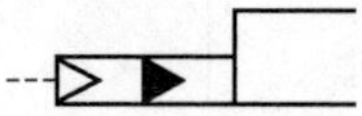	电-气先导控制	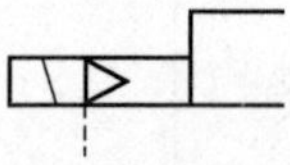
单向滚轮式机械控制	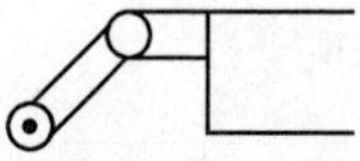	液压先导泄压控制	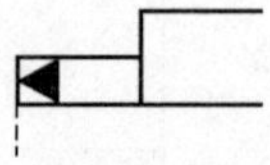
单作用电磁控制	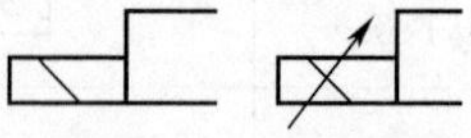	电反馈控制	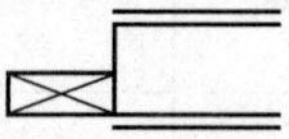
双作用电磁控制	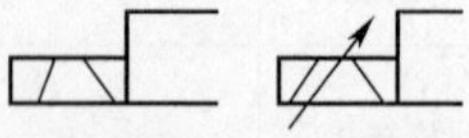	差动控制	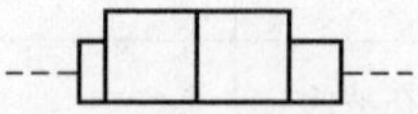

表3 泵、马达和缸

名称	符号	名称	符号
单向定量液压泵	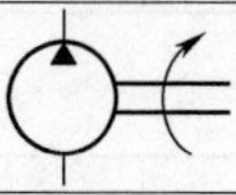	双向定量马达	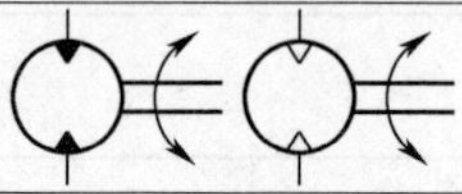
双向变量液压泵	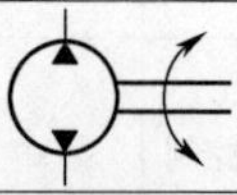	单向变量马达	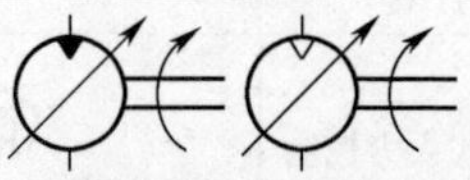
单向变量液压泵	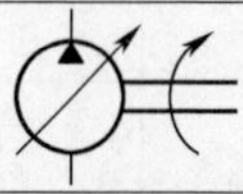	双向变量马达	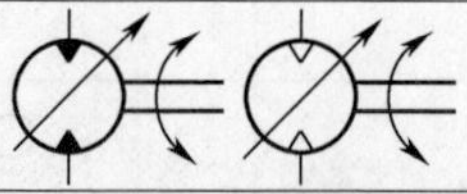
双向变量液压泵	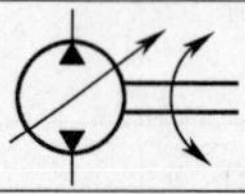	单向缓冲缸	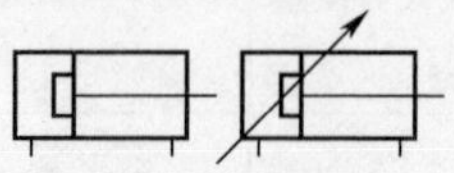
单向定量马达	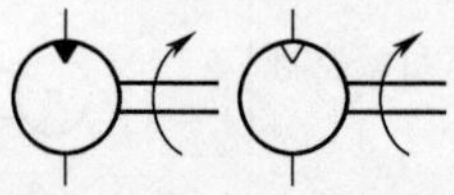	双向缓冲缸	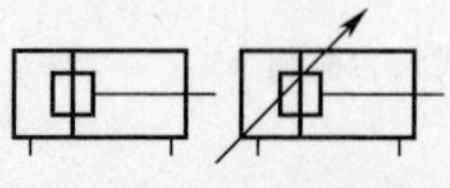

续表

名　称	符　号	名　称	符　号
定量液压泵-马达	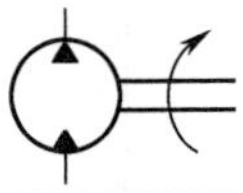	单作用伸缩缸	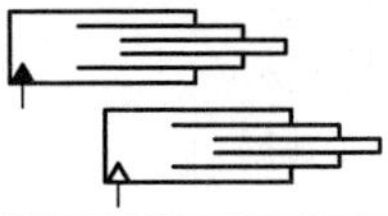
变量液压泵-马达	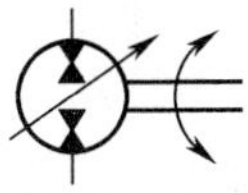	单作用单活塞杆缸	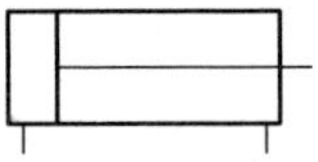
液压整体式传动装置	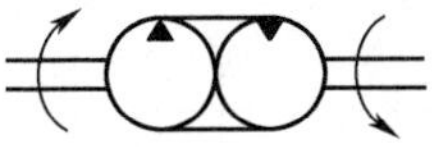	双作用双活塞杆缸	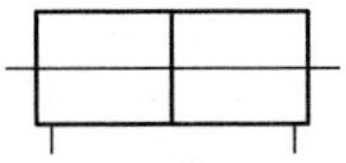
摆动马达	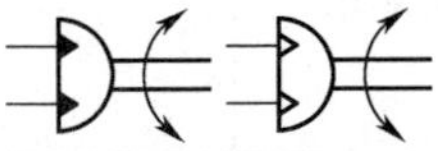	双作用伸缩缸	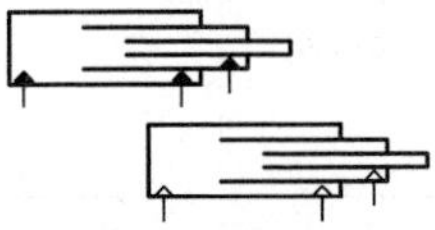
单作用弹簧复位缸	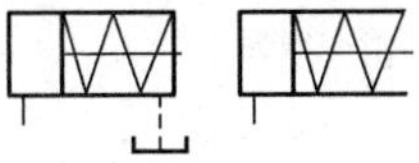	增压缸	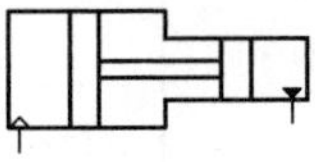

表4　控制元件

名　称	符　号	名　称	符　号
直动型溢流阀	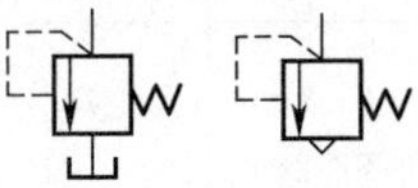	先导型减压阀	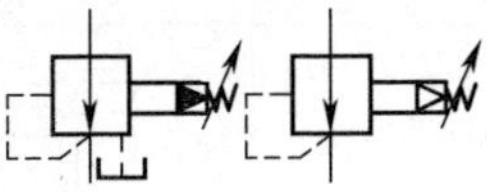
先导型溢流阀	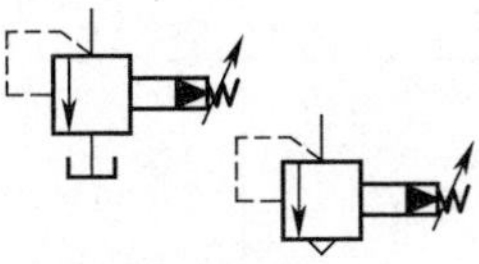	直动型卸荷阀	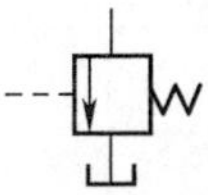
先导型比例电磁溢流阀	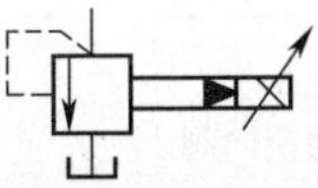	制动阀	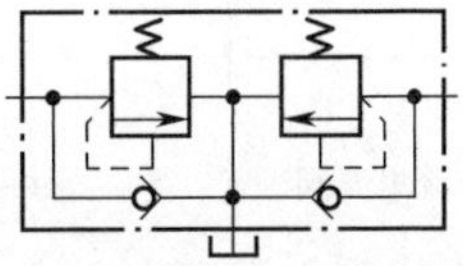
卸荷溢流阀	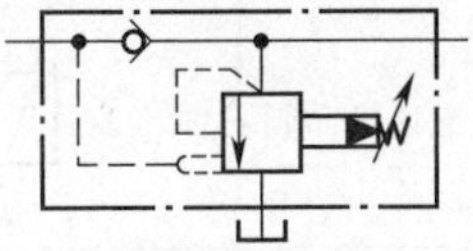	不可调节流阀	
双向溢流阀	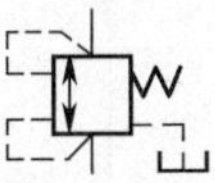	可调节流阀	
直动型减压阀	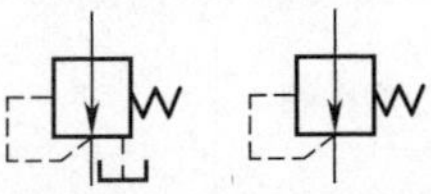	溢流减压阀	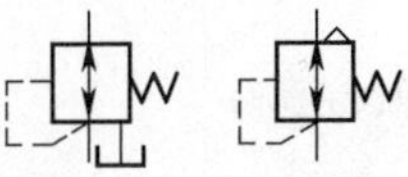

续表

名 称	符 号	名 称	符 号
先导型比例电磁式溢流阀		减速阀	
定比减压阀		带消声器的节流阀	
定差减压阀		调速阀	
直动型顺序阀		温度补偿调速器	
先导型顺序阀		旁通式调速阀	
单向顺序阀（平衡阀）		单向调速阀	
集流阀		分流阀	
分流集流阀		三位四通换向阀	
单向阀		三位五通换向阀	
液控单向阀		液压锁	
可调单向节流阀		或门型梭阀	

续表

名 称	符 号	名 称	符 号
与门型梭阀	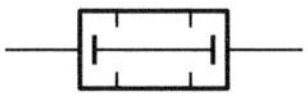	二位四通换向阀	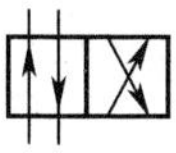
快速换气阀	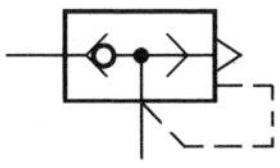	二位五通换向阀	
二位二通换向阀	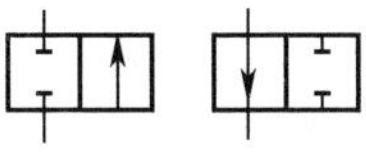	四通电液伺服阀	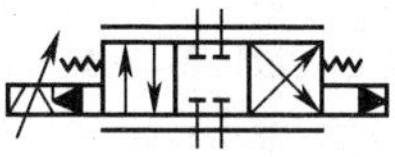
二位三通换向阀	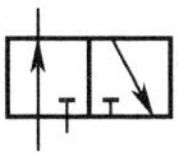		

表 5 辅助元件

名 称	符 号	名 称	符 号
过滤器	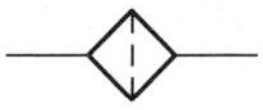	气罐	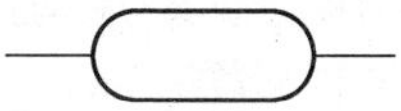
磁芯过滤器	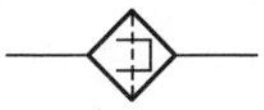	压力计	
污染指示过滤器	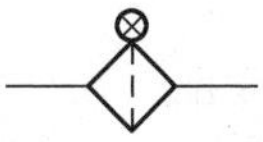	液面计	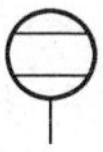
分水排水器	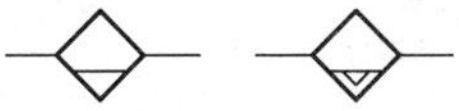	温度计	
空气过滤器		流量计	
除油器	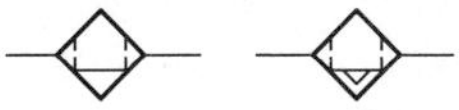	压力继电器	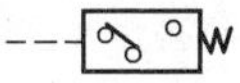
空气干燥器	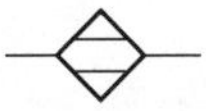	消声器	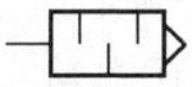
油雾器	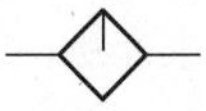	液压源	
气源调节装置		气压源	
冷却器		电动机	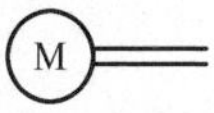
加热器		原动机	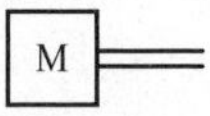
蓄能器		气-液转换器	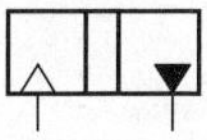

311

参 考 文 献

[1] 王懋瑶. 液压传动与控制教程[M]. 天津:天津大学出版社,1999.
[2] 贺利乐. 建设机械液压与液力传动[M]. 北京:机械工业出版社,2003.
[3] 袁子荣. 液气压传动与控制[M]. 重庆:重庆大学出版社,2000.
[4] 詹永麟. 液压传动[M]. 上海:上海交通大学出版社,1999.
[5] 方昌林. 液压、气压传动与控制[M]. 北京:机械工业出版社,2000.
[6] 何存兴. 液压传动与气压传动[M]. 武汉:华中科技大学出版社,2000.
[7] 明仁雄,万会雄. 液压与气压传动[M]. 北京:国防工业出版社,2003.
[8] 曹玉平,阎祥安. 液压传动与控制[M]. 天津:天津大学出版社,2003.
[9] 肖龙. 液压传动技术[M]. 北京:冶金工业出版社,2001.
[10] 王新兰. 液压与气动[M]. 北京:电子工业出版社,2003.
[11] 陈奎生. 液压与气压传动[M]. 武汉:武汉理工大学出版社,2001.
[12] 许福玲,陈晓明. 液压与气压传动[M]. 北京:机械工业出版社,2000.
[13] 陈榕林,张磊. 液压技术与应用[M]. 北京:电子工业出版社,2002.
[14] 贾铭新. 液压传动与控制[M]. 北京:国防工业出版社,2001.
[15] 李寿刚. 液压传动[M]. 北京:北京理工大学出版社,1994.
[16] 章宏甲,黄谊. 液压传动[M]. 北京:机械工业出版社,2003.
[17] 季明善. 液气压传动[M]. 北京:机械工业出版社,2003.
[18] 黄谊,章宏甲. 机床液压传动习题集[M]. 北京:机械工业出版社,2000.
[19] 阎祥安,焦秀稳. 液压传动与控制习题集[M]. 天津:天津大学出版社,1990.
[20] 张利平. 液压传动与控制[M]. 西安:西北工业大学出版社,2005.
[21] 张平路. 液压传动与控制[M]. 北京:冶金工业出版社,2004.
[22] 卢光贤. 机床液压传动与控制[M]. 3版. 西安:西北工业大学出版社,2006.
[23] 刘延俊. 液压系统使用与维修[M]. 北京:化学工业出版社,2006.
[24] 张群生. 液压与气压传动[M]. 北京:机械工业出版社,2006.
[25] 张利平. 液压气动速查手册[M]. 北京:化学工业出版社,2008.
[26] 左健民. 液压与气压传动[M]. 4版. 北京:机械工业出版社,2007.
[27] 许贤良. 液压传动[M]. 2版. 北京:国防工业出版社,2011.
[28] 刘忠. 液压传动与控制实用技术[M]. 北京:北京大学出版社,2009.
[29] 张康智,刘凌. 液压系统仿真软件研究[J]. 煤矿机械,2009,30(3):10-12.
[30] 任福深,王威,刘晔,等. 基于 AMESim 的齿轮齿条钻机动力头起升装置液压系统仿真分析[J]. 石油矿场机械,2012(5):14-17.